中国腐蚀状况及控制战略研究丛书

混凝土结构钢筋腐蚀控制
——锌与锌合金的应用

葛 燕 朱锡昶 李 岩 编著

科 学 出 版 社

北 京

内 容 简 介

本书全面介绍了锌及其合金在混凝土结构钢筋腐蚀控制方面应用的方法、原理和工程应用实践效果。本书分三篇。第一篇为混凝土结构钢筋腐蚀与锌材料基本知识，主要介绍混凝土结构和金属腐蚀基本概念、混凝土结构钢筋腐蚀与防腐蚀附加措施及锌材料的基本知识。第二篇为热浸镀锌钢筋——混凝土结构耐腐蚀钢筋，主要介绍钢筋热浸镀锌方法、热浸镀锌钢筋的性能和长期耐久性及应用情况。第三篇为锌阳极——混凝土结构阴极保护阳极材料，主要介绍混凝土结构阴极保护基本知识及各种形式锌阳极的研究和工程应用。

本书可供从事材料科学和土木建筑等相关行业的教学、科研、设计、施工、管理的科技人员和工程技术人员参考。

图书在版编目（CIP）数据

混凝土结构钢筋腐蚀控制：锌与锌合金的应用/葛燕，朱锡昶，李岩编著. —北京：科学出版社，2015.11

（中国腐蚀状况及控制战略研究丛书）

ISBN 978-7-03-046242-8

Ⅰ. ①混…　Ⅱ. ①葛…　②朱…　③李…　Ⅲ. ①锌–金属材料–应用–钢筋混凝土–钢筋–防腐②锌合金–金属材料–应用–钢筋混凝土–钢筋–防腐　Ⅳ. ①TU528.571

中国版本图书馆 CIP 数据核字（2015）第 264570 号

责任编辑：李明楠　杨　震　李丽娇 / 责任校对：韩　杨
责任印制：徐晓晨 / 封面设计：铭轩堂

科学出版社出版
北京东黄城根北街 16 号
邮政编码：100717
http://www.sciencep.com

北京中石油彩色印刷有限责任公司 印刷

科学出版社发行　各地新华书店经销

*

2015 年 11 月第 一 版　开本：720×1000　1/16
2016 年 1 月第二次印刷　印张：16 3/4
字数：338 000

定价：80.00 元

（如有印装质量问题，我社负责调换）

“中国腐蚀状况及控制战略研究”丛书
顾问委员会

主任委员： 徐匡迪　丁仲礼

委　　员（按姓氏笔画排序）：

丁一汇　丁仲礼　王景全　李　阳　李鹤林　张　偲
金翔龙　周守为　周克崧　周　廉　郑皆连　孟　伟
郝吉明　胡正寰　柯　伟　侯立安　聂建国　徐匡迪
翁宇庆　高从堦　曹楚南　曾恒一　缪昌文　薛群基
魏复盛

“中国腐蚀状况及控制战略研究”丛书
总编辑委员会

总 主 编： 侯保荣

副总主编： 徐滨士　张建云　徐惠彬　李晓刚

编　　委（按姓氏笔画排序）：

马士德　马化雄　马秀敏　王福会　尹成先　朱锡昶
任小波　任振铎　刘小辉　刘建华　许立坤　孙虎元
孙明先　杜　敏　杜翠薇　李少香　李伟华　李言涛
李金桂　李济克　李晓刚　杨朝晖　张劲泉　张建云
张经磊　张　盾　张洪翔　陈卓元　欧　莉　岳清瑞
赵　君　胡少伟　段继周　侯保荣　宫声凯　桂泰江
徐玮辰　徐惠彬　徐滨士　高云虎　郭公玉　黄彦良
常　炜　葛红花　韩　冰　雷　波　魏世丞

丛 书 序

腐蚀是材料表面或界面之间发生化学、电化学或其他反应造成材料本身损坏或恶化的现象，从而导致材料的破坏和设施功能的失效，会引起工程设施的结构损伤，缩短使用寿命，还可能导致油气等危险品泄漏，引发灾难性事故，污染环境，对人民生命财产安全造成重大威胁。

由于材料，特别是金属材料的广泛应用，腐蚀问题几乎涉及各行各业。因而腐蚀防护关系到一个国家或地区的众多行业和部门，如基础设施工程、传统及新兴能源设备、交通运输工具、工业装备和给排水系统等。各类设施的腐蚀安全问题直接关系到国家经济的发展，是共性问题，是公益性问题。有学者提出，腐蚀像地震、火灾、污染一样危害严重。腐蚀防护的安全责任重于泰山！

我国在腐蚀防护领域的发展水平总体上仍落后于发达国家，它不仅表现在防腐蚀技术方面，更表现在防腐蚀意识和有关的法律法规方面。例如，对于很多国外的房屋，政府主管部门依法要求业主定期维护，最简单的方法就是在房屋表面进行刷漆防蚀处理。既可以由房屋拥有者，也可以由业主出资委托专业维护人员来进行防护工作。由于防护得当，许多使用上百年的房屋依然完好、美观。反观我国的现状，首先是人们的腐蚀防护意识淡薄，对腐蚀的危害认识不清，从设计到维护都缺乏对腐蚀安全问题的考虑；其次是国家和各地区缺乏与维护相关的法律与机制，缺少腐蚀防护方面的监督与投资。这些原因就导致了我国在腐蚀防护领域的发展总体上相对落后的局面。

中国工程院“我国腐蚀状况及控制战略研究”重大咨询项目工作的开展是当务之急，在我国经济快速发展的阶段显得尤为重要。借此机会，可以摸清我国腐蚀问题究竟造成了多少损失，我国的设计师、工程师和非专业人士对腐蚀防护了解多少，如何通过技术规程和相关法规来加强腐蚀防护意识。

项目组将提交完整的调查报告并公布科学的调查结果，提出切实可行的防腐蚀方案和措施。这将有效地促进我国在腐蚀防护领域的发展，不仅有利于提高人们的腐蚀防护意识，也有利于防腐技术的进步，并从国家层面上把腐蚀防护工作的地位提升到一个新的高度。另外，中国工程院是我国最高的工程咨询机构，没有直属的科研单位，因此可以比较超脱和客观地对我国的工程技术问题进行评估。把这样一个项目交给中国工程院，是值得国家和民众信任的。

这套丛书的出版发行，是该重大咨询项目的一个重点。据我所知，国内很多领域的知名专家学者都参与到丛书的写作与出版工作中，因此这套丛书可以说涉及了我国生产制造领域的各个方面，应该是针对我国腐蚀防护工作的一套非常全面的丛书。我相信它能够为各领域的防腐蚀工作者提供参考，用理论和实例指导我国的腐蚀防护工作，同时我也希望腐蚀防护专业的研究生甚至本科生都可以阅读这套丛书，这是开阔视野的好机会，因为丛书中提供的案例是在教科书上难以学到的。因此，这套丛书的出版是利国利民、利于我国可持续发展的大事情，我衷心希望它能得到业内人士的认可，并为我国的腐蚀防护工作取得长足发展贡献力量。

徐匡迪

2015 年 9 月

丛书前言

众所周知，腐蚀问题是世界各国共同面临的问题，凡是使用材料的地方，都不同程度地存在腐蚀问题。腐蚀过程主要是金属的氧化溶解，一旦发生便不可逆转。据统计估算，全世界每 90 秒钟就有一吨钢铁变成铁锈。腐蚀悄无声息地进行着破坏，不仅会缩短构筑物的使用寿命，还会增加维修和维护的成本，造成停工损失，甚至会引起建筑物结构坍塌、有毒介质泄漏或火灾、爆炸等重大事故。

腐蚀引起的损失是巨大的，对人力、物力和自然资源都会造成不必要的浪费，不利于经济的可持续发展。震惊世界的"11·22"黄岛中石化输油管道爆炸事故造成损失 7.5 亿元人民币，但是把防腐蚀工作做好可能只需要 100 万元，同时避免灾难的发生。针对腐蚀问题的危害性和普遍性，世界上很多国家都对各自的腐蚀问题做过调查，结果显示，腐蚀问题所造成的经济损失是触目惊心的，腐蚀每年造成损失远远大于自然灾害和其他各类事故造成损失的总和。我国腐蚀防护技术的发展起步较晚，目前迫切需要进行全面的腐蚀调查研究，摸清我国的腐蚀状况，掌握材料的腐蚀数据和有关规律，提出有效的腐蚀防护策略和建议。随着我国经济社会的快速发展和"一带一路"战略的实施，国家将加大对基础设施、交通运输、能源、生产制造及水资源利用等领域的投入，这更需要我们充分及时地了解材料的腐蚀状况，保证重大设施的耐久性和安全性，避免事故的发生。

为此，中国工程院设立"我国腐蚀状况及控制战略研究"重大咨询项目，这是一件利国利民的大事。该项目的开展，有助于提高人们的腐蚀防护意识，为中央、地方政府及企业提供可行的意见和建议，为国家制定相关的政策、法规，为行业制定相关标准及规范提供科学依据，为我国腐蚀防护技术和产业发展提供技术支持和理论指导。

这套丛书包括了公路桥梁、港口码头、水利工程、建筑、能源、火电、船舶、轨道交通、汽车、海上平台及装备、海底管道等多个行业腐蚀防护领域专家学者的研究工作经验、成果以及实地考察的经典案例，是全面总结与记录目前我国各领域腐蚀防护技术水平和发展现状的宝贵资料。这套丛书的出版是该项目的一个重点，也是向腐蚀防护领域的从业者推广项目成果的最佳方式。我相信，这套丛书能够积极地影响和指导我国的腐蚀防护工作和未来的人才培养，促进腐蚀与防护科研成果的产业化，通过腐蚀防护技术的进步，推动我国在能源、交通、制造业等支柱产业上的长足发展。我也希望广大读者能够通过这套丛书，进一步关注我国腐蚀防护技术的发展，更好地了解和认识我国各个行业存在的腐蚀问题和防腐策略。

在此，非常感谢中国工程院的立项支持以及中国科学院海洋研究所等各课题承担单位在各个方面的协作，也衷心地感谢这套丛书的所有作者的辛勤工作以及科学出版社领导和相关工作人员的共同努力，这套丛书的顺利出版离不开每一位参与者的贡献与支持。

侯保荣

2015 年 9 月

序

钢筋腐蚀是造成混凝土结构过早失效而被破坏的主要原因之一，特别是在恶劣的腐蚀环境中。采取经济有效的措施控制钢筋腐蚀，对确保混凝土结构的长期安全运行具有十分重要的意义。目前，我国的混凝土结构钢筋腐蚀控制技术水平与发达国家有较大的差距。

在改善混凝土密实性、增加保护层厚度和利用防排水措施等常规手段的基础上，采用钢筋阻锈剂、耐腐蚀钢筋、混凝土表面封闭和电化学防腐蚀等措施，是目前国际上先进的混凝土结构钢筋腐蚀控制理念。在这些措施中，锌与锌合金发挥了重要的作用：一是制成热浸镀锌钢筋作为耐腐蚀钢筋的一种，二是在对混凝土结构实施阴极保护时作阳极材料使用。热浸镀锌钢筋和阴极保护在发达国家已得到较为广泛的应用，而目前在我国，尚未有热浸镀锌钢筋工程应用的报道，混凝土结构阴极保护也只在一些新建桥梁得到应用，还没有长期应用效果的研究成果。

《混凝土结构钢筋腐蚀控制——锌与锌合金的应用》是作者在整理分析国内外大量文献资料和所在单位近年来科研成果的基础上编写完成的。全书30余万字，重点介绍了锌及其合金在混凝土结构钢筋腐蚀控制方面应用的方法、原理和工程应用实践效果。该书不仅涵盖基础理论知识，还列举了大量工程应用案例。书中章节结构设计合理、内容全面，读后有一册在手、融会贯通之感。在国内外已出版的同类书籍中，还未见到有专门介绍锌及其合金在混凝土结构钢筋腐蚀控制方面应用的书籍。

该书作者长期从事腐蚀与防护领域的科研与工程设计工作，已经出版《混凝土中钢筋的腐蚀与阴极保护》和《桥梁钢筋混凝土结构防腐蚀——耐腐蚀钢筋及阴极保护》两本专著，对混凝土结构钢筋腐蚀控制技术的国内外发展前沿动态有较深刻的了解和认识，并具有一定的工程应用实践经验。相信该书的出版，将有助于读者掌握热浸镀锌钢筋和阴极保护在混凝土结构应用中的基本知识和工程应用方法，对国内深入开展混凝土结构钢筋腐蚀控制技术的研究和应用有很好的引导和推动作用，对提升我国的混凝土结构钢筋腐蚀控制水平有重要的意义。

2015年10月

前　言

混凝土结构是当今社会广泛应用的建筑结构形式，特别是钢筋混凝土和预应力钢筋混凝土结构，在现代工程建设中发挥着巨大作用。然而，在腐蚀性环境中，钢筋腐蚀引起的混凝土结构耐久性不足的现象普遍存在，严重影响构筑物的长期安全使用，甚至引发灾难性的事故。在混凝土结构全寿命周期内有效预防和控制钢筋腐蚀，对确保混凝土结构满足耐久性要求具有十分重要的意义。

锌是工业中常用的金属材料，用于金属的防腐蚀保护是其重要的用途之一。在混凝土结构钢筋防腐蚀领域，锌主要有两大方面的应用：一是在碳钢钢筋表面热浸镀锌制成热浸镀锌钢筋，通过热浸镀锌层的物理屏障和牺牲阳极保护作用延缓钢筋的腐蚀；二是在对混凝土结构实施阴极保护时，使用锌或锌合金作阳极材料。

热浸镀锌钢筋作为混凝土结构耐腐蚀钢筋的一种，在发达国家已得到较为广泛的应用，在我国尚未有工程应用的报道，有关试验研究也相对较少。阴极保护是一种经济有效的电化学防腐蚀技术，用于混凝土结构已有四十多年的历史，在国外不仅被广泛用于已建混凝土结构钢筋的腐蚀控制，也被用于新建混凝土结构钢筋的腐蚀预防。我国虽然从 20 世纪 80 年代就开始了混凝土结构阴极保护的试验研究，但工程应用很少，2006 年开始被用于一些新建桥梁混凝土结构钢筋的腐蚀预防。无论是热浸镀锌钢筋还是混凝土结构阴极保护，我国与发达国家都有较大的差距。

本书分三篇。第一篇为混凝土结构钢筋腐蚀与锌材料基本知识，分为四章。主要介绍混凝土结构和金属腐蚀基本概念、混凝土结构钢筋腐蚀与防腐蚀附加措施以及锌材料的基本知识。第二篇为热浸镀锌钢筋——混凝土结构耐腐蚀钢筋，分为五章。主要介绍钢筋热浸镀锌方法、热浸镀锌钢筋的性能和长期耐久性及应用状况。第三篇为锌阳极——混凝土结构阴极保护阳极材料，分为七章。主要介绍混凝土结构阴极保护基本知识及热喷涂锌阳极、锌网阳极、锌箔阳极、预制砂浆活化锌阳极、涂料涂层阳极、棒状和带状锌阳极的研究和工程应用。

本书不仅涵盖相关的基础理论知识，还引用了大量的国际国内先进技术规范和工程应用案例，可供从事材料科学、土木建筑等教学、科研、设计、施工、管理的科技人员和工程技术人员参考。

本书在编写和出版过程中，得到了中国工程院重大咨询研究项目“我国腐蚀状况及控制战略研究”的资助，并列入“中国腐蚀状况及控制战略研究”丛书分册。此外，还得到了水利部交通运输部国家能源局南京水利科学研究院出版基金的资助，在此一并感谢！

由于编著者水平有限，书中错误之处在所难免，恳请读者批评指正。

葛　燕

2015 年 10 月

目　　录

第一篇　混凝土结构钢筋腐蚀与锌材料基本知识

第1章　混凝土结构基本概念

1.1　概　　述[1~4]

以混凝土为主制成的结构称为混凝土结构，包括素混凝土、钢筋混凝土和预应力混凝土等。由配置非预应力普通受力钢筋、钢筋网或钢筋骨架的混凝土制成的结构称为钢筋混凝土结构；由配置预应力受力钢筋，通过预应力张拉工艺建立预加应力的混凝土制成的结构称为预应力混凝土结构；由无筋或配置构造钢筋的混凝土制成的结构称为素混凝土结构。混凝土结构广泛应用于工业与民用建筑、桥梁、隧道、矿井以及水利、港口等土木工程中。

素混凝土结构由于承载能力低、性质脆，很少用作土木工程的承力结构。与素混凝土相比，钢筋混凝土和预应力钢筋混凝土（以下简称为混凝土结构）的承载能力和变形能力都有很大提高。混凝土具有较高的抗压强度，而抗拉强度却很低。钢筋的抗拉和抗压能力都很强。钢筋和混凝土两种材料结合在一起共同工作，利用混凝土抗压和钢筋抗拉的特点，使两种材料各尽其能、相得益彰，组成性能良好的结构构件。钢筋和混凝土两种不同的材料之所以能够共同工作，主要原因有以下几方面：①混凝土和钢筋之间有良好的黏结性能，两者能可靠地结合在一起，共同受力，共同变形；②混凝土和钢筋两种材料的温度线膨胀系数很接近，能够避免温度变化时产生较大的温度应力而破坏二者之间的黏结力；③混凝土包裹在钢筋的外部，可以对钢筋起到一定的防腐蚀保护作用，并能使结构不致因受火灾使钢筋很快达到软化点温度而导致整体破坏。

钢筋的腐蚀是导致混凝土结构过早失效而破坏的重要因素之一，本书主要讨论以锌为主要材料控制混凝土结构钢筋腐蚀的两种方法——热浸镀锌钢筋和阴极保护的基本原理、方法和工程应用实践。

1.2　混凝土结构暴露环境[5~8]

混凝土结构应用领域十分广阔，因此所处环境相当复杂。为了便于混凝土结构的设计和维护管理，国内外很多规范都对混凝土结构的暴露环境进行了等级划分。欧洲标准 EN 206：2013 Concrete-Specification，Performance，Production and Conformity 将其分为六个等级，见表 1-1。美国混凝土协会标准 ACI 318-11 Building Code Requirements for Structural Concrete and Commentary 将其分为四个等级，见表 1-2。国家标准 GB/T 50476—2008《混凝土结构耐久性设计规范》和 GB 50010—2010《混凝土结构设计规范》将其分为五个等级，见表 1-3 和表 1-4。尽管不同规范对混凝土结构暴露环境类别的划分有所不同，但是考虑的主要因素是基本相同的，主要包括混凝土碳化、氯化物污染、化学介质侵蚀性、冻融和湿度条件。

表 1-1　EN 206：2013 混凝土结构暴露环境等级划分[5]

等级		环境描述	举例
1-没有腐蚀或侵蚀风险	X0	（1）混凝土中没有钢筋或金属：除冻融、磨损或化学侵蚀以外的所有暴露环境；（2）混凝土中有钢筋或金属：非常干燥	湿度非常低的建筑物内部的混凝土
2-碳化引起腐蚀（含钢筋或其他金属的混凝土暴露于空气和水分中）	XC1	干燥或永久潮湿	湿度低的建筑物内部的混凝土；水中的混凝土
	XC2	潮湿，很少干燥	混凝土表面长期与水接触；大多数的基础
	XC3	中等湿度	湿度中或高的建筑物内部的混凝土；不受雨淋的外部混凝土
	XC4	干湿循环	混凝土表面与水接触，不在 XC2 等级内
3-非海水中氯化物引起腐蚀（含钢筋或其他金属的混凝土与含有氯化物的水接触，包括除冰盐和非来自于海水的氯化物）	XD1	中等湿度	混凝土暴露于含氯化物空气中
	XD2	潮湿，很少干燥	游泳池；混凝土暴露于含氯化物的工业水中
	XD3	干湿循环	暴露于被氯化物溅射的桥梁构件；公路和停车场面板
4-海水中氯化物引起腐蚀（含钢筋或其他金属的混凝土与海水中的氯化物接触或与带有海水中的盐的空气接触）	XS1	暴露于含盐的空气中，但不与海水直接接触	海滨或海上结构物
	XS2	水中	海洋结构物的一部分
	XS3	潮差和浪溅区	海洋结构物的一部分
5-有或没有除冰盐的冻融（混凝土暴露于严重的冻融循环和潮湿环境）	XF1	中度饱水，没有除冰盐	暴露于雨和冰冻环境的垂直混凝土表面
	XF2	中度饱水，有除冰盐	暴露于冰冻和空气中含有除冰盐的公路结构的垂直混凝土表面
	XF3	高度饱水，没有除冰盐	暴露于雨和冰冻环境的水平混凝土表面
	XF4	高度饱水，有除冰盐或海水	暴露于除冰盐的道路和桥面板，混凝土暴露于直接喷洒除冰盐和冰冻的环境，暴露于冰冻环境的海洋结构物的浪溅区
6-化学侵蚀（混凝土暴露于天然土壤和地下水的化学侵蚀环境）	XA1	轻微腐蚀	详见 EN 206：2013
	XA2	中等腐蚀	
	XA3	严重腐蚀	

表 1-2　ACI 318-11 混凝土结构暴露环境等级划分[6]

类别	严重性	等级	环境描述	
F（冻融）	无	F0	混凝土不暴露于冻融环境	
	中等	F1	混凝土暴露于冻融和偶尔潮湿环境	
	严重	F2	混凝土暴露于冻融和持续潮湿环境	
	非常严重	F3	混凝土暴露于冻融、持续潮湿和除冰盐环境	
S（硫酸盐）			土壤中水溶性硫酸盐(SO_4)质量分数/%	水中的硫酸盐(SO_4)/(mg·L^{-1})
	无	S0	$SO_4<0.10$	$SO_4<150$
	中等	S1	$0.10\leqslant SO_4<0.20$	$150\leqslant SO_4<1500$
	严重	S2	$0.20\leqslant SO_4\leqslant 2.00$	$1500\leqslant SO_4\leqslant 10000$
	非常严重	S3	$SO_4>2.00$	$SO_4>10000$
P（需要低渗透）	不需要	P0	与水接触，没有低渗透性要求	
	需要	P1	与水接触，有低渗透性要求	
钢筋防腐蚀	无	C0	混凝土干燥或有防潮保护	
	中等	C1	混凝土暴露于潮湿环境，但没有氯化物外来源	
	严重	C2	混凝土暴露于潮湿环境，有氯化物外来源，包括除冰盐、盐、含盐水、海水以及来自于这些外来源的雾	

注：土壤中的水溶性硫酸盐应按照 ASTM C1580 测定，水中的硫酸盐应按照 ASTM D516 或者 ASTM D4130 测定。

表 1-3　GB/T 50476—2008 混凝土结构暴露环境等级划分[7]

环境作用等级	环境条件	结构构件示例
Ⅰ	一般环境（保护层混凝土碳化引起钢筋腐蚀）	
Ⅰ-A（轻微腐蚀）	室内干燥环境	常年干燥、低湿度环境中的室内构件；所有表面均永久处于静水下的构件
	永久的静水浸没环境	
Ⅰ-B（轻度腐蚀）	非干湿交替的室内潮湿环境	中、高湿度环境中的室内构件；不接触或偶尔接触雨水的室外构件；长期与水或湿润土体接触的构件
	非干湿交替的露天环境	
	长期湿润环境	
Ⅰ-C（中度腐蚀）	干湿交替环境	与冷凝水、露水或与蒸汽频繁接触的室内构件；地下室顶板构件；表面频繁淋雨或频繁与水接触的室外构件；处于水位变动区的构件
Ⅱ	冻融环境（反复冻融导致混凝土损伤）	
Ⅱ-C（中度腐蚀）	微冻地区的无盐环境，混凝土高度饱水	微冻地区的水位变动区构件和频繁受雨淋的构件水平表面
	严寒和寒冷地区的无盐环境，混凝土中度饱水	严寒和寒冷地区受雨淋构件的竖向表面

续表

环境作用等级	环境条件	结构构件示例
Ⅱ	冻融环境（反复冻融导致混凝土损伤）	
Ⅱ-D （严重腐蚀）	严寒和寒冷地区的无盐环境，混凝土高度饱水	严寒和寒冷地区的水位变动区构件和频繁受雨淋的构件水平表面
	微冻地区的有盐环境，混凝土高度饱水	有氯盐微冻区的水位变动区构件和频繁受雨淋的构件水平表面
	严寒和寒冷地区的有盐环境，混凝土中度饱水	有氯盐严寒和寒冷地区受雨淋构件的竖向表面
Ⅱ-E （非常严重腐蚀）	严寒和寒冷地区的有盐环境，混凝土高度饱水	有氯盐严寒和寒冷地区的水位变动区构件和频繁受雨淋的构件水平表面
Ⅲ	海洋氯化物环境（氯盐引起钢筋腐蚀）	
Ⅲ-C （中度腐蚀）	水下区和土中区：周边永久浸没于海水或埋于土中	桥墩，基础
Ⅲ-D （严重腐蚀）	大气区（轻度盐雾）：距平均水位 15m 高度以上的海上大气区；涨潮岸线以外 100～300m 内的陆上室内环境	桥墩，桥梁上部结构构件；靠海的陆上建筑外墙及室外构件
Ⅲ-E （非常严重腐蚀）	大气区（中度盐雾）：距平均水位上方 15m 高度以内的海上大气区；离涨潮岸线 100m 以内、低于海平面以上 15m 的陆上室外环境	桥墩，码头
	潮汐和浪溅区，非炎热地区	桥墩，码头
Ⅲ-F （极端严重腐蚀）	潮汐和浪溅区，炎热地区	桥墩，码头
Ⅳ	除冰盐等氯化物环境（氯盐引起钢筋腐蚀）	
Ⅳ-C （中度腐蚀）	受除冰盐盐雾轻度作用	离开行车道 100m 以外接触盐雾的构件
	四周浸没于含氯化物水中	地下水中构件
	接触较低浓度氯离子水体，且有干湿交替	处于水位变动区，或部分暴露于大气、部分在地下水土中的构件
Ⅳ-D （严重腐蚀）	受除冰盐水溶液轻度溅射作用	桥梁护墙，立交桥桥墩
	接触较高浓度氯离子水体，且有干湿交替	海水游泳池壁；处于水位变动区，部分暴露于大气、部分在地下水土中的构件
Ⅳ-E （非常严重腐蚀）	直接接触除冰盐溶液	
	受除冰盐水溶液重度溅射或重度盐雾作用	路面，桥面板，与含盐渗漏水接触的桥梁帽梁、墩柱顶面
	接触高浓度氯离子水体，有干湿交替	桥梁护栏、护墙，立交桥桥墩；车道两侧 10m 以内的构件
Ⅴ	化学腐蚀环境（硫酸盐等化学物质对混凝土的腐蚀）	详见 GB/T 50476—2008

表 1-4　GB 50010—2010 混凝土结构暴露环境等级划分[8]

环境类别	条件
一	室内干燥环境； 无侵蚀性静水浸没环境
二 a	室内潮湿环境； 非严寒和非寒冷地区的露天环境； 非严寒和非寒冷地区与无侵蚀性的水或土壤直接接触的环境； 严寒和非寒冷地区的冰冻线以下与无侵蚀性的水或土壤直接接触的环境
二 b	干湿交替环境； 水位频繁变动环境； 严寒和非寒冷地区的露天环境； 严寒和非寒冷地区冰冻线以上与无侵蚀性的水或土壤直接接触的环境
三 a	严寒和非寒冷地区冬季水位变动区环境； 受除冰盐影响环境； 海风环境
三 b	盐渍土环境； 受除冰盐作用环境； 海岸环境
四	海水环境
五	受人为或自然的侵蚀性物质影响的环境

注：1）室内潮湿环境是指构件表面经常处于结露或湿润状态的环境。
2）严寒和寒冷地区的划分应符合现行国家标准 GB 50176《民用建筑热工设计规范》的有关规定。
3）海岸环境和海风环境宜根据当地情况，考虑主导风向及结构所处迎风、背风部位等因素的影响，由调查研究和工程经验确定。
4）受除冰盐影响环境是指受到除冰盐盐雾的影响；受除冰盐作用环境是指被除冰盐溶液溅射的环境以及使用除冰盐地区的洗车房、停车场等建筑。
5）暴露的环境是指混凝土结构表面所处的环境。

1.3　混凝土结构主要组成材料——钢筋和混凝土

1.3.1　钢筋[9~18]

1. 钢的定义和分类

按照国家标准 GB/T 13304.1—2008《钢分类　第 1 部分：按化学成分分类》，钢的定义是：以铁为主要元素、含碳量一般在 2%以下，并含有其他元素的材料（在铬钢中含碳量可能大于 2%，但 2%通常是钢和铸铁的分界线）。钢按化学成分分为非合金钢、低合金钢和合金钢，三种钢化学成分划分的界限值见表 1-5。

表 1-5 非合金钢、低合金钢和合金钢合金元素规定含量极限值[9]

合金元素	合金元素规定含量界限值（质量分数）/%		
	非合金钢	低合金钢	合金钢
Al	＜0.10	—	≥0.10
B	＜0.0005	—	≥0.0005
Bi	＜0.10	—	≥0.10
Cr	＜0.30	0.30～＜0.50[a]	≥0.50
Co	＜0.10	—	≥0.10
Cu	＜0.10	0.10～＜0.50	≥0.50
Mn	＜1.00	1.00～＜1.40	≥1.40
Mo	＜0.05	0.05～＜0.10	≥0.10
Ni	＜0.30	0.30～＜0.50	≥0.50
Nb	＜0.02	0.02～＜0.06	≥0.06
Pb	＜0.40	—	≥0.40
Se	＜0.10	—	≥0.10
Si	＜0.50	0.50～＜0.90	≥0.90
Te	＜0.10	—	≥0.10
Ti	＜0.05	0.05～＜0.13	≥0.13
W	＜0.10	—	≥0.10
V	＜0.04	0.04～＜0.12	≥0.12
Zr	＜0.05	0.05～＜0.12	≥0.12
La 系（每一种元素）	＜0.02	0.02～＜0.05	≥0.05
其他规定元素（S、P、C、N 除外）	＜0.05	—	≥0.05

a 该范围表示[0.30，0.50)，余同。

按照国家标准 GB/T 13304.2—2008《钢分类 第 2 部分：按主要质量等级和主要性能或使用特性的分类》，钢按主要质量等级分类见表 1-6，按主要性能或使用特性分类见表 1-7。

表 1-6 钢按主要质量等级分类[10]

种类	分类	定义
非合金钢	普通	生产过程中不规定需要特别控制质量要求
	优质	生产过程中需要特别控制质量（如控制晶粒度，降低硫、磷含量，改善表面质量或增加工艺控制等），以达到比普通质量非合金钢特殊的质量要求（如良好的抗脆断性能，良好的冷成型性等），但其生产控制不如特殊质量非合金钢严格（如不控制淬透性）
	特殊	生产过程中需要特别严格控制质量和性能（如控制淬透性和纯洁度）

续表

种类	分类	定义
低合金钢	普通	生产过程中不规定需要特别控制质量要求，供作一般用途
	优质	生产过程中需要特别控制质量（如降低硫、磷含量，控制晶粒度，改善表面质量，增加工艺控制等），以达到比普通质量非合金钢特殊的质量要求（如良好的抗脆断性能，良好的冷成型性等），但其生产控制不如特殊质量低合金钢严格
	特殊	生产过程中需要特别严格控制质量和性能（特别是严格控制硫、磷等杂质含量和纯洁度）
合金钢	优质	生产过程中需要特别控制质量（如韧性、晶粒度或成型性），但其生产控制和质量要求不如特殊质量合金钢严格
	特殊	需要严格控制化学成分和特定的制造及工艺条件，以保证改善综合性能，并使性能严格控制在极限范围内

表 1-7　钢按主要性能或使用特性分类[10]

非合金钢	低合金钢	合金钢
1）以规定最高强度（或硬度）为主要特性的非合金钢； 2）以规定最低强度为主要特性的非合金钢； 3）以限制碳含量为主要特性的非合金钢； 4）非合金易切削钢； 5）非合金工具钢； 6）具有专门规定磁性或电性能的非合金钢； 7）其他非合金钢	1）可焊接的低合金高强度结构钢； 2）低合金耐候钢； 3）低合金混凝土用钢及预应力混凝土用钢； 4）铁道用低合金钢； 5）矿用低合金钢； 6）其他低合金钢	1）工程结构用合金钢； 2）机械结构用合金钢； 3）不锈、耐蚀和耐热钢； 4）工具钢； 5）轴承钢； 6）特殊物理性能钢； 7）其他合金钢

2. 混凝土结构对钢筋性能的要求

混凝土结构对钢筋性能的要求主要有以下几点。

1）强度高

强度是指钢筋的屈服强度和极限强度。采用较高强度的钢筋可以节省钢材，获得较好的经济效益。

2）塑性好

钢筋混凝土结构要求在断裂前有足够的变形，能给人以破坏的预兆。钢筋的塑性应保证钢筋的伸长率和冷弯性能合格。

3）可焊性好

在很多情况下，钢筋的接长和钢筋之间的连接需通过焊接。因此，要求在一定的工艺条件下，钢筋焊接后不产生裂纹及过大的变形，保证焊接后的接头性能良好。

4）与混凝土的黏结锚固性能好

为了使钢筋的强度能够充分被利用和保证钢筋与混凝土共同工作，二者之间应有足够的黏结力。

5）低温性能

在寒冷地区，对钢筋的低温性能也有一定的要求。

3. 钢筋混凝土用钢筋牌号、化学成分和主要力学性能

表 1-8～表 1-10 分别是国家标准 GB 1499.1—2008《钢筋混凝土用钢　第 1 部分：热轧光圆钢筋》（2013 年修改）、GB 1499.2—2007《钢筋混凝土用钢　第 2 部分：热轧带肋钢筋》和 GB 13014—2013《钢筋混凝土用余热处理钢筋》中几种钢筋混凝土结构用钢筋的牌号、化学成分和主要力学性能。

表 1-8　钢筋牌号英文字母含义[12~14]

标准名称	产品名称	牌号	牌号构成	英文字母含义	加工工艺
GB 1499.1—2008	热轧光圆钢筋	HPB235	由 HPB+屈服强度特征值构成	热轧光圆钢筋的英文（hot rolled plain bars）缩写	经热轧成型、横截面通常为圆形和表面光滑的成品钢筋。钢筋的公称直径范围为 6～22mm
		HPB300			
GB 1499.2—2007	热轧带肋钢筋	HRB335	由 HRB+屈服强度特征值构成	热轧带肋钢筋的英文（hot rolled ribbed bars）缩写	按热轧状态交货的钢筋，其金相组织主要是铁素体加珠光体，不得有影响使用性能的其他组织存在
		HRB400			
		HRB500			
	细晶粒热轧带肋钢筋	HRBF335	由 HRBF+屈服强度特征值构成	在热轧带肋钢筋的英文缩写后面加“细”的英文（fine）首位字母	在热轧过程中，通过控轧和控冷工艺形成的细晶粒钢筋。其金相组织主要是铁素体加珠光体，不得有影响使用性能的其他组织存在，晶粒度不粗于 9 级
		HRBF400			
		HRBF500			
GB 13014—2013	余热处理带肋钢筋	RRB400	由 RRB+屈服强度特征值构成	余热处理带肋钢筋的英文（remained-heat-treatment ribbed-steel bar）缩写	热轧后利用热处理原理进行表面控制冷却，并利用芯部余热自身完成回火处理所得的成品钢筋，其基圆上形成环状的淬火自回火组织
		RRB500			
		RRB400W	由 RRB+屈服强度特征值+W 构成	在余热处理带肋钢筋的英文缩写后面加“焊接”的英文（weld）首字母	

表 1-9　钢筋混凝土用钢筋化学成分[12~14]

标准名称	牌号	化学成分（质量分数）/%						备注
		C	Si	Mn	P	S	碳当量 C_{eq}	
GB 1499.1—2008	HPB235	≤0.22	≤0.30	≤0.65	≤0.045	≤0.050	—	普通质量非合金钢
	HPB300	≤0.25	≤0.55	≤1.50				
GB 1499.2—2007	HRB335	≤0.25	≤0.80	≤1.60	≤0.045	≤0.045	≤0.52	普通质量低合金钢，根据需要，还可加入 V、Nb、Ti 等元素
	HRBF335							
	HRB400						≤0.54	
	HRBF400							
	HRB500						≤0.55	
	HRBF500							
GB 13014—2013	RRB400	≤0.30	≤1.00	≤1.60	≤0.045	≤0.045	—	根据需要，还可加入 V、Nb、Ti 等元素。W 是英文（weld）的缩写
	RRB500							
	RRB400W	≤0.25	≤0.80	≤1.60	≤0.045	≤0.045	≤0.50	

表 1-10　钢筋混凝土用钢筋力学性能特征值[12~14]

标准名称	牌号	屈服强度 R_{eL}/MPa	抗拉强度 R_m/MPa	断后伸长率 A/%	最大力下总伸长率 A_{gt}/%	冷弯试验 180°（d 为弯芯直径 a 为钢筋公称直径）
GB 1499.1—2008	HPB235	≥235	≥370	≥25.0	≥10.0	$d=a$
	HPB300	≥300	≥420			
GB 1499.2—2007	HRB335	≥335	≥455	≥17	≥7.5	—
	HRBF335					
	HRB400	≥400	≥540	≥16		
	HRBF400					
	HRB500	≥500	≥630	≥15		
	HRBF500					
GB 13014—2013	RRB400	≥400	≥540	≥14	≥5.0	—
	RRB500	≥500	≥630	≥13		
	RRB400W	≥430	≥570	≥16	≥7.5	

注：GB 13014—2013 为时效后检验结果。

4. 预应力混凝土用预应力钢筋种类、化学成分和主要力学性能

预应力混凝土用预应力钢筋必须用高强度材料制造，预应力钢筋可分为钢筋、钢丝和钢绞线三类。

根据国家标准 GB/T 20065—2006《预应力混凝土用螺纹钢筋》，预应力混凝土用螺纹钢筋是一种热轧成带有不连续的外螺纹的直条钢筋，该钢筋在任意截面处，均可用带有匹配形状的内螺纹的连接器或锚具进行连接或锚固。预应力混凝土用螺纹钢筋以屈服强度划分等级，其代号为“PSB”加上规定屈服强度最小值表示。P、S、B 分别为预应力（prestressing）、螺纹（screw）和钢筋（bar）的英文首字母。该标准规定，钢筋钢的熔炼分析中，硫、磷含量不大于 0.035%。生产厂应进行化学成分和合金元素的选择，以保证经过不同方法加工的成品钢筋能满足表 1-11 规定的力学性能要求。

表 1-11　预应力螺纹钢筋力学性能[16]

<table>
<tr><th rowspan="2">级别</th><th rowspan="2">屈服强度
R_{eL}/MPa</th><th rowspan="2">抗拉强度
R_m/MPa</th><th rowspan="2">断后伸长率
A/%</th><th rowspan="2">最大力下总伸长率 A_{gt}/%</th><th colspan="2">应力松弛</th></tr>
<tr><th>初始应力</th><th>1000h 后应力松弛力 V_r/%</th></tr>
<tr><td>PSB785</td><td>≥785</td><td>≥980</td><td>≥7</td><td rowspan="4">≥3.5</td><td rowspan="4">0.8R_{eL}</td><td rowspan="4">≤3</td></tr>
<tr><td>PSB830</td><td>≥830</td><td>≥1030</td><td>≥6</td></tr>
<tr><td>PSB930</td><td>≥930</td><td>≥1080</td><td>≥6</td></tr>
<tr><td>PSB1080</td><td>≥1080</td><td>≥1230</td><td>≥6</td></tr>
</table>

注：无明显屈服时，用规定非比例延伸强度（$R_{P0.2}$）代替。

根据国家标准 GB/T 5223—2014《预应力混凝土用钢丝》，钢丝按加工状态分为冷拉钢丝和消除应力钢丝两类。消除应力钢丝按松弛性能又分为低松弛钢丝和普通松弛钢丝。钢丝按外形分为光圆钢丝、螺旋肋钢丝和刻痕钢丝三种。表 1-12 是预应力钢丝种类、名称和代号。该标准规定，制造钢丝宜选用符合 GB/T 24238 或 GB/T 24242.2 规定的牌号制造，也可采用其他牌号钢制造，生产厂不提供化学成分。表 1-13 和表 1-14 分别是该标准规定的压力管道用冷拉钢丝及消除应力光圆、螺旋肋和刻痕钢丝的力学性能。

表 1-12　预应力钢丝种类、名称和代号[17]

<table>
<tr><th>分类方法</th><th colspan="2">名称</th><th>代号</th><th>备注</th></tr>
<tr><td rowspan="3">加工状态</td><td colspan="2">冷拉钢丝</td><td>WCD</td><td>用盘条通过拔丝模或轧辊经冷加工而成，以盘卷供货</td></tr>
<tr><td rowspan="2">消除应力钢丝</td><td>低松弛钢丝</td><td rowspan="2">WLR</td><td>钢丝在塑性变形下（轴应变）进行短时热处理</td></tr>
<tr><td>普通松弛钢丝</td><td>钢丝通过矫直工序后在适当温度下进行短时热处理</td></tr>
<tr><td rowspan="3">外形</td><td colspan="2">光圆钢丝</td><td>P</td><td>表面光滑</td></tr>
<tr><td colspan="2">螺旋肋钢丝</td><td>H</td><td>表面沿着长度方向上具有规则间隔的肋条</td></tr>
<tr><td colspan="2">刻痕钢丝</td><td>I</td><td>表面沿着长度方向上具有规则间隔的压痕</td></tr>
</table>

表 1-13　压力管道用冷拉钢丝的力学性能[17]

公称直径 d_n/mm	公称抗拉强度 R_m/MPa	最大力的特征值 F_m/kN	最大力的最大值 $F_{m,max}$/kN	0.2%屈服力 $F_{P0.2}$/kN	每 210mm 扭矩的扭转次数 N	断面收缩率 Z/%	氢脆敏感性能负载为 70%最大力时，断裂时间 t/h	应力松弛性能初始力为最大力 70%时，1000h 应力松弛率 γ/%
4.00	1470	18.48	20.99	≥13.86	≥10	≥35	≥75	≤7.5
5.00		28.86	32.79	≥21.65	≥10	≥35		
6.00		41.56	47.21	≥31.17	≥8	≥30		
7.00		56.57	64.27	≥42.42	≥8	≥30		
8.00		73.88	83.93	≥55.41	≥7	≥30		
4.00	1570	19.73	22.24	≥14.80	≥10	≥35		
5.00		30.82	34.75	≥23.11	≥10	≥35		
6.00		44.38	50.03	≥33.29	≥8	≥30		
7.00		60.41	68.11	≥45.31	≥8	≥30		
8.00		78.91	88.96	≥59.18	≥7	≥30		
4.00	1670	20.99	23.50	≥15.74	≥10	≥35		
5.00		32.78	36.71	≥24.59	≥10	≥35		
6.00		47.21	52.86	≥35.41	≥8	≥30		
7.00		64.26	71.96	≥48.20	≥8	≥30		
8.00		83.93	93.99	≥62.95	≥6	≥30		
4.00	1770	22.25	24.76	≥16.69	≥10	≥35		
5.00		34.75	38.68	≥26.06	≥10	≥35		
6.00		50.04	55.69	≥37.53	≥8	≥30		
7.00		68.11	75.81	≥51.08	≥6	≥30		

表 1-14　消除应力光圆及螺旋肋钢丝的力学性能[17]

公称直径 d_n/mm	公称抗拉强度 R_m/MPa	最大力的特征值 F_m/kN	最大力的最大值 $F_{m,max}$/kN	0.2%屈服力 $F_{P0.2}$/kN	最大力总伸长率（L_0≥200mm）A_{gt}/%	反复弯曲性能		应力松弛性能	
						弯曲次数（次/180°）	弯曲半径 R/mm	初始力相当于实际最大力的百分数/%	1000h 应力松弛率 γ/%
4.00	1470	18.48	20.99	≥16.22	≥3.5	≥3	10	70	≤2.5
4.80		26.61	30.23	≥23.35		≥4	15		
5.00		28.86	32.78	≥25.32		≥4	15		
6.00		41.56	47.21	≥36.47		≥4	15		

续表

公称直径 d_n/mm	公称抗拉强度 R_m/MPa	最大力的特征值 F_m/kN	最大力的最大值 $F_{m,max}$/kN	0.2%屈服力 $F_{P0.2}$/kN	最大力总伸长率（L_0≥200mm）A_{gt}/%	反复弯曲性能		应力松弛性能	
						弯曲次数（次/180°）	弯曲半径 R/mm	初始力相当于实际最大力的百分数/%	1000h 应力松弛率 γ/%
6.25		45.10	51.24	≥39.58		≥4	20		
7.00		56.57	64.26	≥49.64		≥4	20		
7.50		64.94	73.78	≥56.99		≥4	20		
8.00		73.88	83.93	≥64.84		≥4	20		
9.00	1470	93.52	106.25	≥82.07		≥4	25		
9.50		104.19	118.37	≥91.44		≥4	25		
10.00		115.45	131.16	≥101.32		≥4	25		
11.00		139.69	158.70	≥122.59		—	—		
12.00		166.26	188.88	≥145.90		—	—		
4.00		19.73	22.24	≥17.37		≥3	10		
4.80		28.41	32.03	≥25.00		≥4	15		
5.00		30.82	34.75	≥27.12		≥4	15		
6.00		44.38	50.03	≥39.06		≥4	15		
6.25		48.17	54.31	≥42.39		≥4	20		
7.00		60.41	68.11	≥53.16		≥4	20	80	≤4.5
7.50	1570	69.36	78.20	≥61.04		≥4	20		
8.00		78.91	88.96	≥69.44		≥4	20		
9.00		99.88	112.60	≥87.89		≥4	25		
9.50		111.28	125.46	≥97.93		≥4	25		
10.00		123.31	139.02	≥108.51		≥4	25		
11.00		149.20	168.21	≥131.30		—	—		
12.00		177.57	200.19	≥156.26		—	—		
4.00		20.99	23.50	≥18.47		≥3	10		
5.00		32.78	36.71	≥28.85		≥4	15		
6.00		47.21	52.86	≥41.54		≥4	15		
6.25	1670	51.24	57.38	≥45.09		≥4	20		
7.00		64.26	71.96	≥56.55		≥4	20		
7.50		73.78	82.62	≥64.93		≥4	20		
8.00		83.93	93.98	≥73.86		≥4	20		

续表

公称直径 d_n/mm	公称抗拉强度 R_m/MPa	最大力的特征值 F_m/kN	最大力的最大值 $F_{m,max}$/kN	0.2%屈服力 $F_{P0.2}$/kN	最大力总伸长率（L_0≥200mm）A_{gt}/%	反复弯曲性能		应力松弛性能	
						弯曲次数（次/180°）	弯曲半径 R/mm	初始力相当于实际最大力的百分数/%	1000h应力松弛率 γ/%
9.00	1670	106.25	118.97	≥93.50		≥4	25		
4.00	1770	22.25	24.76	≥19.58		≥3	10		
5.00		34.75	38.68	≥30.58		≥4	15		
6.00		50.04	55.69	≥44.03		≥4	15		
7.00		68.11	75.81	≥59.94		≥4	20		
7.50		78.20	87.04	≥68.81		≥4	20		
4.00	1860	23.38	25.89	≥20.57		≥3	10		
5.00		36.51	40.44	≥32.13		≥4	15		
6.00		52.58	58.23	≥46.27		≥4	15		
7.00		71.57	79.27	≥62.98		≥4	20		

注：允许使用推算法确定1000h松弛值。进行初始力为实际最大力70%的1000h松弛试验，如需方要求，也可以做初始力为实际最大力80%的1000h松弛试验。

根据国家标准GB/T 5224—2014《预应力混凝土用钢绞线》，钢绞线按结构分为8类：①用两根钢丝捻制的钢绞线，1×2；②用三根钢丝捻制的钢绞线，1×3；③用三根刻痕钢丝捻制的钢绞线，1×3I；④用七根钢丝捻制的标准型钢绞线，1×7；⑤用六根刻痕钢丝和一根光圆中心钢丝捻制的钢绞线，1×7I；⑥用七根钢丝捻制又经模拔的钢绞线，(1×7)C；⑦用十九根钢丝捻制的1+9+9西鲁式钢绞线，1×19S；⑧用十九根钢丝捻制的1+6+6/6瓦林吞式钢绞线，1×19W。

该标准规定，制造钢绞线宜选用符合GB/T 24238或GB/T 24242.2、GB/T 24242.4规定牌号制造，也可采用其他的牌号制造，生产厂不提供化学成分。表1-15和表1-16是标准规定的1×7和1×19结构钢绞线力学性能。

5. 混凝土结构钢筋选用规定

按照国家标准GB 50010—2010《混凝土结构设计规范》，混凝土结构钢筋的选用规定如下：

（1）纵向受力普通钢筋宜采用HRB400、HRB500、HRBF400、HRBF500钢筋，也可采用HPB300、HRB335、HRBF335、RRB400钢筋。

表 1-15　1×7 结构钢绞线力学性能[18]

钢绞线结构	钢绞线公称直径 d_n/mm	公称抗拉强度 R_m/MPa	整根钢绞线最大力 F_m/kN	整根钢绞线最大力的最大值 $F_{m,\max}$/kN	0.2%屈服力 $F_{P0.2}$/kN	最大力总伸长率（L_0≥500mm）A_{gt}/%	应力松弛性能	
							初始负荷相当于实际最大力的百分数/%	1000h 应力松弛率 γ/%
1×7	15.20 (15.24)	1470	≥206	≤234	≥181	对所有规格	对所有规格	对所有规格
		1570	≥220	≤248	≥194			
		1670	≥234	≤262	≥206			
	9.50 (9.53)	1720	≥94.3	≤105	≥83			
	11.10 (11.11)		≥128	≤142	≥113			
	12.70		≥170	≤190	≥150			
	15.20 (15.24)		≥241	≤269	≥212		70	≤2.5
	17.80 (17.78)		≥327	≤365	≥288	≥3.5		
	18.90	1820	≥400	≤444	≥352			
	15.70	1770	≥266	≤296	≥234			
	21.60		≥504	≤561	≥444		80	≤4.5
	9.50 (9.53)	1860	≥102	≤113	≥89.8			
	11.10 (11.11)		≥138	≤153	≥121			
	12.70		≥184	≤203	≥162			
	15.20 (15.24)		≥260	≤288	≥229			
	15.70		≥279	≤309	≥246			
	17.80 (17.78)		≥355	≤391	≥311			
	18.90		≥409	≤453	≥360			
	21.60		≥530	≤587	≥466			
	9.50 (9.53)	1960	≥107	≤118	≥94.2			
	11.10 (11.11)		≥145	≤160	≥128			
	12.70		≥193	≤213	≥170			
	15.20 (15.24)		≥274	≤302	≥241			
1×7I	12.70	1860	≥184	≤203	≥162			
	15.20 (15.24)		≥260	≤288	≥229			
(1×7)C	12.70	1860	≥208	≤231	≥183			
	15.20 (15.24)	1820	≥300	≤333	≥264			
	18.00	1720	≥384	≤428	≥338			

注：如无特殊要求，只进行初始力为 70%$F_{\max}$ 的松弛试验，允许使用推算法进行 120h 松弛试验确定 1000h 松弛率。用于矿山支护的 1×19 结构的钢绞线松弛率不做要求。

表 1-16　1×19 结构钢绞线力学性能[18]

钢绞线结构	钢绞线公称直径 d_n/mm	公称抗拉强度 R_m/MPa	整根钢绞线最大力 F_m/kN	整根钢绞线最大力的最大值 $F_{m,max}$/kN	0.2%屈服力 $F_{P0.2}$/kN	最大力总伸长率（$L_0 \geq$ 500mm）A_{gt}/%	应力松弛性能	
							初始负荷相当于实际最大力的百分数/%	1000h 应力松弛 γ/%
	28.6	1720	≥915	≤1021	≥805	对所有规格	对所有规格	对所有规格
	17.8		≥368	≤410	≥334			
	19.3		≥431	≤481	≥379			
	20.3	1770	≥480	≤534	≥422			
	21.8		≥554	≤617	≥488			
1×19S (1+9+9)	28.6		≥942	≤1048	≥829			
	20.3	1810	≥491	≤545	≥432	≥3.5	70	≤2.5
	21.8		≥567	≤629	≥499			
	17.8		≥387	≤428	≥341			
	19.3	1860	≥454	≤503	≥400		80	≤4.5
	20.3		≥504	≤558	≥444			
	21.8		≥583	≤645	≥513			
		1720	≥915	≤1021	≥805			
1×19W (1+6+6/6)	28.6	1770	≥942	≤1048	≥829			
		1860	≥990	≤1096	≥854			

注：如无特殊要求，只进行初始力为 70% F_{max} 的松弛试验，允许使用推算法进行 120h 松弛试验确定 1000h 松弛率。用于矿山支护的 1×19 结构的钢绞线松弛率不做要求。

（2）梁、柱纵向受力普通钢筋应采用 HRB400、HRB500、HRBF400、HRBF500 钢筋。

（3）箍筋宜采用 HRB400、HPB300、HRB500、HRBF500 钢筋，也可采用 HRB335、HRBF335 钢筋。

（4）预应力筋宜采用预应力钢丝、钢绞线和预应力螺纹钢筋。

1.3.2　混凝土[19~30]

1. 混凝土的定义和种类

混凝土是由胶凝材料、骨料和水按一定比例配合，通过一定的工艺成型、凝结硬化而成的复合材料。混凝土种类繁多且不断增加，性能和应用也各异，表 1-17 是混凝土的分类方法及其特性与应用。

表 1-17　混凝土的分类方法及其特性与应用[19]

分类方法		名称	特性与应用
按胶凝材料分类	无机	水泥混凝土	以硅酸盐水泥基各种混合水泥为胶凝材料，可用于各种混凝土结构
		石灰混凝土	以石灰、天然水泥、火山灰等活性硅酸盐和铝酸盐与消石灰的混合物为胶凝材料
		石膏混凝土	以天然石膏及工业废料石膏为胶凝材料，可做天花板及内隔墙等制品
		硫黄混凝土	硫黄加热融化，然后冷却硬化，可做黏结剂及低温防腐层
		水玻璃混凝土	以钠水玻璃或钾水玻璃为胶凝材料，可做耐酸结构
		碱矿渣混凝土	以磨细矿渣及碱溶液为胶凝材料，可做各种结构
	有机	沥青混凝土	以天然或人造沥青为胶凝材料，可做路面及耐酸、碱地面
		聚合物水泥混凝土	以水泥为主要胶凝材料，掺入少量乳胶或水溶性树脂，能提高混凝土的抗拉、抗弯强度及抗渗、抗冻、耐磨性能
		树脂混凝土	以聚酯树脂、环氧树脂、脲醛树脂等为胶凝材料，适用于侵蚀介质中
		聚合物浸渍混凝土	以低黏度的聚合物单体浸渍水泥混凝土，然后以热催化法或辐射法处理，使单体在混凝土孔隙中聚合，能改善混凝土的各种性能
按骨料分类		重混凝土	以钢球、铁矿石、重晶石等为骨料，混凝土干表观密度大于 2600kg · m^{-3}，用于防射线混凝土工程
		普通混凝土	骨料为普通砂、石，混凝土干表观密度为 2000～2800kg · m^{-3}，可做各种结构
		轻骨料混凝土	用天然或人造轻骨料，混凝土干表观密度小于 1950kg · m^{-3}，依其表观密度大小又分为结构轻骨料混凝土及保温隔热轻骨料混凝土
		大孔混凝土	用轻粗骨料或普通粗骨料配制而成，混凝土干表观密度为 800～1850kg · m^{-3}，适用于做墙板或墙体
		细颗粒混凝土	用水泥与砂配制而成，可用于钢丝网水泥结构
按用途分类		水工混凝土	用于大坝等水工构筑物，多数为大体积混凝土工程。要求有抗冲刷、耐磨及抗大气腐蚀性。依其不同使用条件可选用普通水泥、矿渣水泥或火山灰水泥及大坝水泥
		海工混凝土	用于海洋工程（海岸及离岸），要求具有抗海水腐蚀性、抗冻性及抗渗性
		抗渗混凝土	能承受 0.6MPa 以上水压而不透水的混凝土。可分为普通防水混凝土、掺外加剂防水混凝土与膨胀水泥防水混凝土。要求有高的密实度及抗渗性，多用于地下工程及储水构筑物
		道路混凝土	用于路面，可用水泥及沥青做胶凝材料，要有足够的耐候性及耐磨性
		耐热混凝土	以铬铁矿、镁砖或耐火砖碎块等为骨料，以硅酸盐水泥、高铝水泥及水玻璃为胶凝材料的混凝土，可在 350～1700℃高温下使用
		耐酸混凝土	以水玻璃为胶凝材料，加入固化剂和耐酸骨料配制而成，具有优良的耐酸和耐热性能
		防辐射混凝土	能屏蔽 X 射线、γ 射线的混凝土，又称屏蔽混凝土或重混凝土，是原子能反应堆、粒子加速器等常用的防护材料
		结构混凝土	用于各种建筑结构物

续表

分类方法		名称	特性与应用
按配筋方式分类	无筋类	素混凝土	用于基础或垫层的低标号混凝土
	配筋类	钢筋混凝土	用普通钢筋加强的混凝土，其作用最广
		钢丝网混凝土	用钢丝网加强的无骨料混凝土，又称钢丝网砂浆，可用于制作薄壳、船等薄壁构件
		纤维混凝土	用各种纤维加强的混凝土，其中钢纤维混凝土最常用。其抗冲击、抗拉、抗弯性能好，可用于路面、桥面、机场跑道护面、隧道衬砌及桩头、桩帽等
		预应力混凝土	用先张法、后张法或化学方法使混凝土预压，以提高其抗拉、抗弯强度的配筋混凝土。可用于各种工程的构筑物及建筑结构，特别是大跨度桥梁等
按施工工艺分类	现浇类	普通现浇混凝土	一般现浇工艺施工的塑性混凝土
		喷射混凝土	用压缩空气喷射施工的混凝土，又分干喷和湿喷两种工艺，多用于井巷及隧道衬砌工程
		泵送混凝土	用混凝土泵浇灌的流动性混凝土
		灌浆混凝土	先铺好粗骨料，然后强制注入水泥砂浆的混凝土，适用于大型基础等大体积混凝土
		真空吸水混凝土	用真空泵将混凝土中多余的水分吸出，从而提高其密实度，可用于屋面、楼板、飞机跑道等
	预制类	振压混凝土	振动加压成型，用于制作混凝土楼板构件
		挤压混凝土	以挤压机成型，用于长线台座法的空心楼板、T型小梁等构件生产
		离心混凝土	以离心机成型，用于混凝土管、电杆等管状构件的生产
按混凝土强度等级分类		低强混凝土	混凝土强度等级＜C30
		中强混凝土	混凝土强度等级为C30～C60
		高强混凝土	混凝土强度等级≥C60
		超高强混凝土	混凝土强度等级＞C100

2. 普通混凝土的组成材料

普通混凝土（简称混凝土）基本组成材料为水泥、水、砂和石子，为节约水泥或改善混凝土的某些性能，还常加入适量的混凝土外加剂。砂、石子的总量占混凝土总体积的70%以上，其余为水泥浆和孔隙。在混凝土拌合物中，水泥和水形成水泥浆填充砂子空隙并包裹砂粒，形成砂浆；砂浆又填充石子空隙并包裹石子颗粒，形成混凝土结构，如图1-1所示。水泥浆硬化前在砂石颗粒间起润滑作用，使拌合物具有一定的流动性，便于浇筑施工。水泥浆硬化后形成水泥石，将砂石骨料牢固地胶结成一个整体。砂、石子一般不参与水泥与水的化学反应，在混凝土中主要构成骨架，所以称为骨料；同时还起填充作用，可以节省水泥，降低水化热，减小混凝土由于水泥浆硬化而产生的收缩，并起抑制裂纹扩展的作用。

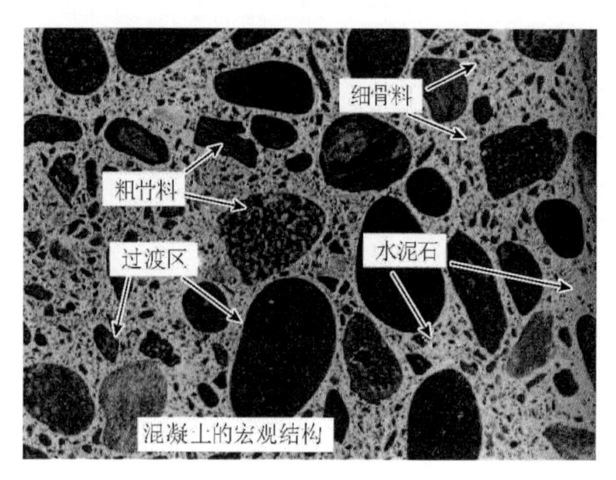

图 1-1　混凝土结构[20]

3. 水泥的基本概念和水泥的水化反应

根据国家标准 GB/T 4131—2014《水泥的命名原则和术语》，水泥是加水拌合成塑性浆体，能胶结砂石等适当材料并能在空气和水中硬化的粉状水硬性胶凝材料。水泥按其用途及性能分为以下两种：①通用水泥：一般土木建筑工程通常采用的水泥；②特种水泥：具有特殊性能或用途的水泥。

水泥按其主要水硬性物质名称分为以下几种：①硅酸盐水泥，主要水硬性矿物为硅酸三钙、硅酸二钙、铝酸三钙和铁铝酸四钙；②铝酸盐水泥，主要水硬性矿物为铝酸钙；③硫铝酸盐水泥，主要水硬性矿物为无水硫铝酸钙和硅酸二钙；④铁铝酸盐水泥，主要水硬性矿物为无水硫铝酸钙、铁铝酸钙和硅酸二钙；⑤氟铝酸盐水泥，主要水硬性矿物为氟铝酸钙和硅酸二钙。

水泥按不同类别分别以水泥的主要水硬性矿物、混合材料、用途和主要特性进行命名。通用水泥以水泥的硅酸盐矿物名称命名，并可冠以混合材料名称或其他适当名称命名，如硅酸盐水泥、普通硅酸盐水泥、矿渣硅酸盐水泥等。特种水泥以水泥的主要矿物名称、特性或用途命名，并可冠以不同型号或混合材料名称，如铝酸盐水泥、硫铝酸盐水泥、快硬硅酸盐水泥、低热矿渣硅酸盐水泥、G 级油井水泥等。

根据国家标准 GB 175—2007/XG1—2009《通用硅酸盐水泥》，凡以适当成分的生料（主要含 CaO、SiO_2、Al_2O_3、Fe_2O_3），按适当比例混合磨细烧至熔融所得以硅酸钙为主要成分的矿物，称为硅酸盐水泥熟料。由硅酸盐水泥熟料和适量的石膏及混合材料共同磨细制成的水硬性胶凝材料称为通用硅酸盐水泥。它包括硅酸盐水泥、普通硅酸盐水泥、矿渣硅酸盐水泥、火山灰质硅酸盐水泥、粉煤灰硅酸盐水泥、复合硅酸盐水泥六大水泥品种。其中，除硅酸盐水泥外，其他品种均由硅酸盐水泥掺加一定量混合材料制成，故也称为掺合料硅酸盐水泥。

硅酸盐水泥的主要矿物有四种，其名称和含量范围见表 1-18。

表 1-18　硅酸盐水泥熟料的主要矿物成分及含量[24]

矿物名称	化学式	简写式	含量/%
硅酸三钙	$3CaO \cdot SiO_2$	C_3S	36～60
硅酸二钙	$2CaO \cdot SiO_2$	C_2S	15～37
铝酸三钙	$3CaO \cdot Al_2O_3$	C_3A	7～15
铁铝酸四钙	$4CaO \cdot Al_2O_3 \cdot Fe_2O_3$	C_4AF	10～18

除以上四种主要矿物成分外，硅酸盐水泥中尚有少量其他成分，主要有三氧化硫、氧化镁和游离氧化钙。为保证水泥质量，需要对这些成分加以控制。

水泥加水拌合后，成为既有可塑性又有流动性的水泥浆，同时产生水化作用。随着水化反应的进行，浆体逐渐失去流动能力到达“初凝”；待完全失去可塑性开始产生结构强度时，即为“终凝”。随着水化、凝结的继续，浆体逐渐转变为具有一定强度的坚硬固体——水泥石，即为硬化。因此，水化是水泥产生凝结硬化的前提，而凝结硬化是水泥水化的结果。表 1-19 是硅酸盐水泥水化反应化学反应式以及水化产物的名称和简写式。

表 1-19　硅酸盐水泥水化反应化学反应式以及水化产物名称和简写式[24]

矿物名称	水化反应产物		化学反应式
	名称	简写式	
硅酸三钙	水化硅酸钙（凝胶）+氢氧化钙（晶体）	C—S—H+CH	$2(3CaO \cdot SiO_2)+6H_2O \longrightarrow 3CaO \cdot 2SiO_2 \cdot 3H_2O+3Ca(OH)_2$
硅酸二钙	水化硅酸钙（凝胶）+氢氧化钙（晶体）	C—S—H+CH	$2(2CaO \cdot SiO_2)+4H_2O \longrightarrow 3CaO \cdot 2SiO_2 \cdot 3H_2O+Ca(OH)_2$
铝酸三钙	水化铝酸钙（晶体）	CA_3H_6	$3CaO \cdot Al_2O_3+6H_2O \longrightarrow 3CaO \cdot Al_2O_3 \cdot 6H_2O$
铁铝酸四钙	水化铝酸钙（凝胶）+水化铁酸钙（凝胶）	CA_3H_6+CFH	$4CaO \cdot Al_2O_3 \cdot Fe_2O_3+7H_2O \longrightarrow 3CaO \cdot Al_2O_3 \cdot 6H_2O+CaO \cdot Fe_2O_3 \cdot H_2O$

4. 混凝土外加剂

根据国家标准 GB/T 8075—2005《混凝土外加剂定义、分类、命名与术语》，混凝土外加剂是一种在混凝土搅拌之前或拌制过程中加入的、用以改善新拌混凝土和（或）硬化混凝土性能的材料。混凝土外加剂按其主要使用功能分为四类：①改变混凝土拌合物流变性能的外加剂，包括各种减水剂和泵送剂；②调节混凝土凝结时间、硬化性能的外加剂，包括缓凝剂、促凝剂和速凝剂；③改善混凝土耐久性能的外加剂，包括引气剂、防水剂、阻锈剂和矿物外加剂等；④改善混凝土其他性能的外加剂，包括膨胀剂、防冻剂、着色剂等。

根据国家标准 GB/T 18736—2002《高强高性能混凝土用矿物外加剂》，矿物外加剂是在混凝土搅拌过程中加入的、具有一定细度和活性的用于改善新拌和硬化混凝土性能（特别是混凝土耐久性）的某些矿物类的产品。矿物外加剂按其矿物组成成分分为四类：磨细矿渣、磨细粉煤灰、磨细天然沸石及硅灰。磨细矿渣是粒状高炉矿渣经干燥、粉磨等工艺达到规定细度的产品。粉煤灰是燃煤发电厂排放出的烟道灰，磨细粉煤灰是干燥的粉煤灰经粉磨达到规定细度的产品。天然沸石是指火山喷发形成的玻璃体在长期的碱溶液条件下二次成矿所形成的以沸石类矿物为主的岩石，磨细天然沸石是以一定品位纯度的天然沸石为原料，经粉磨至规定细度的产品。硅灰是在冶炼硅铁合金或工业硅时，通过烟道排出的硅蒸气氧化后，经收尘器收集得到的以无定形二氧化硅为主要成分的产品。

5. 混凝土孔隙液的化学成分

在硬化水泥浆的孔隙中含有一定量的水溶液，水的多少即含水量取决于外部环境条件。水泥水化形成的一些离子溶解在水中，因此，孔隙中实际上是浓度很高的水溶液，通常称为孔隙液。孔隙液的化学成分取决于混凝土使用的胶凝材料和暴露条件，混凝土添加粉煤灰、矿渣和硅粉等矿物掺合料以及混凝土碳化和盐的渗透都会改变孔隙液的化学成分。表 1-20 是采用压滤法从水泥浆、砂浆和混凝土试样中提取孔隙液的化学成分检测结果，使用的是波特兰水泥和混合水泥。

可以看出，在没有碳化和没有氯离子的混凝土中，由于存在 NaOH 和 KOH，OH^-的浓度为 0.1～0.9mol · L^{-1}，KOH 占多数，特别是波特兰水泥。其他离子，如 Ca^{2+}和 SO_4^{2-} 浓度很低。添加矿渣和粉煤灰时离子浓度稍有减少，因此 pH 降低。根据表 1-20 的 OH^-浓度，计算得出波特兰水泥的 pH 为 13.4～13.9，混合水泥的 pH 为 13.0～13.5，大掺量硅粉可以使 pH 降低至 13。氯盐的渗透或添加对孔隙液化学成分的改变取决于盐的种类，如 NaCl 使孔隙液 OH^-浓度增加，因此 pH 增加，$CaCl_2$ 则相反。关于已碳化混凝土的试验结果很少，已碳化的波特兰水泥浆中，溶液浓度很稀，Na^+和 K^+的浓度很小。

表 1-20　从水泥浆、砂浆和混凝土试样中提取的孔隙液化学成分[27]（单位：$mmol \cdot L^{-1}$）

水泥	氯化物添加量（占水泥质量分数）	水灰比	龄期/d	试样	OH^-	Na^+	K^+	Ca^{2+}	Cl^-	SO_4^{2-}
OPC	—	0.45	28	水泥浆	470	130	380	1	未检出	未检出
OPC	—	0.5	28	砂浆	391	90	288	<1	3	<0.3
OPC	—	0.5	28	水泥浆	834	271	629	1	未检出	31
OPC	—	0.5	192	砂浆	251	38	241	<1	未检出	8
OPC	—	0.5	—	水泥浆	288	85	228	未检出	1	未检出
OPC[a]	—	0.5	84	水泥浆	589	未检出	未检出	未检出	2	未检出
OPC[b]	—	0.5	84	水泥浆	479	未检出	未检出	未检出	3	未检出
80% GGBS	—	0.5	28	砂浆	170	61	66	<1	8	15
70% GGBS	—	<0.55	84	混凝土	95	89	42	未检出	5	8
65% GGBS	—	0.5	84	水泥浆	355	未检出	未检出	未检出	5	未检出
25% PFA	—	0.5	28	砂浆	331	75	259	<1	<1	18
30% PFA	—	0.5	84	水泥浆	339	未检出	未检出	未检出	2	未检出
10% SF	—	0.5	28	水泥浆	266	110	209	1	未检出	32
20% SF	—	0.5	28	水泥浆	91	59	109	1	未检出	33
20% SF	—	0.45	28	水泥浆	98	36	53	1	未检出	未检出
30% SF	—	0.5	28	水泥浆	26	35	53	2	未检出	35
OPC[a]	0.4%（NaCl）	0.5	84	水泥浆	741	未检出	未检出	未检出	84	未检出
OPC[b]	0.4%（NaCl）	0.5	84	水泥浆	661	未检出	未检出	未检出	42	未检出
OPC	0.4%（$CaCl_2$）	0.5	28	砂浆	62	90	161	<1	104	5
OPC	0.4%（NaCl）	0.5	35	水泥浆	835	546	630	2	146	41
OPC	1%（NaCl）	0.5	—	水泥浆	458	580	208	未检出	227	未检出
65% GGBS	0.4%（NaCl）	0.5	84	水泥浆	457	未检出	未检出	未检出	28	未检出

续表

OP	氯化物添加量（占水泥质量分数）	水灰比	龄期/d	试样	OH^-	Na^+	K^+	Ca^{2+}	Cl^-	SO_4^{2-}
80% GGBS	0.4%（$CaCl_2$）	0.5	28	砂浆	138	41	299	＜1	67	21
25% PFA	0.4%（$CaCl_2$）	0.5	28	砂浆	257	157	307	＜1	85	28
30% PFA	1%（NaCl）	0.5	28	砂浆	457	未检出	未检出	未检出	39	未检出
10% SF	0.4%（NaCl）	0.5	35	水泥浆	192	264	256	1	216	37
10% SF	1%（NaCl）	0.5	35	水泥浆	158	614	345	2	615	50
OPC	—	0.5	—	碳化的水泥浆[c]	3×10^{-4}～2.8	10～23	4～20	31	8～16	未检出
OPC	—	0.6	—	碳化的水泥浆[d]	3×10^{-4}～0.1	0.3～9.9	0.6～26.4	7.1～78.5	7.5～23.4	1.2～24.1
OPC	1%（NaCl）	0.5	—	碳化的水泥浆[c]	6×10^{-4}～0.3	330～369	20～31	21	533～651	未检出

a. C_3A 含量低（7.7%）。

b. C_3A 含量高（14.3%）。

c. 水泥浆暴露在不同浓度 CO_2 环境中。

d. 水泥浆暴露在不同浓度 CO_2 和不同饱和盐溶液环境中。

6. 结构混凝土耐久性基本要求

根据国家标准 GB/T 50476—2008《混凝土结构耐久性设计规范》，结构耐久性是指在设计确定的环境作用和维修、使用条件下，结构构件在设计使用年限内保持其适用性和安全性的能力。也就是说，耐久性能良好的结构，在其使用期内，应能够承受所有可能的荷载和环境作用，而且不会发生过度的腐蚀、损坏或破坏。

混凝土的耐久性是指在外部与内部不利因素长期作用下，保持其原有设计性能和使用功能的性质，是混凝土结构经久耐用的重要指标。外部因素是指混凝土结构暴露环境中的侵蚀性介质的腐蚀作用、冰冻破坏作用、水压渗透作用、碳化作用、干湿循环引起的风化作用、荷载应力作用及振动冲击作用等，内部因素指的是碱-骨料反应和自身体积变化。

为了满足结构混凝土的耐久性要求，许多规范对于新建混凝土结构的混凝土耐久性都作出了相应的技术规定，主要技术参数指标包括水灰比（水胶比）、水泥用量、强度等级、氯离子含量及碱含量、含气量等，各参数的含义如下所述。

1）水灰比（水胶比）

水灰比是指混凝土拌合物中用水量与水泥用量的质量比，水胶比指混凝土拌合物中用水量与胶凝材料总量的质量比。水灰比（水胶比）是影响混凝土强度和耐久性的主要因素。

2）水泥用量

水泥是混凝土的重要组成部分，为保证混凝土的耐久性，不应低于规定的最小水泥用量，但并不是用量越多越好。

3）强度等级

混凝土强度是混凝土的重要力学性能，它是指混凝土抵抗外力产生的某种应力的能力，即混凝土材料达到破坏或开裂极限时所能承受的应力。混凝土强度除受材料组成、养护条件及龄期等因素影响外，还与受力状态有关。混凝土强度等级是按立方体抗压强度标准值来划分的。立方体抗压强度标准值是指按标准方法制作、养护的边长为150mm的立方体试件，在28d或设计规定龄期内以标准试验方法测得的具有95%保证率的抗压强度值。混凝土强度等级采用符号C与立方体抗压强度标准值（以 $N \cdot mm^{-2}$ 计）表示，如混凝土强度等级为C20，表示立方体抗压强度标准值为 $20N \cdot mm^{-2}$。目前的混凝土强度等级划分为14个强度等级：C15、C20、C25、C30、C35、C40、C45、C50、C55、C60、C65、C70、C75、C80。

4）氯离子含量

氯离子是引起混凝土中钢筋腐蚀的重要因素之一，应严格限制混凝土中的氯离子含量。

5）含气量

含气量是指混凝土中气泡体积与混凝土总体积的比值。对于采用引气工艺的混凝土，气泡体积包括掺入引气剂后形成的气泡体积和混凝土拌合过程中携带的空气体积。

6）碱含量

混凝土碱含量是指混凝土及其原材料中当量 Na_2O 含量，即 Na_2O 与0.658倍的 K_2O 之和。

表1-21～表1-24分别是欧洲标准EN 206：2013 Concrete-Specification，Performance，Production and Conformity，美国混凝土协会标准ACI 318-11 Building Code Requirements for Structural Concrete and Commentary，中国国家标准GB 50010—2010《混凝土结构设计规范》和中国交通运输部标准JTG D62—2004《公

路钢筋混凝土及预应力混凝土桥涵设计规范》对混凝土结构的混凝土材料的耐久性基本要求。

表 1-21　EN 206：2013 混凝土材料的耐久性基本要求（混凝土结构设计使用年限为 50 年）[5]

技术参数	环境等级（详见表 1-1）																	
	无腐蚀风险	碳化引起的腐蚀				氯化物引起的腐蚀						冻融破坏				侵蚀性化学环境		
						海水			除海水以外的其他氯化物									
	X0	XC1	XC2	XC3	XC4	XS1	XS2	XS3	XD1	XD2	XD3	XF1	XF2	XF3	XF4	XA1	XA2	XA3
最大水胶比	—	0.65	0.60	0.55	0.50	0.50	0.45	0.45	0.55	0.55	0.45	0.55	0.55	0.50	0.45	0.55	0.50	0.45
最低强度等级	C12/15	C20/25	C25/30	C30/37	C30/37	C30/37	C35/45	C35/45	C30/37	C30/37	C35/45	C30/37	C25/30	C30/37	C30/37	C30/37	C30/37	C35/45
最小水泥用量/($kg\cdot m^{-3}$)	—	260	260	280	300	300	320	340	300	300	320	300	300	320	340	300	320	360
最小含气量/%	—	—	—	—	—	—	—	—	—	—	—	—	4.0	4.0	4.0	—	—	—
其他要求	—	—	—	—	—	—	—	—	—	—	—	骨料符合 EN 12620 要求，具有足够的抗冻融性能				—	抗硫酸盐水泥	

表 1-22　ACI 318-11 混凝土耐久性要求[6]

环境等级	最大水灰比	最小强度/psi（1psi=6.89 476×10^3Pa）
F0	不适用	2 500
F1	0.45	4 500
F2	0.45	4 500
F3	0.45	4 500
S0	不适用	2 500
S1	0.50	4 000
S2	0.45	4 500
S3	0.45	4 500
P0	不适用	2 500
P1	0.50	4 000
C0	不适用	2 500
C1	不适用	2 500
C2	0.40	5 000

注：其他最低要求和条款注释详见 ACI 318-11。

表 1-23　GB 50010—2010 混凝土材料的耐久性基本要求（混凝土结构设计使用年限为 50 年）[8]

环境等级	最大水胶比	最低强度等级	最大碱含量/(kg·cm^{-3})
一	0.60	C20	不限制
二 a	0.55	C25	3.0
二 b	0.50（0.55）	C30（C25）	
三 a	0.45（0.50）	C35（C30）	
三 b	0.40	C40	

注：1）素混凝土构件的水胶比及最低强度等级的要求可适当放松。

2）有可靠经验时，二类环境中的最低混凝土强度等级可降低一个等级。

3）处于严寒和寒冷地区二 b、三 a 类环境中的混凝土应使用引气剂，并可采用括号中的有关参数。

4）当使用非碱活性骨料时，对混凝土中的碱含量可不做限制。

表 1-24　JTG D62—2004 混凝土耐久性基本要求[30]

环境类别	环境条件	最大水灰比	最小水泥用量/(kg·m^{-3})	最低混凝土强度等级	最大碱含量/(kg·m^{-3})
Ⅰ	温暖或寒冷地区的大气环境、与无侵蚀性的水或土壤接触的环境	0.55	275	C25	3.0
Ⅱ	严寒地区的大气环境、使用除冰盐环境、海滨环境	0.50	300	C30	
Ⅲ	海水环境	0.45	300	C35	
Ⅳ	受侵蚀性物质影响的环境	0.40	325	C35	

参 考 文 献

[1] 马嵘. 混凝土结构设计原理. 北京：中国水利水电出版社，2008

[2] 混凝土结构. http: //baike.baidu.com/view/17454.htm[2015.04.01]

[3] 李乔. 混凝土结构设计原理. 北京：中国铁道出版社，2001

[4] 顾祥林. 混凝土结构基本原理. 上海：同济大学出版社，2004

[5] EN 206：2013. Concrete-Specification，Performance，Production and Conformity

[6] ACI 318-11. Building Code Requirements for Structural Concrete and Commentary

[7] GB/T 50476—2008. 混凝土结构耐久性设计规范

[8] GB 50010—2010. 混凝土结构设计规范

[9] GB/T 13304.1—2008. 钢分类 第 1 部分：按化学成分分类

[10] GB/T 13304.2—2008. 钢分类 第 2 部分：按主要质量等级和主要性能或使用特性的分类

[11] 沈蒲生. 混凝土结构设计原理. 北京：高等教育出版社，2007

[12] GB 1499.1—2008. 钢筋混凝土用钢 第 1 部分：热轧光圆钢筋（2013 年修改）

[13] GB 1499.2—2007. 钢筋混凝土用钢 第 2 部分：热轧带肋钢筋

[14] GB 13014—2013. 钢筋混凝土用余热处理钢筋

[15] 李国平. 预应力混凝土结构设计原理. 北京：人民交通出版社，2000

[16] GB/T 20065—2006. 预应力混凝土用螺纹钢筋
[17] GB/T 5223—2014. 预应力混凝土用钢丝
[18] GB/T 5224—2014. 预应力混凝土用钢绞线
[19] 霍曼琳. 建筑材料学. 重庆：重庆大学出版社，2009
[20] 混凝土概述和组成材料. http: //wenku.baidu.com/view/ee7adf3183c4bb4cf7ecd1d3.html[2015.04.01]
[21] GB/T 4131—2014. 水泥的命名原则和术语
[22] 杨力远. 现代水泥生产知识概要. 郑州：郑州大学出版社，2009
[23] GB 175—2007/XG1—2009. 通用硅酸盐水泥
[24] 林祖宏. 建筑材料. 北京：北京大学出版社，2008
[25] GB/T 8075—2005. 混凝土外加剂定义、分类、命名与术语
[26] GB/T 18736—2002. 高强高性能混凝土用矿物外加剂
[27] Bertolini L, Elsener B, Pedeferri P, et al. Corrosion of Steel in Concrete: Prevention, Diagnosis, Repair. Germany: Wiley-VCH，2004
[28] 张誉，等. 混凝土结构耐久性概论. 上海：上海科学技术出版社，2003
[29] GB/T 50733—2011. 预防混凝土碱骨料反应技术规范
[30] JTG D62—2004. 公路钢筋混凝土及预应力混凝土桥涵设计规范

第 2 章　金属腐蚀基本概念[1~6]

2.1　金属腐蚀定义和分类

2.1.1　金属腐蚀定义

金属腐蚀包括自然腐蚀和杂散电流腐蚀两大类。自然腐蚀是指金属在自然环境或工况条件下遭受的腐蚀，杂散电流腐蚀是指金属在受到外部电流作用下导致的腐蚀。本书描述的腐蚀均指自然腐蚀，以下简称金属的腐蚀。

根据国家标准 GB/T 10123—2001《金属和合金的腐蚀基本术语和定义》，金属腐蚀是指金属与环境间的物理-化学相互作用，其结果使金属的性能发生变化，并常可导致金属、环境或由它们作为组成部分的技术体系的功能受到损伤。该相互作用通常为电化学性质。

金属腐蚀过程可用下面的反应式表示：

$$\text{金属材料}+\mathrm{D} \longrightarrow \text{腐蚀产物}$$

式中，D 为腐蚀介质或介质中的某一组分，腐蚀产物即腐蚀过程中所形成的新相。

金属腐蚀至少包括以下三个基本过程：①通过对流和扩散作用使腐蚀介质向界面迁移；②在相界面上进行反应；③腐蚀产物从相界迁移到介质中去或在金属表面上形成覆盖膜。

由于腐蚀过程主要在金属与介质之间的界面上进行，因此腐蚀造成的破坏一般先从金属表面开始，然后伴随腐蚀过程的进一步发展，腐蚀破坏将扩展到金属材料内部，并使金属性质和组成发生改变。在这种情况下金属可全部或部分溶解，或者所形成的腐蚀产物沉积于金属上（如在潮湿的大气中，铁腐蚀后铁锈附着在铁表面上）。有时，腐蚀过程的进行还可能导致金属和合金的物化性质改变，以致造成金属的崩溃。

影响金属腐蚀过程的因素主要有金属的化学成分、金相结构及力学性能，金属材料的表面状态（钝化膜或防氧化覆盖层），腐蚀介质的种类、化学成分、组分及浓度等。

2.1.2　金属腐蚀分类

根据接触的环境介质，金属腐蚀可分为大气腐蚀、海水腐蚀、淡水腐蚀、土壤腐蚀、化工介质腐蚀、细菌腐蚀、应力腐蚀和磨损腐蚀等。

根据腐蚀破坏的特征，金属腐蚀可分为全面腐蚀和局部腐蚀两大类。全面腐蚀指腐蚀分布在整个金属表面上，可以是均匀的，也可以是不均匀的。一般来说，这种腐蚀的危害性不大，易于控制和监测。局部腐蚀指腐蚀主要集中在金属表面某一定区域，其他部位则几乎未被破坏，但是往往在整体较好的情况下，发生局部破坏而引起灾难性事故。这类腐蚀的控制和监测都是很困难的。局部腐蚀包括以下几种类型。

1）点蚀

点蚀发生在金属表面极为局部的区域内，造成洞穴或坑点并向内部扩展，甚至造成穿孔。若坑口直径小于点穴深度时，称为点蚀；若坑口直径大于坑的深度时，称为坑蚀。实际上，点蚀和坑蚀并没有严格的界限。

2）缝隙腐蚀

缝隙腐蚀发生在缝隙处或邻近缝隙的区域。这些缝隙是由于同种或异种金属相接触，或是金属与非金属材料相接触形成的。缝隙处受腐蚀的程度远大于金属表面的其他区域。这种腐蚀通常是由于缝隙中氧的缺乏、缝隙中酸度的变化或缝隙中某种离子的累积造成的。

3）浓差电池腐蚀

浓差电池腐蚀是指由于靠近电极表面的腐蚀剂浓度差异而导致电极电位不同所构成的腐蚀电池。差异充气电池就是浓差电池腐蚀的一种。引起腐蚀的推动力是由于溶液（或土壤）中某一处与另一处的氧含量不同导致的电极电位不同。氧浓度低的部位将成为阳极区，腐蚀加速。实际上，缝隙腐蚀与浓差电池腐蚀的机理有雷同之处，但浓差电池腐蚀有更明显的阳极和阴极区。

4）电偶腐蚀

当一种不太活泼的金属（阴极）和一种比较活泼的金属（阳极）在同一环境中相接触时，组成电偶并引起电流的流动，从而造成电偶腐蚀。阳极金属发生腐蚀，阴极金属得到保护。

5）晶间腐蚀

晶间腐蚀是在晶粒或晶体本身未受到明显侵蚀的情况下，发生在金属或合金晶界处的一种选择性腐蚀。晶间腐蚀会导致强度和延性的剧降，因而造成金属结构的损坏甚至引发事故。

6）应力腐蚀

应力腐蚀是在拉应力和特定腐蚀介质共存时引起的腐蚀破裂。应力可以是外加应力也可以是金属内部的残余应力。

7）选择性腐蚀

选择性腐蚀是指合金中某一组分由于腐蚀作用而被脱除。

8）磨损腐蚀

磨损腐蚀是金属受到液流或气流的磨耗与腐蚀共同作用而产生的破坏。包括高速流体冲刷引起的冲击腐蚀，金属间彼此有滑移引起的磨振腐蚀和流体中瞬时形成的气穴在金属表面爆裂时导致的空泡腐蚀。

9）氢腐蚀

氢腐蚀是指由于化学或电化学反应所产生的原子态氢扩散到金属内部引起的各种破坏，包括氢鼓泡、氢脆和氢蚀三种形态。氢鼓泡是由于原子态氢扩散到金属内部，并在金属内部的微孔中形成分子氢，分子氢不能扩散，就会在微孔中积累形成巨大的内压，使金属鼓泡甚至破裂。氢脆是由于原子氢进入金属内部后，使金属晶格产生高度变形，因而降低了金属的韧性和延性，导致金属脆化。氢蚀则是由于原子氢进入金属内部后与金属中的组分或元素反应，导致金属的韧性或强度下降。

根据腐蚀机理，金属腐蚀可分为化学腐蚀、物理腐蚀和电化学腐蚀。化学腐蚀指金属表面与非电解质直接发生纯化学作用而引起的破坏。物理腐蚀指金属由于单纯的物理溶解作用引起的破坏。电化学腐蚀指金属表面与离子导电的介质发生电化学作用而产生的破坏，金属在海水、淡水和土壤等大多数电解质中的腐蚀均为电化学腐蚀。电化学腐蚀是本章讨论的重点。

2.2　金属电化学腐蚀基本原理

2.2.1　电极电位

一般认为，电子导体（金属等）与离子导体（液/固体电解质）接触，并有电荷在两相之间迁移而发生氧化还原反应的体系，称为电极。在电极和溶液界面上进行的电化学反应称为电极反应。电极反应可以导致在电极和溶液的界面上建立起离子双电层，还有偶极双电层和吸附双电层。这种双电层两侧的电位差，即金属与溶液之间产生的电位差称为电极电位。

当金属电极上只有一个确定的电极反应，并且该反应处于动态平衡，即金属的溶解速率等于金属离子的沉积速率时，电极获得一个不变的电位值，该电位值通常称为平衡电极电位。平衡电极电位是可逆电极电位，即该过程的物质交换和电荷交换都是可逆的。实际金属腐蚀时，电极上可能同时存在两个或两个以上不同物质参与的电极反应，电极上不可能出现物质交换与电荷交换均达到平衡的情况，这种情况下的电极电位称为非平衡电位或不可逆电极电位。非平衡电位可以是稳定的，也可以是不稳定的。在实际电极体系中，一般不可能实现物质平衡，但可能实现相对的电荷平衡，此时的电极电位称为稳定电极电位。

非平衡电位一般是用实测的方法得到。测量方法是将一个参比电极放置在被测电极的附近，用高阻抗电压表测量被测电极与参比电极之间的电位差，该电位差即表示被测电极相对于该参比电极的电极电位。

表 2-1 是实测的某些金属及合金在海水中的稳定电极电位（相对于标准氢电极），按电位大小排序，该表称为金属及合金在海水中的电偶序。从表中可以看到铁和碳钢的电极电位分别为–0.50V 和–0.40V，通常，当排在它们前面的镁、镁合金等与其在电解质中接触时，都可以作为牺牲阳极材料来保护钢铁，同样钢铁也可以作为牺牲阳极来保护排在它们后面的金属。

表 2-1　金属及合金在海水中的电偶序[2]

金属及合金	电极电位（SHE）/V	金属及合金	电极电位（SHE）/V
镁	–1.45	镍（活化态）	–0.12
镁合金（6% Al，3% Zn，0.5% Mn）	–1.20	α 黄铜（30% Zn）	–0.11
锌	–0.80	青铜（5%～10% Al）	–0.10
铝合金（10% Mg）	–0.74	铜锌合金（5%～10% Zn）	–0.10
铝合金（10% Zn）	–0.70	铜	–0.08
铝	–0.53	铜镍合金（30% Ni）	–0.02
镉	–0.52	石墨	0.02～0.3
杜拉铝	–0.50	不锈钢 Cr13（钝态）	0.03
铁	–0.50	镍（钝态）	0.05
碳钢	–0.40	因科镍（11%～15% Cr，1% Mn，1% Fe）	0.08
灰口铁	–0.36	不锈钢 Cr17（钝态）	0.10
不锈钢 Cr13，Cr17（活化态）	–0.32	不锈钢 Cr18Ni9（钝态）	0.17
Ni-Cu 铸铁（12%～15% Ni，5%～7% Cu）	–0.30	哈氏合金（20% Mo，18Cr，6% W，7% Fe）	0.17
不锈钢 Cr19Ni9（活化态）	–0.30	蒙乃尔	0.20
铅	–0.30	不锈钢 Cr18Ni12Mo3（钝态）	0.12～0.2
锡	–0.25	银	0.12～0.2
α+β 黄铜（40% Zn）	–0.20	钛	0.15
锰青铜（5% Mn）	–0.20	铂	0.4

2.2.2　电位-pH 图

电位-pH 图是比利时学者波尔贝（M.Poubaix）提出的一种电化学平衡图，又称为 Poubaix 图，可用于判断金属在水溶液中的腐蚀倾向和预估腐蚀产物，而不能用于预测腐蚀速率的大小。图 2-1 是简化的 Fe-H_2O 体系的电位-pH 图。

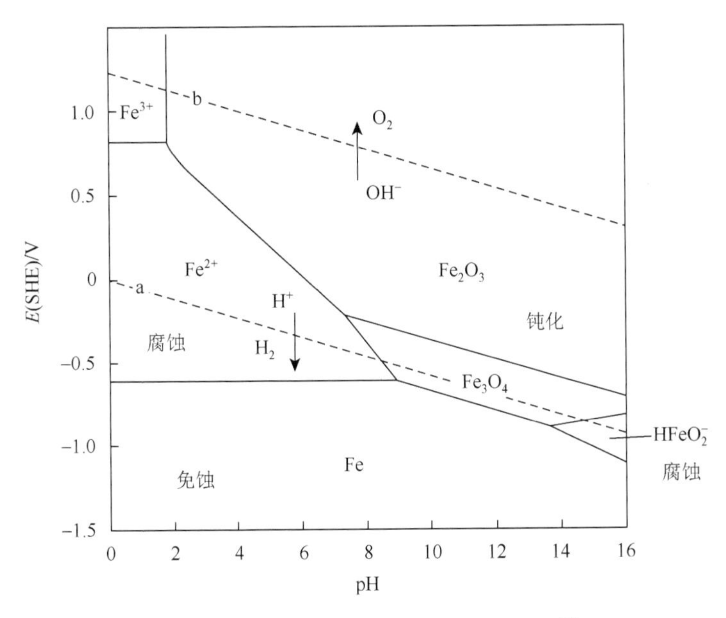

图 2-1　简化的 Fe-H_2O 体系电位-pH 图[5]

根据图 2-1，可以从理论上预测 Fe 在不同环境条件下的腐蚀倾向，以及不同物质稳定状态下的电位和 pH。图中两条虚线 a 和 b 分别代表析氢反应和氧还原反应的平衡线，每一条实线代表 Fe 的固相与液相之间的平衡。由此便把 Fe-H_2O 体系的电位-pH 图分成以下三个区域。

1）腐蚀区

在该区域内稳定状态的是可溶性 Fe^{2+}、Fe^{3+}和 $HFeO_2^-$ 等离子。因此，Fe 处于不稳定状态，可能发生腐蚀。

2）稳定区

在该区域内 Fe 处于热力学稳定状态，不发生腐蚀。

3）钝化区

在该区域由于具有保护性氧化膜处于热力学稳定状态，因此 Fe 腐蚀不明显。

由 Fe-H_2O 体系的电位-pH 图还可以看出，要想使处于腐蚀区的金属得到保护，可以采用的腐蚀控制措施有以下几种：①降低电极电位至稳定区，即通常采用的阴极保护方法；②升高电极电位至钝化区，即采用阳极保护，或在溶液中注入缓蚀剂，使金属表面形成钝化膜；③调整溶液的 pH，例如在 pH 为 9.4～12.5 时，可使铁表面生成 $Fe(OH)_2$ 或 $Fe(OH)_3$ 的钝化膜。

2.2.3 金属电化学腐蚀过程

金属的电化学腐蚀过程与腐蚀电池的工作原理相同。

将两种不同的金属浸在各自盐类的电解质溶液中，中间用隔膜隔开，用导线将两种金属连接起来，就构成了原电池。图 2-2 是将锌和铜分别浸在 $ZnSO_4$ 和 $CuSO_4$ 溶液（溶液中金属离子的活度相等，设都等于 1）中构成的铜锌原电池的示意图。

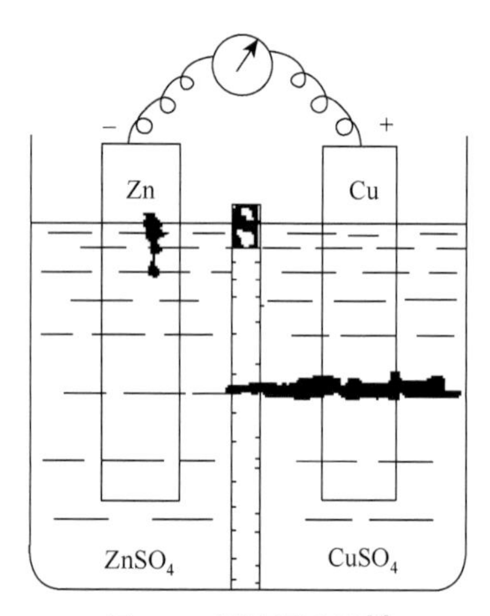

图 2-2 铜锌原电池[6]

铜锌原电池工作时，在锌上进行锌的溶解，即发生氧化反应，电子沿导线流到铜上，锌上的电荷减少，反应式为

$$Zn \longrightarrow Zn^{2+} + 2e^- \tag{2-1}$$

在铜上进行铜离子的析出，即发生还原反应，反应式为

$$Cu^{2+} + 2e^- \longrightarrow Cu \tag{2-2}$$

在溶液中，阳离子朝铜的方向迁移，阴离子朝锌的方向迁移。

在原电池中，进行氧化反应的电极，其电位较负，称为阳极；进行还原反应的电极，其电位较正，称为阴极。阳极溶解，阴极不溶解。在铜锌原电池中，锌为阳极，铜为阴极。

在实际情况下，像铜锌原电池这样的腐蚀电池是很少的，常见的腐蚀电池有下列两类。

一、不同金属接触并浸于同一种电解质中所构成的电池。如铁与铜在海水中接触时所构成的电池。这种情况下，铁为阳极，进行溶解，反应式为

$$Fe \longrightarrow Fe^{2+} + 2e^- \tag{2-3}$$

铜为阴极，海水中的溶解氧在阴极上发生还原反应，反应式为

$$O_2 + 2H_2O + 4e^- \longrightarrow 4OH^- \quad (2\text{-}4)$$

二、一种金属浸于同一种电解质溶液中，由于金属表面的电化学不均一性或溶液的不均一性等因素作用所构成的电池。如碳钢中的杂质 Fe_3C 的电极电位比本体金属 Fe 的电极电位正，因此，铁表面形成许多微阴极（Fe_3C）和微阳极（Fe），碳钢在电解质溶液中就形成了许多的短路微电池，使铁腐蚀加速。若溶液中的氧浓度不均匀，就形成氧的浓差电池，与氧浓度小的溶液接触的金属成为阳极而腐蚀。若溶液中的盐浓度不同，就形成盐浓差电池，与盐浓度小的溶液接触的金属成为阳极而腐蚀。

金属的电化学腐蚀就是腐蚀电池的工作原理，腐蚀过程包括阳极、阴极、电解质溶液和电路四个不可分割的部分。进行氧化反应的电极称为阳极，进行还原反应的电极称为阴极。电解质就是导体，离子流通过导体进行传输。电解质包括酸性、碱性和中性（盐）水溶液。

电化学腐蚀过程如下。

1）阳极过程

金属（M）溶解，以离子的形式进入溶液，并把当量的电子留在金属上。

$$M \longrightarrow M^{2+} + 2e^- \quad (2\text{-}5)$$

2）阴极过程

从阳极流过来的电子被电解质溶液中能够吸收电子的氧化性物质（D）所接受。溶液中能和电子结合的氧化性物质（D）是较多的，但在大多数情况下是溶液中的 H^+和 O_2。

$$D + ne^- \longrightarrow [D \cdot ne^-] \quad (2\text{-}6)$$

3）电流的流动

电流的流动包括在金属导体中和在电解质中的流动。在金属导体中，电子从阳极流向阴极，在电解质溶液中，阴离子从阴极区迁移至阳极区。这样就使整个电池系统中的电路构成通路。

根据电化学反应过程，金属的电化学腐蚀破坏将集中地出现在阳极区，阴极区将不会发生可觉察的金属损失，它只是起到了传递电子的作用。

上述三个基本过程既是相互独立，又是彼此紧密联系的，只要其中一个过程受到阻滞不能进行，其他两个过程也将受到阻碍而不能进行，整个腐蚀电池的工作势必停止，金属的电化学过程也就停止了。

2.2.4　电极极化和去极化

如上所述，金属电化学腐蚀过程包括阳极反应和阴极反应。同时阳极反应产物和阴极反应产物还会发生一些次生反应。电极极化就是电极反应过程发生了某些改变，使得电极的电极电位发生改变。电极电位向正方向偏移称为阳极极化，电极电位向负方向偏移称为阴极极化。根据导致电极反应过程改变因素的不同，可将电极极化的原因分为三种情况：活化极化、浓度极化和电阻极化。

1）活化极化

活化极化是指电极上电化学反应速率缓慢而引起的极化，也称为电化学极化。

2）浓度极化

浓度极化是指反应物质传递太慢引起的极化。

3）电阻极化

电阻极化是指某些电极表面在反应过程中会生成一层氧化膜或其他物质，使电化学腐蚀电池的电阻增加而引起的极化。

消除引起极化的因素，促使电极反应过程加速进行，称为去极化。

2.3 金属腐蚀程度的评定

金属遭受腐蚀后，其质量、厚度、机械性能、组织结构及电极过程等都会发生变化。这些物理和力学性能的变化率可用来表示金属腐蚀的程度。

2.3.1 全面腐蚀程度的评定

全面腐蚀通常采用重量指标、深度指标和电流指标，并以平均腐蚀速率的形式表示之。

1）金属腐蚀速率的重量指标

重量指标是把因腐蚀而发生的质量变化，换算成单位金属表面积在单位时间内的质量变化的数值。质量变化包括失重和增重。失重时是指腐蚀前的质量和清除了腐蚀产物后的质量之间的差值。增重时是指腐蚀后带有腐蚀产物的质量与腐蚀前的质量之间的差值。可根据腐蚀产物易除去或完全牢固地附着在试件表面的情况来选取失重或增重表示法。腐蚀速率计算公式如下

$$v^{-}=\frac{W_0-W_1}{St} \tag{2-7}$$

式中，v^{-}为失重时的腐蚀速率，$g\cdot(m^2\cdot h)^{-1}$；W_0 为金属的初始质量，g；W_1 为清除了腐蚀产物后金属的质量，g；S 为金属的表面积，m^2；t 为腐蚀进行的时间，h。

$$v^{+}=\frac{W_2-W_0}{St} \tag{2-8}$$

式中，v^{+}为增重时的腐蚀速率，$g\cdot(m^2\cdot h)^{-1}$；W_2 为带有腐蚀产物的金属的质量，

g；W_0 为金属的初始质量，g；S 为金属的表面积，m^2；t 为腐蚀进行的时间，h。

2）金属腐蚀速率的深度指标

深度指标是把金属厚度因腐蚀而减少的量用线量单位表示，并换算成相当于单位时间的数值，一般用 v_L 表示。腐蚀深度计算公式如下

$$v_L = \frac{v^- \times 24 \times 365}{(100)^2 \times \rho} \times 10 = \frac{v^- \times 8.76}{\rho} \tag{2-9}$$

式中，v_L 为腐蚀速率的深度指标，$mm \cdot a^{-1}$；v^-为腐蚀速率的重量指标，$g \cdot (m^2 \cdot h)^{-1}$；$\rho$ 为金属的密度，$g \cdot cm^{-3}$。

3）金属腐蚀速率的电流指标

电流指标是以电化学过程的阳极电流密度的大小来衡量金属的电化学腐蚀深度的程度。可以用法拉第定律把电流指标和重量指标关联起来。计算公式如下

$$i_c = \frac{v^- nF}{M} \times 10^{-4} \tag{2-10}$$

式中，i_c 为腐蚀速率的电流指标，$A \cdot cm^{-2}$；v^-为腐蚀速率的重量指标，$g \cdot (m^2 \cdot h)^{-1}$；$M$ 为金属的摩尔质量，g；n 为金属离子的价数；F 为法拉第常数，26.8A·h。

2.3.2　局部腐蚀程度的评定

局部腐蚀程度的评定较为复杂，没有统一的定量标准。点蚀的评价可以采用点蚀密度、平均点蚀深度及最大点蚀深度等指标进行综合评价。晶间腐蚀和应力腐蚀可采用腐蚀前后机械强度的损失来评定。计算公式如下

$$K_\sigma = \frac{\sigma_{bo} - \sigma_b}{\sigma_{bo}} \times 100\% \tag{2-11}$$

式中，K_σ 为腐蚀后的强度极限下降率，%；σ_{bo} 为腐蚀前的强度极限；σ_b 为腐蚀后的强度极限。

参 考 文 献

[1]　GB/T 10123—2001. 金属和合金的腐蚀基本术语和定义

[2]　胡士信. 阴极保护工程手册. 北京：化学工业出版社，1999

[3]　魏宝明. 金属腐蚀理论及应用. 北京：化学工业出版社，2004

[4]　俞蓉蓉，蔡志章. 地下金属管道的腐蚀与防护. 北京：石油工业出版社，1998

[5]　Silva N. Chloride induced corrosion of reinforcement steel in concrete：threshold values and ion distributions at the concrete-steel interface. http: //publications.lib.chalmers.se/publication/171960[2014.04.01]

[6]　火时中. 电化学保护. 北京：化学工业出版社，1998

第3章　混凝土结构钢筋腐蚀与防腐蚀附加措施

3.1　钢筋电化学腐蚀过程[1, 2]

通常，混凝土结构中的钢筋腐蚀属于电化学腐蚀过程。钢筋同时作为腐蚀电池的阳极和阴极以及连接阳极和阴极的金属导体，含水的混凝土为电解质。阳极表面发生氧化反应，阴极表面发生还原反应。混凝土中钢筋可能发生的阳极反应包括：

$$Fe \longrightarrow Fe^{2+} + 2e^- \quad (3\text{-}1)$$

$$2Fe^{2+} + 4OH^- \longrightarrow 2Fe(OH)_2 \quad (3\text{-}2)$$

$$2Fe(OH)_2 + 1/2O_2 \longrightarrow 2FeOOH + H_2O \quad (3\text{-}3)$$

$$Fe + OH^- + H_2O \longrightarrow HFeO_2^- + H_2 \quad (3\text{-}4)$$

可能发生的阴极反应包括：

$$O_2 + 2H_2O + 4e^- \longrightarrow 4OH^- \quad (3\text{-}5)$$

$$2H^+ + 2e^- \longrightarrow H_2 \quad (3\text{-}6)$$

对于具体的混凝土结构究竟会发生哪一个阳极反应和阴极反应，取决于钢筋附近的含氧量和混凝土孔隙液的 pH。这可以由图 2-1 中 Fe-H_2O 体系的电位-pH 图显示，图中给出了上述反应方程式中每一种物质的热力学稳定区域与电位和 pH 的关系。发生式（3-5）所示的氧的还原反应，电位必须低于图 2-1 中的上面一条虚线；发生式（3-6）所示的析氢反应，电位必须低于图 2-1 中的下面一条虚线。

混凝土在浇筑和成型养护过程中，混凝土中的水泥发生水化反应，水泥浆体孔隙中形成了含有 NaOH、KOH 和 $Ca(OH)_2$ 的饱和溶液，pH 通常为 13.0～13.5，钢筋处于高碱性环境中，式（3-1）和式（3-2）是最可能发生的阳极反应，在没有任何其他因素影响的前提下，将形成固态的铁的氧化物 Fe_3O_4 和 Fe_2O_3 或者这些化合物的氢氧化物，并且可能发展成为钢筋表面的一层保护膜，通常称为钝化膜。迄今，人们还不了解在碱性混凝土中钢筋表面钝化膜的确切性质。受多种因素的影响，新浇筑混凝土孔隙液的 pH 是会发生变化的，因此，混凝土浇筑过程中钢筋表面钝化膜的形成也会受到影响，在某些条件下，钝化膜可能是不完整或者不牢固的。即使在混凝土成型期间钢筋表面形成了良好的钝化膜，混凝土又为钢筋提供了一层厚厚的保护层，但是混凝土结构在使用过程中，环境中的有害介质仍能通过混凝土孔隙或裂缝侵入混凝土，引起钢筋钝化膜的破坏。钢筋钝化膜的破坏可以是由于混凝土热力学条件整体改变而造成的全面破坏，也可以是由于局部化学侵蚀和机械损伤造成的局部破坏。混凝土碳化、氯化物侵蚀分别是导致钢筋钝化膜全面破坏和局部破坏的主要原因。

混凝土浇筑过程中钝化膜不完整或在使用过程中遭到破坏时，只要发生腐蚀的必要条件存在，钢筋就会发生活化腐蚀。通常，混凝土中钢筋发生腐蚀时的阳极反应如式（3-1）和式（3-2）所示，Fe 溶解生成 $Fe(OH)_2$，阴极反应为式（3-5）所示的氧的还原。之后发生腐蚀产物的次生反应，$Fe(OH)_2$ 被进一步氧化生成 $Fe(OH)_3$，$Fe(OH)_3$ 脱水后变成疏松、多孔、非共格的红锈 Fe_2O_3；在少氧的条件下，$Fe(OH)_2$ 氧化不很完全，部分形成黑锈 Fe_3O_4；反应式如下

$$4Fe(OH)_2 + O_2 + 2H_2O \longrightarrow 4Fe(OH)_3 \quad (3\text{-}7)$$

$$2Fe(OH)_3 \longrightarrow Fe_2O_3 + 3H_2O \quad (3\text{-}8)$$

$$6Fe(OH)_2 + O_2 \longrightarrow 2Fe_3O_4 + 6H_2O \quad (3\text{-}9)$$

最终的腐蚀产物取决于供氧情况，氧同时参与阴极反应和腐蚀产物的次生反应。

从理论上讲，提高 pH 至能够发生式（3-4）所示的反应，生成热力学稳定的腐蚀产物 $HFeO_2^-$，也能引起钢筋的活化腐蚀。普通混凝土在高温（＞60℃）还能发生式（3-3）所示的反应。目前尚未见到发生这种反应的实例报道。

混凝土中钢筋的电化学腐蚀过程可以用图 3-1 表示。除了包括上述阳极反应和阴极反应两个过程外，还包括钢筋内部的电流传输和混凝土内部的电流传输两个过程。钢筋内部的电流传输过程为阳极区释放的电子通过钢筋向阴极区传送，电流从阴极流向阳极。混凝土内部的电流传输过程为阳极区生成的 Fe^{2+}和孔隙液中的其他阳离子，如 K^+和 Na^+等，向阴极区迁移，阴极区生成的 OH^-和孔隙液中的其他阴离子，如 Cl^-等，向阳极区迁移，即电流在钢筋外部的混凝土中传输，电流从阳极流向阴极。这样四个过程就形成了闭合的电的回路。

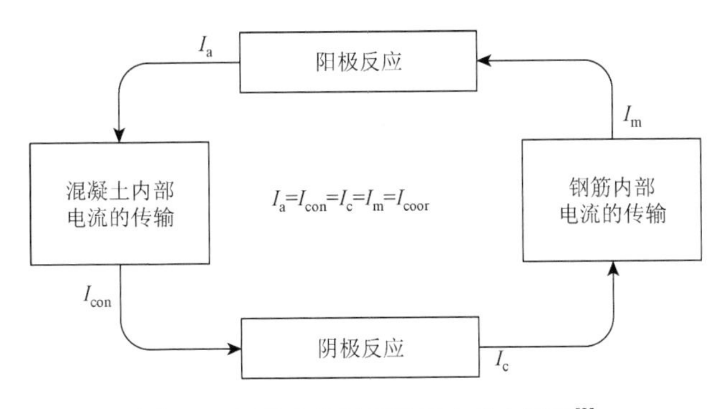

图 3-1　钢筋电化学腐蚀四个基本过程[2]

钢筋电化学腐蚀的四个过程是互补的，它们的反应速率相同。即阳极电流I_a（单位时间内阳极反应释放的电子数量）、阴极电流I_c（单位时间内阴极反应消耗的电子数量）、I_m（钢筋内部从阴极区流向阳极区电流）和I_{con}（混凝土内部从阳极区流向阴极区的电流）相等。整个过程的反应速率就是以电流指标表示的钢筋的腐蚀速率I_{coor}，反应速率最慢的过程决定了钢筋电化学腐蚀速率的大小。

$$I_a=I_c=I_m=I_{con}=I_{coor}$$

通常，相对于混凝土而言，钢筋的电阻非常小，因此，电流在钢筋内部的传输永远不会是最慢的过程，对于减小钢筋的腐蚀速率不会产生影响。在特定的混凝土内部条件下，其他三个过程的反应速率都可能很小，从而成为钢筋腐蚀的动力学控制因素。也就是说下列一种条件存在时，腐蚀速率就非常小：①钢筋处于钝化状态导致阳极反应过程很慢，如混凝土没有碳化或没有遭受氯化物污染；②氧到达钢筋表面的速率很小导致阴极反应过程很慢，如饱水的混凝土；③混凝土电阻率很高导致电流在混凝土内部传输的速率很慢，如结构物暴露在干燥和相对湿度小的环境中。第一种情况称为钝化控制，第二种情况称为氧扩散控制，第三种情况称为欧姆控制。

另外，当以下三种情况同时存在时，钢筋的腐蚀速率就很大：①钢筋不处于钝化状态；②氧能够到达钢筋表面；③混凝土电阻率低（小于 1000Ω · m）。

当发生阳极反应和阴极反应的位置非常靠近或基本在同一位置时，称为微电池腐蚀；当发生阳极反应和阴极反应的位置相距较远时，称为宏电池腐蚀。

3.2 混凝土碳化引起的钢筋腐蚀[3]

大气中的二氧化碳通过混凝土中的孔隙扩散到混凝土内部，与水泥石中的水化产物作用生成碳酸钙或其他物质的现象，称为混凝土的碳化，这是一个极其复杂的多相物理化学过程。混凝土碳化主要化学反应式如下

$$CO_2+H_2O \longrightarrow H_2CO_3 \tag{3-10}$$

$$Ca(OH)_2+H_2CO_3 \longrightarrow CaCO_3+2H_2O \tag{3-11}$$

$$3CaO \cdot 2SiO_2 \cdot 3H_2O+3H_2CO_3 \longrightarrow 3CaCO_3+2SiO_2+6H_2O \tag{3-12}$$

$$2CaO \cdot SiO_2 \cdot 4H_2O+2H_2CO_3 \longrightarrow 2CaCO_3+SiO_2+6H_2O \tag{3-13}$$

碳化反应的主要产物碳酸钙属非溶解性钙盐，较原反应物的体积膨胀约 17%，因此，混凝土的凝胶孔隙和部分毛细孔隙被碳化产物堵塞，使混凝土的密实度和

强度有所提高，一定程度上阻碍了二氧化碳和氧气向混凝土内部的扩散。另外，碳化使混凝土的 pH 降低，完全碳化混凝土的 pH 为 8.5～9.0。混凝土碳化由表面向内部发展，当碳化深度达到钢筋表面，钢筋周围的混凝土 pH 小于 11.5 时，钢筋钝化膜就不再稳定，钢筋开始发生全面腐蚀。在碳化的中性混凝土中，钢筋腐蚀产物较易溶解，可以扩散到混凝土表面，显现出锈渍，而不是沉积在混凝土中产生应力，从而导致混凝土开裂。

影响二氧化碳向混凝土内部扩散及影响上述化学反应速率的因素都会对混凝土碳化速率产生影响，主要包括环境条件（二氧化碳浓度、温度及湿度）和混凝土品质（水灰比、水泥品种、混凝土掺合料、混凝土抗压强度、施工质量及养护条件）。

3.3　氯化物引起的钢筋腐蚀[2, 4～30]

3.3.1　氯离子引起的钢筋钝化膜破坏机理

目前，关于氯离子对钢筋钝化膜的破坏机理还不清楚，主要有两种假说。一种假说是氯离子渗入钝化膜中降低了钝化膜的耐腐蚀性能。另一种假说是氯离子渗入到钝化膜，同氢氧根离子竞争与铁离子结合，生成铁-氯复合物离子［式(3-14)］，钝化膜破坏。可溶性的铁-氯复合物离子扩散离开阳极到达 pH 和氧浓度高的地方，与氢氧根离子反应，生成氢氧化亚铁，并释放出氯离子［式（3-15)］。整个反应过程中，氢氧根离子不断被消耗，使局部混凝土 pH 降低，导致腐蚀加速，而氯离子并不消耗，释放出的氯离子可以继续破坏钝化膜，最终导致严重的钢筋腐蚀。

$$Fe^{2+} + Cl^- \longrightarrow [FeCl\text{复合物}]^+ \tag{3-14}$$

$$[FeCl\text{复合物}]^+ + 2OH^- \longrightarrow Fe(OH)_2 + Cl^- \tag{3-15}$$

3.3.2　混凝土的氯化物污染

混凝土中含有一定量的氯化物，通常称受到氯化物污染。在混凝土施工和混凝土结构服役期间，混凝土都有可能受到氯化物污染。混凝土施工期间遭受氯化物污染主要是因为原材料中含有氯化物，如拌合水、水泥、骨料、矿物掺合料及各种外加剂等，这些氯化物通常称为混凝土内部的氯化物。混凝土结构服役期间，暴露环境中的氯离子会通过混凝土中的凝胶孔隙和毛细孔及混凝土结构裂缝渗透到混凝土中，使混凝土结构遭受氯化物污染，这些氯化物通常称为混凝土外部的氯化物。混凝土拌合物中掺入氯盐外加剂是混凝土内部氯化物的重要来源，海洋、冬季化雪除冰使用的除冰盐、高氯化物土壤和地下水则是混凝土外部氯化物的重要来源。

20 世纪初，以美国为首的西方国家的高速公路和桥梁建设得到了迅猛发展，为了保障冬季交通的畅通，开始使用除冰盐化雪除冰，之后除冰盐的使用量逐年增加。除冰盐的种类通常是氯化钠、氯化钙和氯化镁。图 3-2 是美国 1940～2005 年每年除冰盐的用量，2005 年美国除冰盐用量达 2000 万 t。表 3-1 是 2002 年欧洲关于道路和桥梁除冰实施措施的专题研究得出的欧洲部分国家使用除冰盐的情况。国内近年来也在大量使用除冰盐，南京在 2008 年和 2010 年大雪期间，仅一天就分别使用了 479t 和 420t 除冰盐。

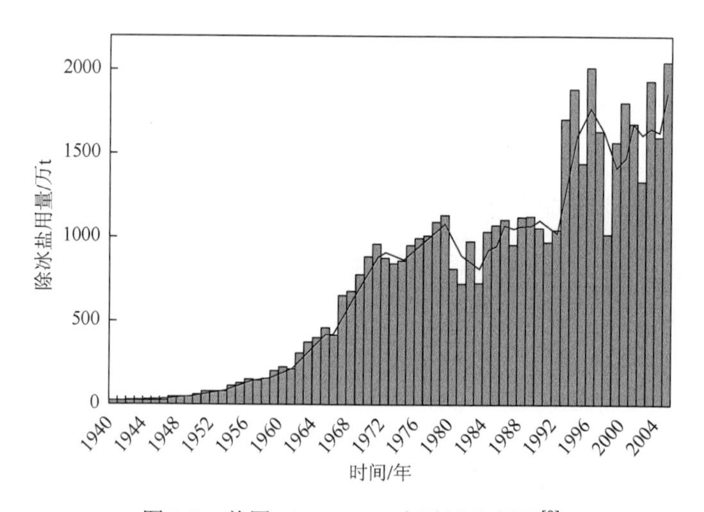

图 3-2　美国 1940～2005 年除冰盐用量[8]

表 3-1　欧洲部分国家使用除冰盐的时间、除冰盐种类和用量[9]

国家	除冰盐种类	用量/万 t	除冰时间
比利时	氯化钠、氯化钙	113	10 月～次年 4 月
捷克	氯化钠、氯化钙、氯化镁	215	11 月～次年 4 月
丹麦	氯化钠	115	10 月～次年 4 月
法国	氯化钠、氯化钙	400～1400	11 月～次年 3 月
德国	氯化钠、氯化钙、氯化镁	2000	11 月～次年 3 月
英国	氯化钠、氯化钙	2200	—
爱尔兰	氯化钠	30～70	11 月～次年 4 月
挪威	氯化钠	83	10 月～次年 4 月

续表

国家	除冰盐种类	用量/万 t	除冰时间
罗马尼亚	氯化钠	108	11 月～次年 3 月
西班牙	氯化钠、氯化钙	80	10 月～次年 4 月
瑞典	氯化钠	300	10 月～次年 4 月
荷兰	氯化钠、氯化钙	135	10 月～次年 4 月

3.3.3　混凝土中氯化物的形态和氯离子含量检测方法

氯化物在混凝土中有三种存在形态，一是存在于混凝土孔隙溶液中，通常称为游离氯离子；二是与水泥组分发生化学反应结合的氯离子，如与铝酸钙反应生成氯铝酸钙；三是被混凝土固相成分或孔结构黏结和吸附的氯离子。一般认为游离氯离子参与氯化物的传输和钢筋的腐蚀过程，结合以及黏结和吸附的氯离子一般不参与这两个过程。但是研究表明氯离子的这三种存在形态是会发生变化的，结合以及黏结和吸附的氯离子有可能被释放到孔隙液中，成为游离的氯离子。

混凝土中的氯离子含量，可通过对所有原材料的氯离子含量进行实测，然后加在一起确定；也可以从新拌混凝土中和硬化混凝土中取样化验测得。由于氯离子能够与胶凝材料中的某些成分结合，所以从硬化混凝土中取样测得的水溶性氯离子量要低于原材料氯离子总量。硬化混凝土中氯离子含量通常用水溶性氯离子和酸溶性氯离子表示。水溶性氯离子是通过萃取方法，测出的水中的氯离子含量，酸溶性氯离子是采用硝酸溶液溶解混凝土试样测出的混凝土中的氯离子含量。由于硬化混凝土中总氯离子含量的测试比较困难，一般认为，酸溶性氯离子含量与总氯离子含量相等。但实际上在某些条件下，二者是有差别的。

表 3-2 列举了用于测定混凝土原材料、混凝土拌合物和硬化混凝土中的氯离子含量的一些技术标准。

表 3-2　氯离子含量测试标准

序号	标准化组织	标准名称	说明
1	美国材料试验协会标准	ASTM C1152/C1152M-04(2012)e1 Standard Test Method for Acid-Soluble Chloride in Mortar and Concrete	测定砂浆和混凝土中的酸溶性氯离子含量
2		ASTM C1218/C1218M-99(2008) Standard Test Method for Water-Soluble Chloride in Mortar and Concrete	测定砂浆和混凝土中的水溶性氯离子含量

续表

序号	标准化组织	标准名称	说明
3	美国公路与运输协会标准	AASHTO T260-97 (2009) Standard Method of Test for Sampling and Testing for Chloride Ion in Concrete and Concrete Raw Materials	测定混凝土原材料中的水溶性和酸溶性氯离子含量
4	中国国家标准	GB/T 50784—2013 混凝土结构现场检测技术标准	测定混凝土结构氯离子含量
5		GB 50344—2004 建筑结构检测技术标准	测定硬化混凝土中酸溶性氯离子含量
6	中国交通运输部标准	JTJ 270—98 水运工程混凝土试验规程	测定硬化混凝土中的水溶性和酸溶性氯离子含量
7		JGJ/T 322—2013 混凝土中氯离子含量检测技术规程	测定混凝土拌合物中的水溶性氯离子含量及硬化混凝土和既有结构中的水溶性和酸溶性氯离子含量

混凝土中的氯离子含量通常用混凝土中氯离子含量与水泥用量的质量分数表示，当不能确定水泥用量时，可用混凝土中氯离子含量与胶凝材料用量的质量分数表示，当胶凝材料用量也不能确定时，可用单位质量混凝土中的氯离子含量表示。

3.3.4 氯离子含量临界值

1. 氯离子含量临界值定义和表达方式

在研究氯化物引起的钢筋腐蚀时，人们已经认识到混凝土中钢筋表面的氯离子必须达到一个临界值，才能导致钢筋钝化膜的破坏。关于氯离子含量临界值目前有两种定义方法。

第一种，从科学角度出发，氯离子含量临界值通常被定义为钢筋表面去钝化所需要的氯离子浓度。

第二种，从工程实际出发，氯离子含量临界值通常被定义为结构出现可见或可接受的劣化所需的氯离子浓度。而“可接受的劣化”是不精确和容易引起混乱的。这种定义方法基于某些条件下，如混凝土比较干燥，钢筋去钝化并不一定导致混凝土的劣化，因为此时钢筋的腐蚀速率很低。

图 3-3 是结合 Tuutti 腐蚀模型，根据两种定义方式得出的氯离子含量临界值。可以看出，当钢筋腐蚀速率较大时，达到“可接受的劣化”所需的时间就短，得出的氯离子含量临界值就小。

氯离子含量临界值常用的表达方式有混凝土中的氯离子含量占胶凝材料或水泥质量的百分比、单位质量混凝土中的氯离子含量和$[Cl^-]/[OH^-]$。

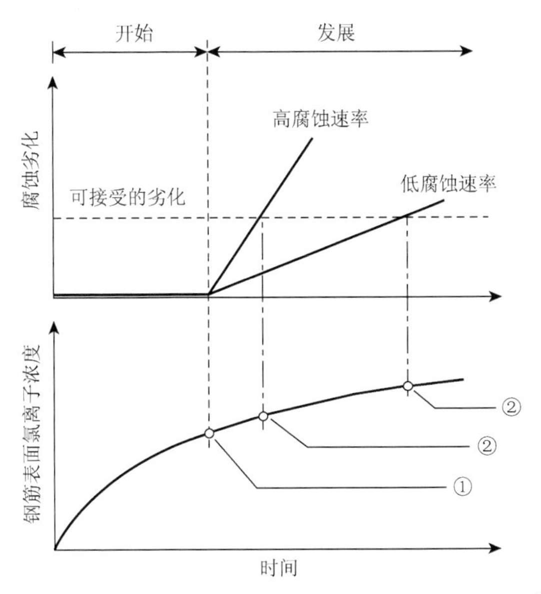

图 3-3　基于 Tuutti 腐蚀模型的氯离子含量临界值定义[20]

①从科学角度定义的氯离子含量临界值（去钝化）；②从工程角度定义的氯离子含量临界值（可见或可接受的劣化）

2. 氯离子含量临界值影响因素

研究表明，不同混凝土构件、同一构件中不同位置的氯离子含量临界值都会不同。这是因为影响钢筋腐蚀的因素有很多，包括混凝土孔隙液中的氢氧根离子浓度、钢筋的电位、钢筋/混凝土界面的孔隙状况、水泥成分、混凝土掺合料、湿含量、水灰比和温度等。图 3-4 是欧洲混凝土委员会给出的各种因素与混凝土氯离子含量临界值的关系。

3. 氯离子含量临界值测试方法

目前，关于氯离子含量临界值测试还没有专门的试验方法标准。文献报道的氯离子含量临界值测试方法，通常是将钢筋浸泡在模拟混凝土孔隙液中或埋设在水泥浆、砂浆及混凝土中，测试钢筋去钝化或出现可接受的劣化时钢筋表面的氯离子浓度。以下是几种较为常见的氯离子含量临界值试验方法。

1）恒电位极化试验

恒电位极化试验是将试样持续浸泡在含有氯化物的试验介质中，对其进行恒电位阳极极化，根据测定的电流计算试样的电流密度。规定当电流密度达到某一数值时，即表示开始腐蚀，此时的氯化物浓度为试样的氯离子含量临界值。

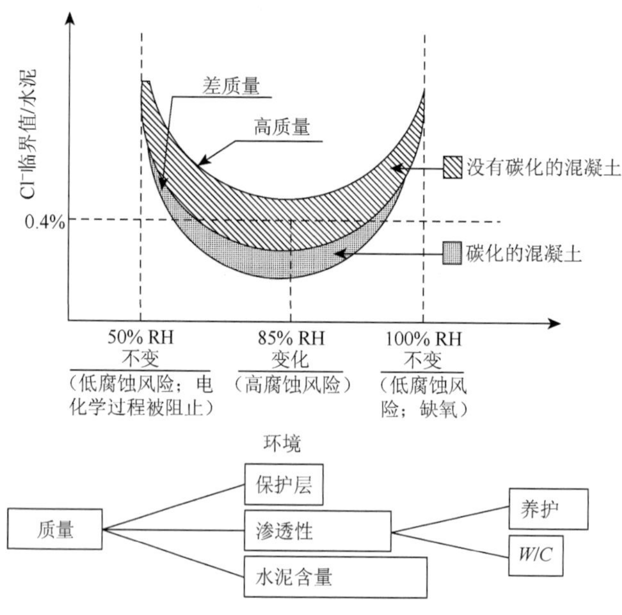

图 3-4　钢筋腐蚀的氯离子含量临界值[1]

2）动电位扫描试验（极限点蚀电位测定）

动电位扫描试验是将试样浸泡在含有氯化物的试验介质中，对其进行正向和反向动电位扫描，测定试样的极限点蚀电位，达到点蚀电位时的氯离子浓度即为氯化物临界值。

3）ASTM G109 试验和改进的 ASTM G109 试验（MG109）

美国材料试验协会标准 ASTM G109 Standard Test Method for Determining Effects of Chemical Admixtures on Corrosion of Embedded Steel Reinforcement in Concrete Exposed to Chloride Environments，最初是一个用于研究化学添加剂对钢筋腐蚀性能影响的试验方法标准，近 20 多年来被广泛用于耐腐蚀钢筋腐蚀性能的评价。尽管试验需要 1～2 年才能完成，但是，由于试验的腐蚀环境相当恶劣，通常认为可以模拟桥梁暴露 30～40 年。图 3-5 是该标准规定的试件示意图，对试件进行干湿循环暴露，期间定期测量钢筋的电流密度和腐蚀电位，判断钢筋腐蚀开始的时间。腐蚀开始时，在顶层钢筋位置取混凝土粉样测定得到的氯离子浓度，即为氯离子含量临界值。

改进的 ASTM G109 试验（MG109）除了在试验期间试件的干湿循环暴露条件有所区别外，其余与 ASTM G109 试验方法相同。

4）SE 和 CB 试验

SE 试验和 CB 试验都是用于模拟桥面板的加速试验，SE 试验用于模拟没有开裂的桥面板，CB 试验用于模拟顶面有平行于钢筋裂缝的桥面板。图 3-6 和

图 3-7 分别是 SE 试验和 CB 试验试件示意图。SE 试验和 CB 试验腐蚀环境恶劣，国外资料认为 48 周的试验能够模拟热带海洋结构物 15～20 年，桥梁 30～40 年。

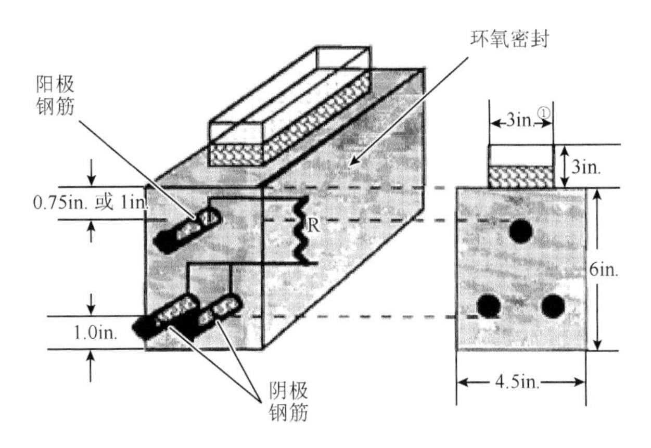

图 3-5　ASTM G109 试验试件示意图[21]

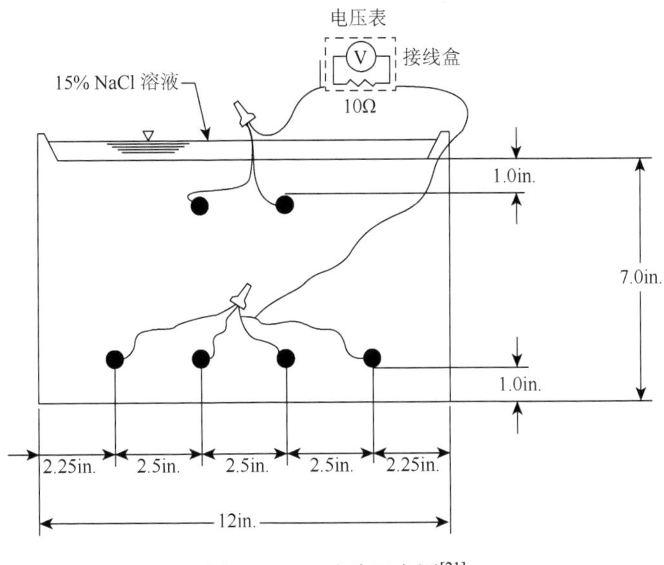

图 3-6　SE 试验示意图[21]

4. 文献报道的氯离子含量临界值

表 3-3 是文献报道的以总氯离子含量占胶凝材料质量比表示的氯离子含量

① in.为长度单位英寸（inch，缩写为 in.），1in.=2.54cm。

临界值，图 3-8 是文献报道的以[Cl⁻]/[OH⁻]表示的氯离子含量临界值。可以看出，试验得出的氯离子含量临界值的范围非常广，主要原因有以下几点：①使用的氯离子含量临界值定义不同；②试验方法不同；③影响氯离子含量临界值的因素多。

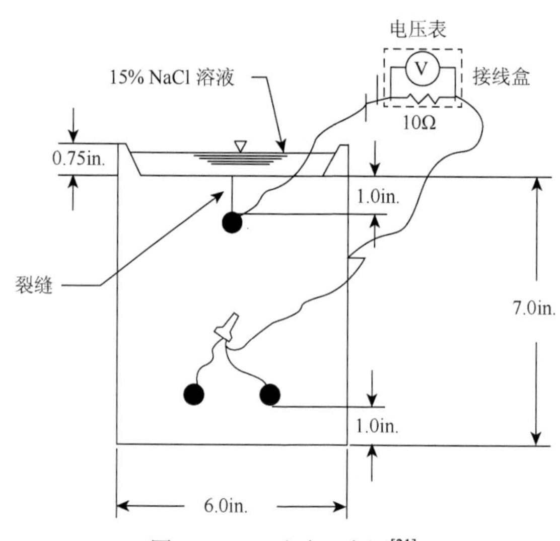

图 3-7　CB 试验示意图[21]

表 3-3　文献报道的氯离子含量临界值（总氯离子含量占水泥质量分数，%）[22]

氯离子含量临界值	氯化物来源	水灰比	水泥种类	钢筋	腐蚀监测	时间
0.2～1.2	结构物	—	—	—	腐蚀电位	1975
0.2～1.5	结构物	—	—	—	腐蚀电位	1984
0.15～0.6	结构物	—	—	—	外观检查	1992
0.72	结构物	—	—	—	外观检查	2001
0.5～1.5	现场暴露于浪溅区	0.66	OPC	变形钢筋	腐蚀电位	1994
0.4～1.3	—	0.48	OPC+70% GGBS	—	—	1999
0.4～1.3	—	0.54	OPC+30% FA	—	—	—
0.5～1.2	—	0.72	OPC+8% SF	—	—	—
0.70	现场暴露于潮差区	0.32～0.68	OPC	带肋碳钢钢筋	失重	—
0.65	—	—	OPC+15% FA	—	—	—
0.50	—	—	OPC+30% FA	—	—	—

续表

氯离子含量临界值	氯化物来源	水灰比	水泥种类	钢筋	腐蚀监测	时间
0.20	—	—	OPC+50% FA	—	—	—
1.0～1.5	现场暴露于浪溅区	0.3	SRPC	带肋碳钢钢筋	腐蚀电位，极化电阻	—
1.0～1.2	—	—	SRPC+5% SF	—	—	—
0.8～1.2	—	—	SRPC+20% FA	—	—	—
1.0～1.4	—	0.35	SRPC	—	—	—
0.7～1.3	—	—	SRPC+5% SF	—	—	—
0.6～1.3	—	—	SRPC+5% SF+10% FA	—	恒电位脉冲	—
0.9～1.4	—	0.4	SRPC	—	—	—
0.8～1.3	—	—	SRPC+5% SF	—	—	—
1.0～1.2	—	—	SRPC+10% SF	—	—	—
0.6～1.3	—	—	SRPC+5% SF+17% FA	—	—	—
0.4～0.9	—	—	矿渣水泥	—	—	—
0.6～1.3	—	0.5	SRPC	—	—	—
0.5～1.2	—	—	SRPC+5% SF	—	—	—
0.6～1.1	—	0.75	SRPC	—	—	—
0.5～1.0	—	—	SRPC+5% SF	—	—	—
0.5～1.2	添加的氯化物，现场暴露于海洋大气区	0.4～0.6	OPC	—	腐蚀电位，极化电阻	2004
0.26～0.73	现场暴露于海洋大气区	0.46～0.76	—	带肋钢筋	电阻率，极化电阻	2013
1.5	5%NaCl 溶液干湿循环	—	—	喷砂和脱脂的钢筋	腐蚀电位，极化电阻	1991
0.52～0.74	16.5%NaCl 溶液干湿循环	0.45	—	光圆钢筋	电位控制和腐蚀电流监测	2005
	3%、9%、15%NaCl 中循环	0.5	OPC	碳钢	腐蚀电位	2010
0.58～0.83	—	—	碱含量 0.4%	—	—	—
0.85～2.95	—	—	碱含量 1.1%	—	宏电流	—
0.8～3.6	干湿循环	0.4～0.6	OPC，SRPC，PCFA，SRFA	—	腐蚀电位，极化电阻	2011

注：OPC 为普通波特兰水泥，SRPC 为抗硫酸盐水泥，PCFA 为粉煤灰水泥，SF 为硅灰，GGBS 为磨细粒化高炉矿渣。

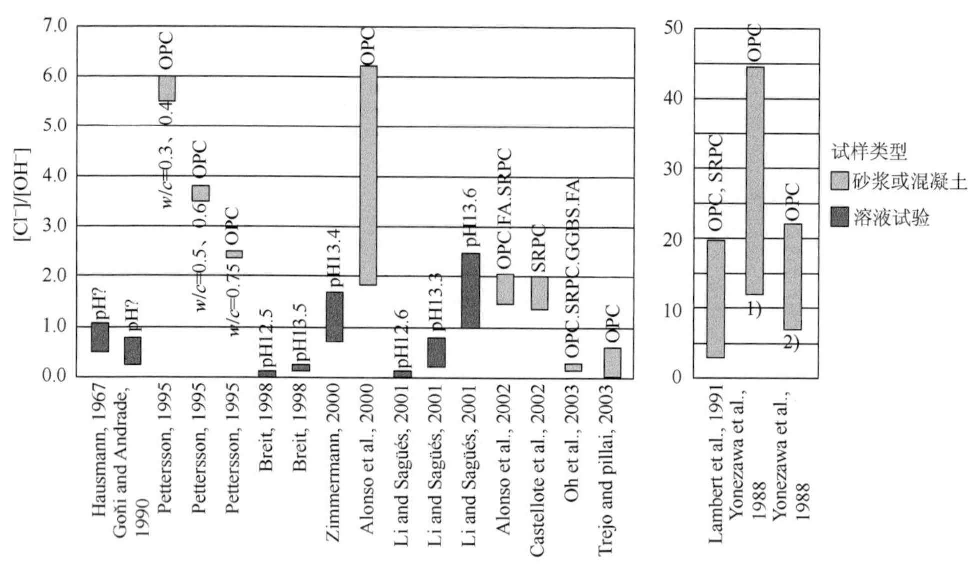

图 3-8　以[Cl⁻]/[OH⁻]表示的氯离子含量临界值[20]

1）普通界面；2）界面缺陷

5. 国内外标准规定的混凝土结构氯离子含量规定值

表 3-4 和表 3-5 分别是中国交通运输部标准 JTJ 302—2006《港口水工建筑物检测与评估技术规范》和中国工程建设标准化协会标准 CECS 220—2007《混凝土结构耐久性评定标准》规定的已建混凝土结构的氯离子含量临界值。JTJ 302—2006 是按照混凝土结构在海洋环境中所处的区域和混凝土水灰比来划分，CECS 220—2007 则只是按照混凝土强度来划分。两个标准都没有指明是水溶性还是酸溶性氯离子含量。

表 3-4　JTJ 302—2006 氯离子含量临界值（按占胶凝材料质量分数计，%）

大气区	浪溅区			水位变动区
	$0.4<W/B\leqslant0.45$	$0.35<W/B\leqslant0.40$	$W/B\leqslant0.35$	
0.55	0.35	0.40	0.45	0.55

注：W/B 为混凝土的水胶比。

表 3-5　CECS 220—2007 氯离子含量临界值

f_{cuk}/MPa	40	30	≤25
氯离子含量临界值/(kg · m^{-3})	1.4（0.4%）	1.3（0.37%）	1.2（0.34%）

注：1）括号内数字为占胶凝材料的质量分数。

2）氯离子含量临界值可视环境条件和混凝土材料性能在 0.3%～0.5%（占胶凝材料质量分数）内适当调整。

3）混凝土强度等级高于 C40 时，混凝土强度每增加 10MPa，氯离子含量临界值增加 0.1kg · m^{-3}。

表 3-6～表 3-13 是一些设计规范对混凝土结构氯离子含量的规定，在这些规范中，欧洲标准 EN 206：2013 Concrete-Specification，Performance，Production and Conformity，中国交通运输部标准 JTJ 275—2000《海港工程混凝土结构防腐蚀技术规范》和铁道部标准 TB 10005—2010（J 1167—2011）《铁路混凝土结构耐久性设计规范》是按照钢筋混凝土和预应力混凝土两种结构形式对氯离子含量进行规定，美国混凝土协会标准 ACI 318-11 Building Code Requirements for Structural Concrete and Commentary，ACI 222R-01 Protection of Metals in Concrete Against Corrosion，中国国家标准 GB 50010—2010《混凝土结构设计规范》和 GB/T 50476—2008《混凝土结构耐久性设计规范》，中国交通运输部标准 JTG D62—2004《公路钢筋混凝土及预应力混凝土桥涵设计规范》不仅按照钢筋混凝土和预应力混凝土两种结构形式，还根据结构所处的环境条件对氯离子含量进行规定。有的标准指明了是水溶性还是酸溶性氯离子含量，有的则没有。

表 3-6　EN 206：2013 氯离子含量规定值

结构类型	氯离子含量等级[a]	最大氯离子含量（占水泥质量分数）/%[b]
钢筋混凝土	Cl 0.20	0.20
	Cl 0.40	0.40
预应力混凝土	Cl 0.10	0.10
	Cl 0.20	0.20

a. 对于特殊用途的混凝土，氯离子含量等级取决于混凝土所处环境的规定值。
b. 使用添加剂并计入水泥含量时，氯离子含量以占水泥质量和计入水泥的添加剂质量的和的百分比表示。

表 3-7　ACI 318-11 氯离子含量规定值

环境等级[a]	最大水溶性氯离子含量（占水泥质量分数）/%	
	钢筋混凝土	预应力混凝土
C0	1.00	0.06
C1	0.30	
C2	0.15	

a. 环境等级见表 1-2。

表 3-8　ACI 222R-01 氯离子含量规定值（新建混凝土结构）（占水泥质量分数，%）

结构类型及环境	最大酸溶性氯离子	最大水溶性氯离子	
	ASTM C1152 测试方法	ASTM C1218 测试方法	ASTM C1524 测试方法
预应力混凝土	0.08	0.06	0.06
潮湿环境钢筋混凝土	0.10	0.08	0.08
干燥环境钢筋混凝土	0.20	0.15	0.15

表 3-9　GB 50010—2010 氯离子含量规定值（混凝土结构设计使用年限 50 年）

环境等级	最大氯离子含量/%
一	0.30
二 a	0.20
二 b	0.15
三 a	0.15
三 b	0.10

注：1）氯离子含量是指其占胶凝材料总量的百分比。
2）预应力构件混凝土中的最大氯离子含量为 0.06%。
3）表中的环境等级描述见表 1-4。

表 3-10　GB/T 50476—2008 氯离子含量规定值

<table>
<tr><th rowspan="2">环境等级</th><th colspan="2">最大水溶性氯离子含量/%</th></tr>
<tr><th>钢筋混凝土</th><th>预应力混凝土</th></tr>
<tr><td>Ⅰ-A</td><td>0.3</td><td rowspan="6">0.06</td></tr>
<tr><td>Ⅰ-B</td><td>0.2</td></tr>
<tr><td>Ⅰ-C</td><td>0.15</td></tr>
<tr><td>Ⅲ-C、Ⅲ-D、Ⅲ-E、Ⅲ-F</td><td>0.1</td></tr>
<tr><td>Ⅳ-C、Ⅳ-D、Ⅳ-E</td><td>0.1</td></tr>
<tr><td>Ⅴ-C、Ⅴ-D、Ⅴ-E</td><td>0.15</td></tr>
</table>

注：1）对重要桥梁等基础设施，各种环境下氯离子含量均不应超过 0.08%。
2）环境等级见表 1-3。

表 3-11　JTG D62—2004 混凝土中氯离子含量规定值（占水泥质量分数，%）

<table>
<tr><th rowspan="2">环境类别</th><th rowspan="2">环境条件</th><th colspan="2">最大氯离子含量</th></tr>
<tr><th>钢筋混凝土</th><th>预应力钢筋混凝土</th></tr>
<tr><td>Ⅰ</td><td>温暖或寒冷地区的大气环境、与无侵蚀性的水或土壤接触的环境</td><td>0.30</td><td rowspan="4">0.06</td></tr>
<tr><td>Ⅱ</td><td>严寒地区的大气环境、使用除冰盐环境、海滨环境</td><td>0.15</td></tr>
<tr><td>Ⅲ</td><td>海水环境</td><td>0.10</td></tr>
<tr><td>Ⅳ</td><td>受侵蚀性物质影响的环境</td><td>0.10</td></tr>
</table>

表 3-12　JTJ 275—2000 混凝土中氯离子含量规定值（占水泥质量分数，%）

钢筋混凝土	预应力混凝土
0.10	0.06

表 3-13 TB 10005—2010（J 1167—2011）混凝土中氯离子含量规定值（占胶凝材料质量分数，%）

钢筋混凝土	预应力混凝土
0.10	0.06

注：1）氯离子含量是指混凝土中各种原材料的氯离子含量之和。
2）对于钢筋的配筋率低于最小配筋率的混凝土结构，其混凝土的氯离子含量要求应与本表中钢筋混凝土要求相同。

3.4 预应力钢筋的应力腐蚀开裂[31~35]

应力与化学介质协同作用下引起的金属开裂现象，称为金属的应力腐蚀开裂（也有称为应力腐蚀断裂，以下称应力腐蚀开裂），简称为 SCC。开裂一词突出开始出现裂纹，断裂一词包括从裂到断。目前已发现的应力腐蚀系统有如下三个主要特征，分别对应应力、腐蚀及开裂。

一、必须有应力，特别是拉伸应力分量的存在。拉伸应力越大，则断裂所需的时间越短。开裂所需应力，一般都低于材料的屈服强度。

二、腐蚀介质是特定的，只有某些金属-介质的组合才会发生应力腐蚀开裂；若无应力存在时，金属在发生应力腐蚀开裂的介质中的全面腐蚀速率是很微小的。表 3-14 列举了一些发生 SCC 的材料-介质系统。

三、开裂速率为 10^{-8}～10^{-6}m • s^{-1}，远大于没有应力时的腐蚀速率，又远小于单纯的力学因素引起的开裂速率。断口一般为脆断型。

表 3-14 发生 SCC 的材料-介质系统[32]

材料	化学介质
低碳钢	NaOH 溶液、硝酸盐溶液、含 H_2S 和 HCl 溶液、CO-CO_2-H_2O、碳酸盐、磷酸盐
高强钢	各种水介质、含痕量水的有机溶剂、HCN 溶液
奥氏体不锈钢	氯化物水溶液、高温高压含氧高纯水、连多硫酸、碱溶液
铝合金	熔融 NaCl、湿空气、海水、含卤素离子的水溶液、有机溶剂
铜和铜合金	含 NH_4^+ 的溶液、氨蒸气、汞盐溶液、SO_2 大气、水蒸气
钛和钛合金	发烟硝酸、甲醇（蒸气）、NaCl 溶液（＞290℃）等
镁和镁合金	湿空气、高纯水、氟化物、KCl+K_2CrO_4 溶液
镍和镍合金	熔融氢氧化物、热浓氢氧化物溶液、HF 蒸气和溶液
锆合金	含 Cl^- 水溶液、有机溶剂

应力腐蚀开裂可以按材料的类型分类，这样便于考核材料的适用性。也可以按介质的类型分类，如碱脆、氢脆（又称为氢损伤、氢致开裂，简称 HIC）、

氨脆、氯脆及硝脆等，这样便于针对化学环境选材。还可以按机理分类，如阳极溶解型及氢致开裂型，明确了机理，就便于采取有效的控制措施。若应力是恒定的，则有拉、压、扭、弯等载荷的区别；若应力不是恒定的，而是重复交变的，则有腐蚀疲劳。腐蚀介质还可以是其他气体，如空气、水蒸气、二氧化碳等，而腐蚀性液体除水溶液外，还有有机溶液、熔盐、液态金属等。一般指的应力腐蚀开裂是狭义的，是指应力与水溶液协同作用下引起的金属开裂。应力腐蚀与化学介质的协同作用引起的金属破坏，除开裂外还有磨损，这就是磨耗腐蚀。依据金属部件与化学介质相对运动的速度自小而大，可分为微动腐蚀、冲击腐蚀和空泡腐蚀三类。图 3-9 是应力与腐蚀协同作用引起的各种破坏关系图。

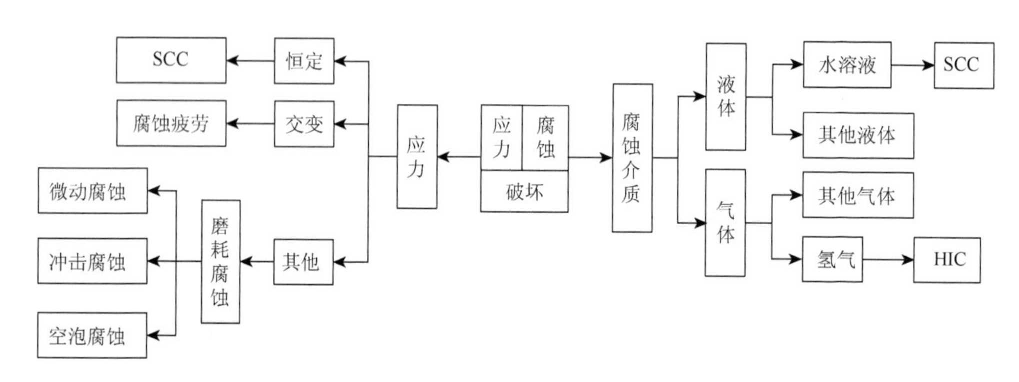

图 3-9　应力与腐蚀协同作用引起的各种破坏[31]

金属的氢脆或氢致开裂（HIC）是指氢引起开裂、韧性下降或各种损伤现象。氢的来源分为内含和外来两种，前者是指材料在冶炼和随后的机械制造（如焊接、酸洗、电镀等）过程中吸收的氢（简称内氢），而后者则指材料在致氢环境中使用时吸收的氢（简称外氢）。外氢的环境包括含有氢气的气体、能分解生成氢原子的水溶液、碳氢化合物等以及一些电化学措施产生的氢，如阴极保护。

由表 3-14 可知，预应力混凝土结构中的预应力钢筋的材质为高强低合金钢，施工过程中施加了拉应力，符合发生应力腐蚀开裂的两个特征，即存在拉应力和特定的材料-介质系统。因此，在氯化物环境中，预应力混凝土结构的钢筋存在应力腐蚀开裂的风险。由于应力腐蚀断裂没有任何明显征兆，从而产生灾难性的后果。因此，对预应力混凝土结构氯离子含量的限定值要比普通钢筋混凝土严格（见表 3-6～表 3-13）。

邱世明等用慢应变速率拉伸和悬臂梁试验法研究了预应力高强钢丝在饱和 $Ca(OH)_2$+NaCl 溶液中的应力腐蚀行为。结果表明，预应力高强钢丝在含有氯离子的 $Ca(OH)_2$ 溶液中会产生应力腐蚀开裂，其开裂敏感性随溶液中 NaCl 含量的升高和溶液 pH 的降低而增大。$Ca(OH)_2$ 溶液中有 Na_2SO_4 存在时也会对预应力高强钢丝应力腐蚀带来不良影响。在 $Ca(OH)_2$+NaCl 溶液中添加 $NaNO_2$ 可以抑制氯离子对预应力高强钢丝应力腐蚀的有害作用。

王昌义使用预切口试样，采用恒荷载轴拉和悬弯两种应力腐蚀试验方法，研究了预应力高强钢丝在饱和 $Ca(OH)_2$+NaCl 溶液中对应力腐蚀开裂的敏感性。得出如下结论：

（1）预应力高强钢丝在饱和 $Ca(OH)_2$+NaCl 溶液中，当表面存在局部腐蚀坑或缺陷（凹坑、裂纹等）时，会发生应力腐蚀开裂，其主因是氯离子。在拉应力、阳极活性溶解、氢脆的协同作用下，应力腐蚀裂纹就在这些凹坑根部形成，并迅速向深扩展，最后导致预应力高强钢丝脆性断裂。当预应力高强钢丝表面只有局部腐蚀坑，其余大面积表面仍处于钝态时最危险，最易发生应力腐蚀开裂；而预应力高强钢丝发生大面积腐蚀时，不发生应力腐蚀开裂。

（2）预应力高强钢丝对应力腐蚀开裂的敏感性，与混凝土中氯离子浓度、外加剂、应力强度因子、混凝土 pH、钢丝电位及通氧条件等因素有关。氯离子浓度越高，预应力高强钢丝对应力腐蚀开裂越敏感；pH=11～13.5，是应力腐蚀开裂最敏感的区域；通氧条件越差，预应力高强钢丝对应力腐蚀开裂越迟钝，甚至不发生应力腐蚀开裂。

3.5　钢筋腐蚀引起的混凝土结构耐久性破坏[1, 4, 36]

在实际工程中，混凝土结构耐久性不足的现象十分普遍，严重影响混凝土结构的安全使用。混凝土结构的耐久性破坏通常都是从混凝土或钢筋的材料劣化开始的，主要劣化形式包括混凝土碳化、冻融破坏、化学侵蚀、表面磨损、钢筋腐蚀和碱骨料反应。对于暴露于碳化和氯化物环境等腐蚀环境中的混凝土结构，钢筋腐蚀是导致混凝土结构耐久性破坏的最主要的原因。

通常，碳化引起的钢筋腐蚀属于均匀腐蚀，而且，在已经碳化的中性混凝土中，腐蚀产物较易溶解，可以扩散到混凝土表面，显现出锈渍，而不是沉积在混凝土中产生应力，从而导致混凝土开裂。碳化引起的钢筋腐蚀速率要低于氯化物引起的钢筋腐蚀，但长时间后，钢筋截面会明显减小，而混凝土看不到破坏现象。氯化物引起的钢筋腐蚀则是局部腐蚀，最坏后果是生成的腐蚀产物不可溶解，体积比原钢筋体积增大。图 3-10 是各种铁腐蚀产物体积与铁体积的比较。这些腐蚀产物积聚在钢筋周围，对周围的混凝土产生应力，当应力超过混凝土的抗张强度时，混凝土就会出现裂缝。裂缝出现后，露出的钢筋就暴露于更加严重的氯离子、氧气和湿气环境中，腐蚀进一步加速。

钢筋腐蚀将造成钢筋截面减小、混凝土开裂剥落等以及预应力钢筋的应力腐蚀断裂，直至混凝土结构的完全破坏，破坏过程见图 3-11。

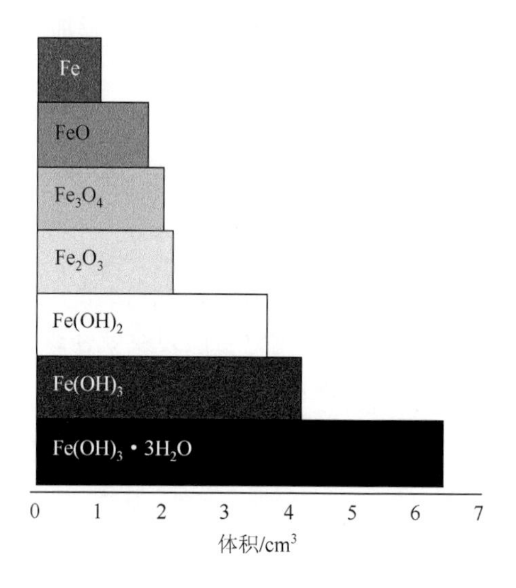

图 3-10　铁和铁腐蚀产物体积比较[1]

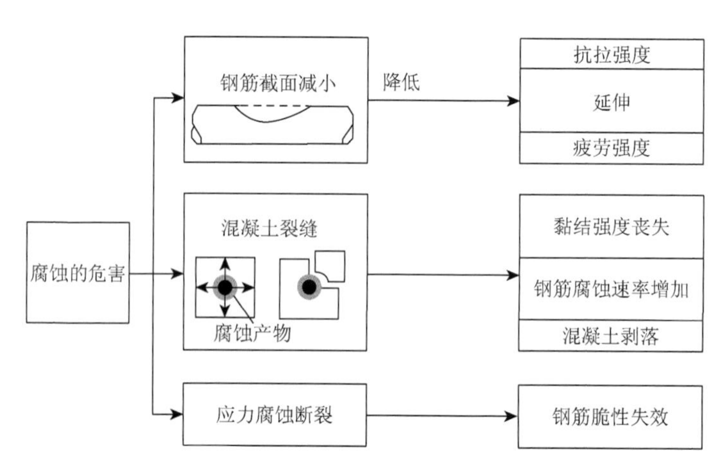

图 3-11　钢筋腐蚀造成的混凝土结构破坏过程[4]

从钢筋开始腐蚀到混凝土结构破坏或需要修复，可以用腐蚀开始和腐蚀发展两个阶段表示，如图 3-12 所示。腐蚀开始阶段即从混凝土结构施工完成到钢筋开始发生腐蚀，所经历的时间取决于介质的传输过程、混凝土的碳化和氯离子的侵入。影响因素包括混凝土质量、混凝土保护层厚度、暴露条件和硫酸盐含量。腐蚀发展阶段即从腐蚀开始到混凝土结构破坏或需要修复，所经历的时间取决于钢筋腐蚀动力学。影响因素包括混凝土质量、湿含量、电阻率、温度、供氧量和孔隙液的 pH。

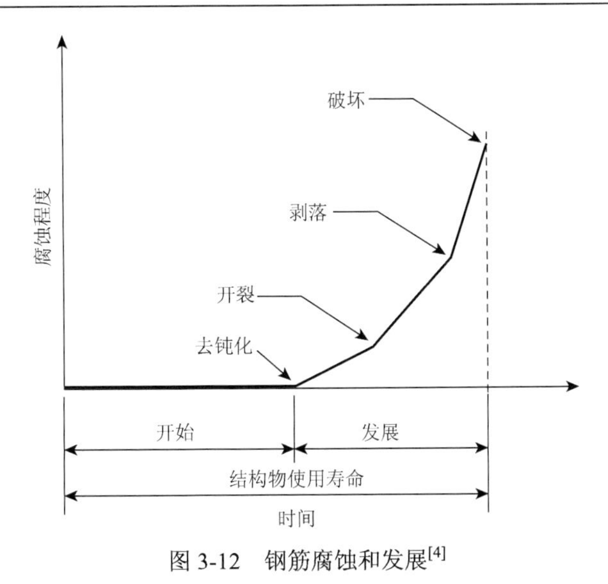

图 3-12 钢筋腐蚀和发展[4]

3.6 混凝土结构钢筋腐蚀评价[4, 16, 17, 21, 36, 37]

混凝土结构钢筋腐蚀状况通常可以通过钢筋半电池电位、钢筋腐蚀速率、混凝土电阻率、混凝土碳化深度和氯离子含量等指标进行评价。

3.6.1 钢筋半电池电位

钢筋半电池电位主要适用于大气环境混凝土结构钢筋腐蚀状态的评判。图 3-13 是在混凝土结构表面测量钢筋半电池电位（也称为腐蚀电位和自然电位）的方法。将参比电极放置在混凝土表面，用一个高阻抗电压表（＞10MΩ）测量钢筋相对于参比电极的电位差，该电位差即混凝土中钢筋的半电池电位。钢筋半电池电位可以用单个电极测量，也可以用多个参比电极同时测量。图 3-14 是在桥面板使用多个参比电极测量装置（电位轮）测量钢筋半电池电位的照片。对于大型构件，还可以通过数据采集系统，自动采集数据。

铜/饱和硫酸铜和银/氯化银/氯化钾参比电极是常用于钢筋半电池电位测量的参比电极。铜/饱和硫酸铜参比电极的优点是容易加工制作、结构牢固、价格便宜；缺点是重现性较差，极化较大，氯化物污染对电位有很大的影响，氢氧根离子污染也会使电位不稳定，溶解性很小的二价铜的氧化物会堵塞电极的木塞和覆盖在电极表面。银/氯化银/氯化钾电极在电化学工业的性能已经完全确立并被认可。根据使用的氯离子的浓度不同，银/氯化银/氯化钾参比电极的电位有一些很小的差异。

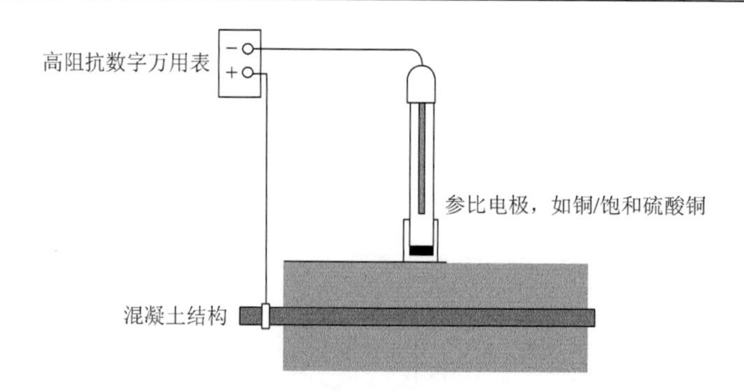

图 3-13　钢筋半电池电位测量方法示意图[4]

图 3-14　桥面板钢筋半电池电位测量（电位轮）[4]

钢筋半电池电位可以用单个测量数值表示，也可以绘制成半电池电位图，还可以用统计方法表示。半电池电位图已被证实是非常实用的钢筋腐蚀无损检测方法，能够探明混凝土中钢筋发生腐蚀的区域，可用于混凝土结构钢筋的腐蚀监测和状态评价，以及确定混凝土维修的有效性。半电池电位图可以作为混凝土结构钢筋腐蚀的早期预警使用，因为它能够在混凝土表面出现钢筋腐蚀破坏迹象之前就检测到腐蚀发生的区域。基于半电池电位图，其他的一些破坏性检测和实验室分析（如取芯测试混凝土中的氯化物含量）也能够更加的合理。另外，在进行混凝土维修时，混凝土凿除的工作量也会大大减少，因为半电池电位图已经将腐蚀区域精确地描绘出来了。

半电池电位图表达方式有等电位图、彩色图和 3D 图等。图 3-15 是一座桥梁混凝土桥面板钢筋半电池电位等电位图和彩色图举例。等电位图是根据半电池电位测量数据绘制出等电位线。彩色图是用颜色表示电位间隔。3D 图是在 z 轴上绘制出相对于 x/y 轴的电位值。

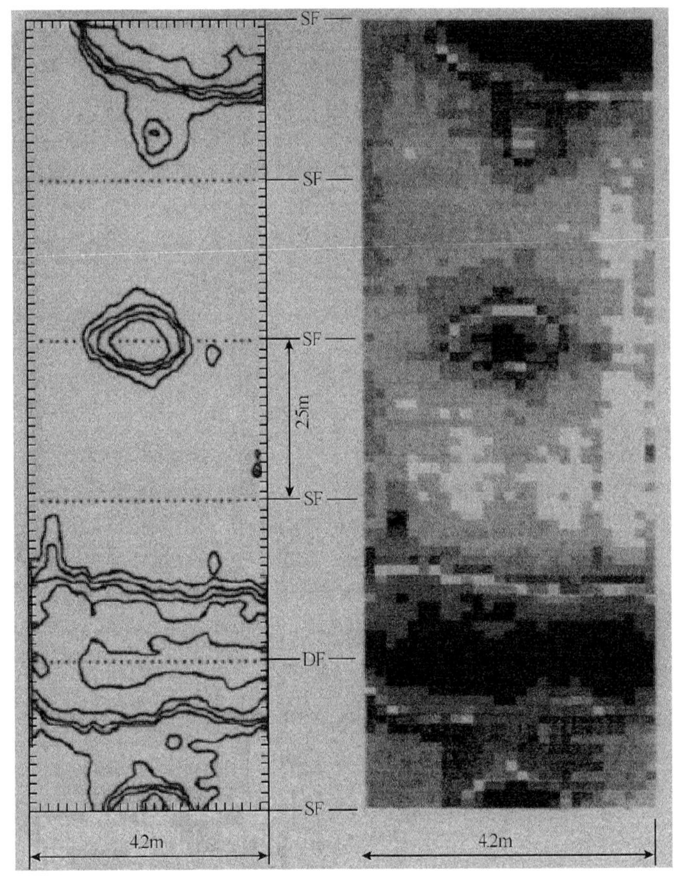

图 3-15　桥梁混凝土桥面板钢筋半电池电位图[36]

左侧为等电位图，右侧原为彩色图

表 3-15 是美国材料试验协会标准 ASTM C876-09 Standard Test Method for Corrosion Potentials of Uncoated Reinforcing Steel in Concrete，中国国家标准 GB/T 50344—2004《建筑结构检测技术标准》和中国交通运输部标准 JTJ 270—98《水运工程混凝土试验规程》给出的钢筋半电池电位与钢筋腐蚀概率之间的关系。实际上，由于影响钢筋半电池电位的因素很多，随着湿含量、氯化物含量、温度、混凝土碳化和保护层厚度的不同，不同结构物钢筋发生腐蚀的电位范围是不同的。图 3-16 是在混凝土结构上实测的钢筋不同腐蚀状态下的半电池电位范围，以及 ASTM C876-09 判断钢筋腐蚀状态的电位范围。可以看出，不同混凝土结构钢筋发生活性腐蚀的电位范围是不同的，实测值与 ASTM C876-09 标准也有差别。因此，国际材料与结构研究实验联合会（RILEM）认为，不应使用电位的绝对值而应通过半电池电位的区域差异（最小电位和电位梯度）来判定钢筋的腐蚀状态。

表 3-15　钢筋半电池电位与钢筋腐蚀关系[21]

ASTM C876-09		JTJ 270—98		GB/T 50344—2004	
电位（CSE）/mV	腐蚀概率/%	电位（CSE）/mV	腐蚀概率/%	电位（CSE）/mV	腐蚀概率/%
<−350	90	<−350	90	−500～−350	95
−350～−200	50	−350～−200	不确定	−350～−200	50
>−200	10	>−200	10	−200 或>−200	5

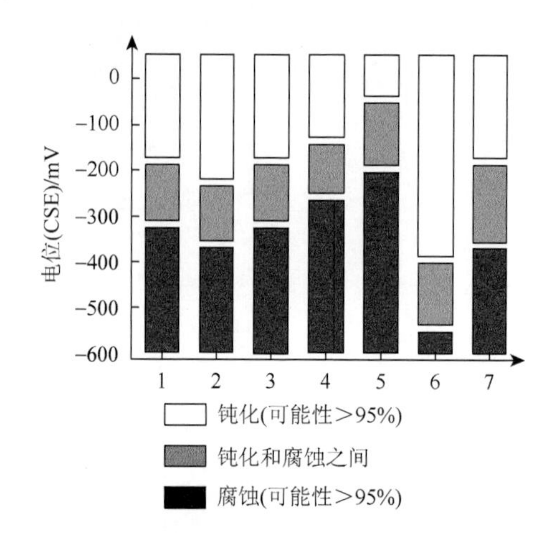

图 3-16　6 座混凝土桥梁桥面板钢筋不同腐蚀状态下的半电池电位实测值和 ASTM C876-09 规定值[4]

横轴的 1～6 为桥面板，7 为 ASTM C876-09

3.6.2　钢筋腐蚀速率

混凝土中钢筋的腐蚀机理为电化学腐蚀，因此，可以采用电化学测量技术测量钢筋的腐蚀速率。目前，用于混凝土结构钢筋腐蚀速率测量的电化学技术主要有线性极化、交流阻抗和电化学噪声三种，在现场检测中，线性极化技术应用较为广泛。

1957 年，Stern 和 Geary 研究发现，在金属自腐蚀电位附近（一般为±10mV 或±20mV）测得的极化曲线（电位与电流的对数关系图）具有近似线性的关系（图 3-17），曲线的斜率定义为极化电阻 R_P，并按此关系推导出检测腐蚀速率的一个简单、快速、无损的技术，称为线性极化。公式（3-16）为著名的 Stern 公式。

$$R_P = \left(\frac{\Delta E}{\Delta i} \right)_{\Delta E \to 0} \tag{3-16}$$

式中，R_P 为极化电阻，$\Omega \cdot cm^2$；ΔE 为电位增加值，V；Δi 为电流密度增加值，$A \cdot m^{-2}$。

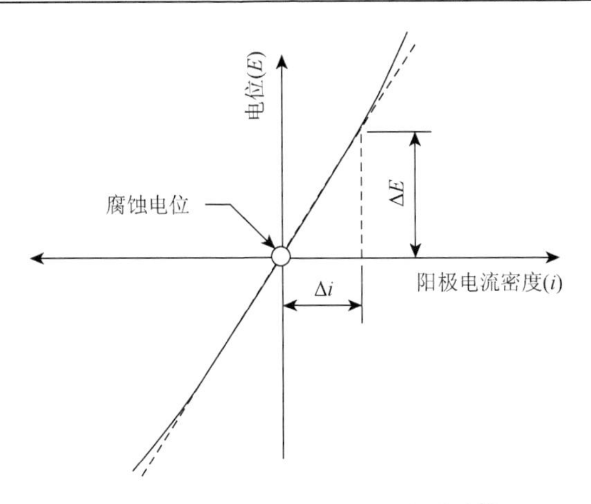

图 3-17 自腐蚀电位附近极化曲线[4]

电流密度 i 是被测金属单位面积上的电流密度，按公式（3-17）计算：

$$i_{\mathrm{coor}} = \frac{B}{R_{\mathrm{P}}} \tag{3-17}$$

式中，i_{coor} 为腐蚀速率，$\mathrm{A \cdot cm^{-2}}$；B 为 Stern-Geary 常数，V；R_{P} 为极化电阻，$\Omega \cdot \mathrm{cm}^2$，按公式（3-16）计算。

$$B = \frac{\beta_{\mathrm{a}}\beta_{\mathrm{c}}}{2.3R_{\mathrm{P}}(\beta_{\mathrm{a}} + \beta_{\mathrm{c}})} \tag{3-18}$$

式中，β_{a} 和 β_{c} 分别为阳极氧化反应和阴极还原反应的自然对数塔菲尔斜率。

B 值一般为 13～52mV。对于混凝土中的钢筋，有研究推荐，处于活化状态的裸露的钢筋和热浸锌钢筋 B 值取 26mV；处于钝化状态的裸露的钢筋 B 值取 52mV。最近有研究认为，根据测量的自腐蚀电位 E_{coor} 来计算 B 值，得出的腐蚀速率 i_{coor} 更加准确，与失重法得出结果更加吻合。

根据控制信号的不同，线性极化曲线可以用恒电位、恒电流、动电位及动电流四种方式进行测量。动电位和动电流是在非稳态状态下进行的，不能准确地反映稳态极化电位随电流变化的情况，因此，混凝土中钢筋的线性极化曲线通常采用恒电位和恒电流法进行。

恒电流法是在给定电流的条件下测定电位的变化。该方法主要有以下缺点：①钢筋腐蚀速率较小时，钢筋电位达到稳态需要的时间较长；②为保证极化电位维持在线性范围以内，需事先了解钢筋/混凝土体系的极化行为；③精度不高。

恒电位法是在给定电位的条件下测定电流的变化。该方法主要有以下优点：①施加在工作电极上的极化电位恒定不变，有较高的精度和灵敏度；②不必事先了解钢筋/混凝土体系的极化行为。

采用以上两种方法测量时，都必须采取措施消除由于混凝土电阻产生的 *IR* 降问题。

目前，线性极化法已被广泛用于实验室测量钢筋的宏电池腐蚀电流密度，在现场使用该方法的最大困难在于确定被检测面积，另外，气候变化对腐蚀速率影响较大。研究表明，测量时在辅助阳极周围加一个带有传感器控制的保护环，可以控制施加电流的作用范围，从而精确确定被检测面积。图 3-18 是使用带有保护环的仪器现场测量示意图。

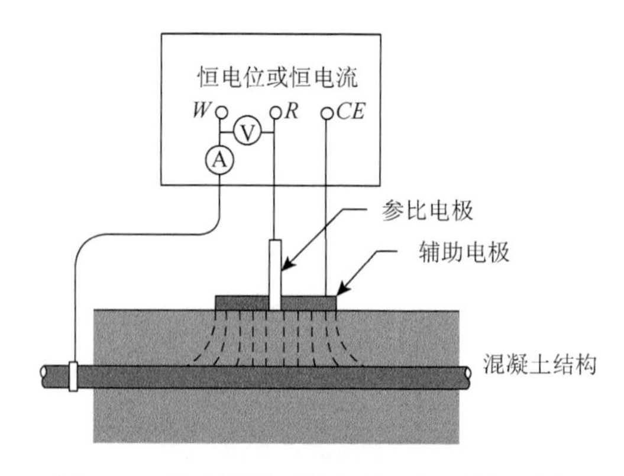

图 3-18　带有保护环的仪器现场测量示意图

线性极化的测量结果受测量条件的影响较大，因此，用该方法对钢筋腐蚀状态进行评价时，应充分考虑测量时的环境条件。图 3-19 是文献[4]给出的碳化混凝土和氯化物污染混凝土在不同相对湿度条件下的腐蚀速率变化范围。

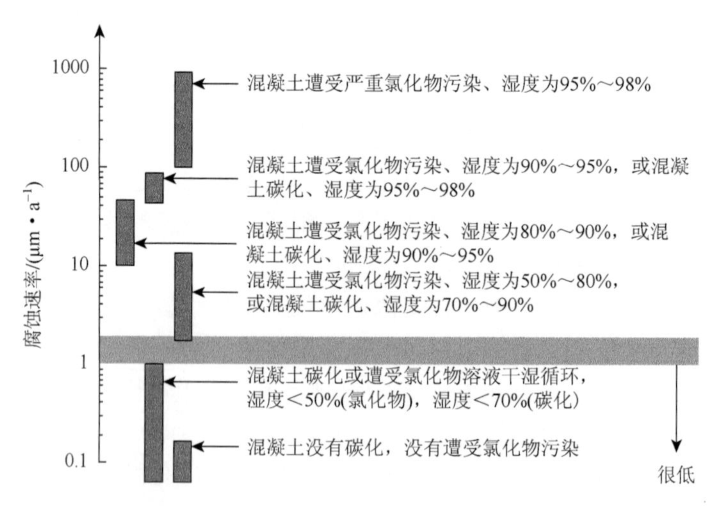

图 3-19　碳化和氯化物污染混凝土在不同相对湿度条件下的钢筋腐蚀速率[4]

表 3-16 是文献[4]给出的钢筋腐蚀速率与腐蚀程度的关系。表 3-17 是中国国家标准 GB/T 50344—2004《建筑结构检测技术标准》给出的钢筋腐蚀电流密度与钢筋腐蚀速率和构件损伤的年限判别标准。

表 3-16　钢筋腐蚀速率与腐蚀程度的关系[4]

腐蚀速率/(μm・a^{-1})	腐蚀程度
<2	忽略
2～5	不严重
5～10	一般
10～50	中等
50～100	严重
>100	非常严重

表 3-17　钢筋腐蚀电流密度与钢筋腐蚀速率和构件损伤的年限判别

序号	腐蚀电流密度/(μA・cm^{-2})	腐蚀速率	保护层损伤年限/a
1	<0.2	钝化状态	—
2	0.2～0.5	低腐蚀速率	>15
3	0.5～1.0	中等腐蚀速率	10～15
4	1.0～10	高腐蚀速率	2～10
5	>10	极高腐蚀速率	<2

3.6.3　混凝土电阻率

混凝土电阻率反映混凝土的导电能力，是影响混凝土中钢筋腐蚀的关键因素。受混凝土湿含量和组成材料的影响，混凝土电阻率变化范围很大，一般为 10～10^5Ω・m。在混凝土中，电流通过溶解在孔隙液中的离子流动，因此，混凝土的孔隙液越多，孔隙越多，混凝土电阻率就越低。湿含量一定时，低水灰比、较长的养护时间、添加矿渣、粉煤灰、硅粉等活性材料，都会增加混凝土的电阻率。混凝土变干和发生碳化时，电阻率增加。氯离子渗透对混凝土电阻率的影响相对较小。温度增加，混凝土电阻率降低。

图 3-20 所示的 Wenner 四电极法是目前在已建混凝土结构上测量混凝土电阻率常用的方法。

将设有 4 个电极（电极间距相同）的探头放置在混凝土表面，外侧两个电极用于施加电流，内侧两个电极用于测量电压降。电压降与电流的比值即为混凝土电阻，再按照式（3-19）将电阻转换为混凝土的电阻率。

$$\rho = 2\pi a R \tag{3-19}$$

式中，ρ 为混凝土电阻率，Ω·m；a 为电极间距，m；R 为混凝土电阻，Ω。

测量混凝土电阻率时，一般施加频率为 50～1000Hz 的正弦波交流电进行测量，不建议使用直流电，因为电极极化可能会引起测量误差。探头的位置应尽量避开钢筋，以减小测量误差，如图 3-21 所示。

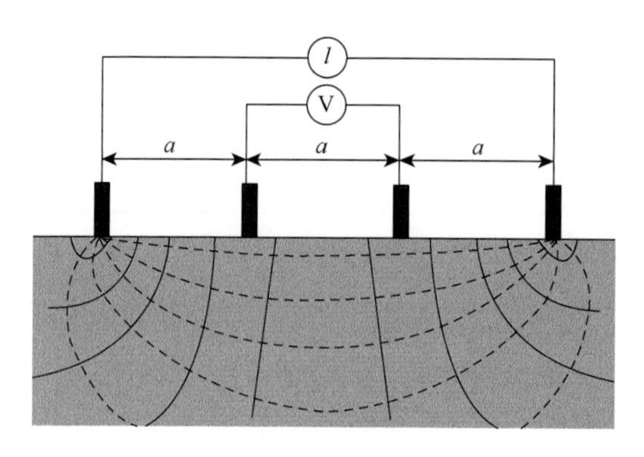

图 3-20　Wenner 四电极法测量混凝土电阻率示意图[4]

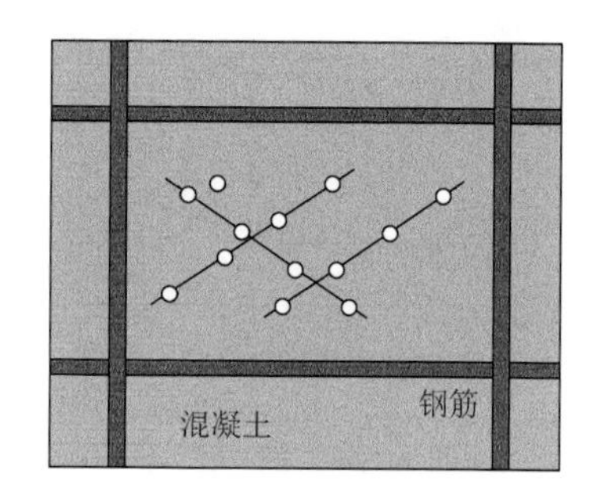

图 3-21　测量混凝土电阻率时的探头位置[4]

将半电池电位和混凝土电阻率测量结果结合起来，可以获得重要的信息。图 3-22 是在受到氯化物污染的混凝土桥面板底部测量的钢筋半电池电位和混凝土电阻率。正电位和高电阻率区域代表钝化区，负电位和低电阻率代表潮湿的腐蚀区域。低电阻率和正电位可以解释为有腐蚀风险，今后将会发生腐蚀。

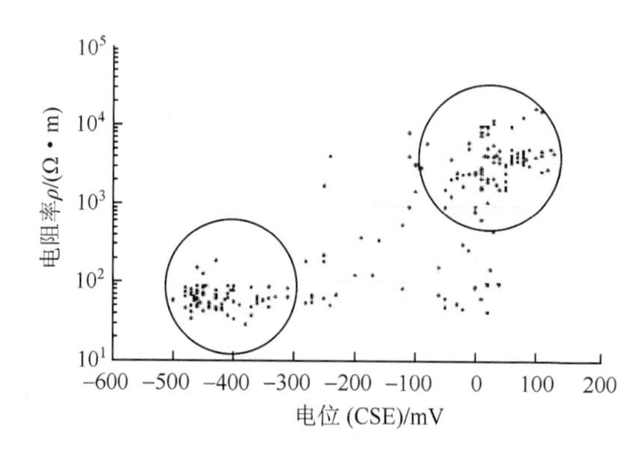

图 3-22　氯化物污染的混凝土桥面板底面测量的钢筋半电池电位和混凝土电阻率[4]

表 3-18 是文献[37]给出的已建混凝土结构密集配骨料混凝土在 20℃时的电阻率参考值。

表 3-18　龄期＞10a 混凝土结构密集配骨料混凝土 20℃时的电阻率参考值[37]

环境	混凝土电阻率/(Ω · m)	
	普通波特兰水泥	矿渣（＞65%）或粉煤灰（＞25%）或硅粉（＞5%）
非常潮湿、水中、浪溅区[雾]	50～200	300～1 000
室外、暴露	100～400	500～2 000
室外、遮蔽、覆盖、不接触水（没有碳化）[20℃/80% RH]	200～500	1000～4 000
同上，碳化	1 000 或更高	2 000～6 000 或更高
室内（碳化）[20℃/50%RH]	3 000 或更高	4 000～10 000 或更高

注：方括号内是对应的实验室条件。

混凝土电阻率与钢筋腐蚀的关系仍在研究当中，表 3-19 和表 3-20 分别是国际材料与结构研究实验联合会（RILEM）和国家标准 GB/T 50344—2004《建筑结构检测技术标准》给出的混凝土电阻率与钢筋腐蚀之间的关系。

表 3-19　20℃时 OPC 混凝土电阻率和钢筋腐蚀风险关系[37]

混凝土电阻率/(Ω · m)	腐蚀风险
＜100	高
100～500	中等
500～1 000	低
＞1 000	忽略

表 3-20　GB/T 50344—2004 中混凝土电阻率与钢筋腐蚀状态判别

序号	混凝土电阻率/(Ω · m)	钢筋腐蚀状态判别
1	＞1 000	钢筋不会腐蚀
2	500～1 000	低腐蚀速率
3	100～500	钢筋活化时，可出现中高腐蚀速率
4	＜100	电阻率不是腐蚀的控制因素

3.6.4　混凝土碳化深度

通常，通过测量混凝土的碳化深度以及碳化前沿混凝土的 pH 判断混凝土碳化是否对钢筋腐蚀造成影响。混凝土碳化深度常用的测试方法是在混凝土结构上钻孔，向孔内喷洒 1%的酚酞试液，当已碳化和未碳化界限清楚时，测量已碳化和未碳化交界面至混凝土表面的垂直距离即为碳化深度。图 3-23 是中国国家标准 GB/T 50784—2013《混凝土结构现场检测技术标准》给出的碳化深度测孔示意图。

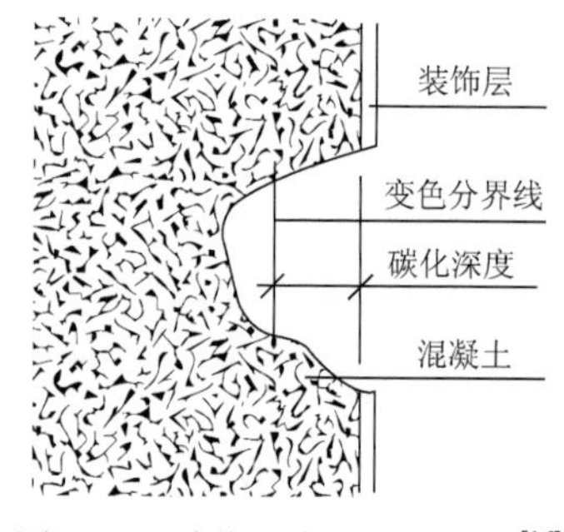

图 3-23　碳化深度测孔示意图[16]

3.6.5　混凝土中氯离子含量

通过比较混凝土中的氯离子含量与钢筋腐蚀氯离子含量临界值，可以判定钢筋是否遭受氯化物导致的腐蚀。混凝土结构氯离子含量测定通常是在结构物上钻芯取样后，分层测定不同保护层深度混凝土中的氯离子含量。国家标准 GB/T 50784—2013《混凝土结构现场检测技术标准》有如下规定。

（1）混凝土中氯离子含量的检测结果宜用混凝土中氯离子与硅酸盐水泥用量之比表示，当不能确定混凝土中硅酸盐水泥用量时，可用混凝土中氯离子与胶凝材料用量之比表示。

（2）混凝土中氯离子含量测定所用试样的制备应符合下列规定：①将混凝土试件破碎，剔除石子；②将试样缩分至 100g，研磨至全部通过 0.08mm 的筛；③用磁铁吸出试样中的金属铁屑；④将试样置于 105～110℃烘箱中烘 2h，取出后放入干燥器中冷却至室温备用。

（3）试样中氯离子含量的化学分析应符合国家标准 GB/T 50344—2004《建筑结构检测技术标准》的规定。

（4）混凝土中氯离子与硅酸盐水泥用量的百分数应按公式（3-20）计算：

$$P_{\mathrm{Cl,p}} = P_{\mathrm{Cl,m}} / P_{\mathrm{p,m}} \times 100\% \tag{3-20}$$

式中，$P_{\mathrm{Cl,p}}$为混凝土中氯离子与硅酸盐水泥用量的质量分数；$P_{\mathrm{Cl,m}}$为按照国家标准 GB/T 50344—2004《建筑结构检测技术标准》测定的试样中氯离子的质量分数；$P_{\mathrm{p,m}}$为试样中硅酸盐水泥的质量分数。

（5）当不能确定试样中硅酸盐水泥的质量分数时，混凝土中氯离子与胶凝材料的质量分数可按公式（3-21）计算：

$$P_{\mathrm{Cl,t}} = P_{\mathrm{Cl,m}} / \lambda_{\mathrm{c}} \tag{3-21}$$

式中，$P_{\mathrm{Cl,t}}$为氯离子与胶凝材料的质量分数；λ_{c}为根据混凝土配合比确定的混凝土中胶凝材料与砂浆的质量分数。

3.7　混凝土结构钢筋防腐蚀附加措施[38～43]

混凝土结构钢筋防腐蚀有两个层面的含义。一是在混凝土结构建造时就采取一系列的防腐蚀措施，以预防钢筋的腐蚀，延长混凝土结构的使用年限。二是混凝土结构在使用过程中出现因钢筋腐蚀造成的劣化时，再对其采取防腐蚀措施，以阻止钢筋进一步腐蚀或降低钢筋的腐蚀速率，从而达到对混凝土结构进行维修和修复的目的。根据中国国家标准 GB/T 50476—2008《混凝土结构耐久性设计规范》，在改善混凝土密实性、增加保护层厚度和利用防排水措施等常规手段的基础上，为进一步提高混凝土结构耐久性所采取的补充措施称为防腐蚀附加措施。目前，防腐蚀附加措施主要包括钢筋阻锈剂、耐腐蚀钢筋、混凝土表面封闭、电化学防腐蚀等。

1）钢筋阻锈剂

根据中国住房和城乡建设部标准 JGJ/T 192—2009《钢筋阻锈剂应用技术规程》，钢筋阻锈剂是加入混凝土或砂浆中或者涂刷在混凝土或砂浆表面，能够阻止或延缓钢筋腐蚀的化学物质。按照使用方法的不同，钢筋阻锈剂分为内掺型和外涂型。内掺型是在拌制混凝土或砂浆时加入的钢筋阻锈剂，外涂型是涂于混凝土或砂浆表面，能渗透到钢筋周围对钢筋进行防护的钢筋阻锈剂，又称渗透型或迁移型钢筋阻锈剂。

2）耐腐蚀钢筋

耐腐蚀钢筋通常指耐腐蚀性能优于普通碳钢钢筋的金属钢筋。迄今，开发研制的用于混凝土结构的耐腐蚀钢筋主要有：①环氧涂层钢筋，在碳钢钢筋基体上熔融结合环氧涂层的钢筋；②不锈钢钢筋，用不锈钢材料制成的钢筋；③不锈钢包覆钢筋，在碳钢钢芯外包裹一层不锈钢制成的钢筋；④热浸锌涂层钢筋，采用热浸镀锌技术在碳钢钢筋表面形成热浸镀锌层制成的钢筋；⑤MMFX 钢筋，美国的一项专利产品，是一种含有 9% Cr 的低碳钢，具有独特的微观结构；⑥复合涂层钢筋，在钢筋表面实施了多种涂层的钢筋，如 Zn/EC 钢筋，就是在碳钢钢筋表面电弧喷涂锌后再涂覆环氧涂层的一种复合涂层钢筋。

3）混凝土表面封闭

混凝土表面封闭通常包括混凝土表面硅烷浸渍和涂刷涂料两种方式。混凝土表面硅烷浸渍是用硅烷类液体浸渍混凝土表层，使该表层具有低吸水率、低氯离子渗透率和高透气性。涂刷涂料是在混凝土表面涂刷涂料形成封闭涂层。

4）电化学防腐蚀

电化学防腐蚀是通过对混凝土中的钢筋施加阴极直流电流以抑制钢筋腐蚀的方法，主要包括阴极保护、电化学脱盐和电化学再碱化。阴极保护和电化学脱盐适用于遭受氯化物污染的混凝土结构钢筋的防腐蚀，电化学再碱化适用于碳化混凝土结构钢筋的防腐蚀。阴极保护需要对混凝土结构长期通电，钢筋表面通电电流密度较小，通常为 2～20$mA \cdot m^{-2}$。电化学脱盐和电化学再碱化需要对混凝土结构进行短时间通电，钢筋表面通电电流密度较大，通常高达 1～3A · m^{-2}。

表 3-21 给出了上述几种防腐蚀附加措施在国内外有关标准中的采用情况。

表 3-21　防腐蚀附加措施在国内外有关标准中的采用情况

标准分类	标准名称	阻锈剂	环氧涂层钢筋	热浸镀锌钢筋	不锈钢钢筋	硅烷浸渍	涂层封闭	阴极保护	电化学脱盐	电化学再减化
美国混凝土协会标准	ACI 318-11 Building Code Requirements for Structural Concrete and Commentary		√	√	√					
	ACI 301M-10 Specifications for Structural Concrete		√	√	√					
	ACI 345.1R-06 Guide for Maintenance of Concrete Bridge Members	√						√		
	ACI 546R-04 Concrete Repair Guide							√	√	√
	ACI 222.3R-11 Design and Construction Practices to Mitigate Corrosion of Reinforcement in Concrete Structures	√	√	√	√					
	ACI 222R-01 Protection of Metals in Concrete Against Corrosion									
中国国家标准	GB 50010—2010 混凝土结构设计规范	√	√					√		
	GB/T 50476—2008 混凝土结构耐久性设计规范	√	√				√	√		
中国交通运输部标准	JTG/T B07—01—2006 公路工程混凝土结构防腐蚀技术规范	√	√			√	√	√		
	JTJ 275—2000 海港工程混凝土结构防腐蚀技术规范	√	√			√	√			
中国土木工程协会标准	CCES 01—2004（2005 修订版）混凝土结构耐久性设计与施工指南	√	√	√	√	√	√			
中国铁道部标准	TB 10005—2010（J 1167—2011）铁路混凝土结构耐久性设计规范					√	√	√		

参 考 文 献

[1] ACI 222R-01. Protection of Metals in Concrete Against Corrosion

[2] Chess P M, Broomfield J P. Cathodic Protection of Steel in Concrete and Masonry. England: Taylor & Francis Ltd, 2009

[3] 牛荻涛. 混凝土结构耐久性与寿命预测. 北京：科学出版社，2003

[4] Bertolini L, Elsener B, Pedeferri P, et al. Corrosion of Steel in Concrete: Prevention, Diagnosis, Repair. Germany: Wiley-VCH，2004

[5] ACI 201. 2R-01. Guide to Durable Concrete

[6] 张誉，等. 混凝土结构耐久性概论. 上海：上海科学技术出版社，2003
[7] 金伟良，赵羽习. 混凝土结构的耐久性. 北京：科学出版社，2002
[8] Deicing salts corrosion. http: //corrosion-doctors.org/Corrosion-Atmospheric/Deicing-salts-corrosion.htm[2012-10-31]
[9] 凯瑟琳·胡斯卡. 认识除冰盐的腐蚀威胁. http: //www.imoa.info/download_files/stainless-steel/Deicing_Salt_Recognizing_chinese.pdf[2015.04.01]
[10] 南京十万军民全城大扫雪. http: //news.sina.com.cn/c/2008-01-27/022513333070s.shtml[2008.01.27]
[11] 南京20万人扫雪撒盐420吨 机动车道化雪靠碾压. http: //www.js.xinhuanet.com/xin_wen_zhong_xin/2010-02/12/content_19021965.htm[2010.02.12]
[12] 刘芳，金伟良，张奕. 实际混凝土结构中氯离子结合理论对比分析. 新型建筑材料，2007，(06)：13-17
[13] GB/T 50476—2008. 混凝土结构耐久性设计规范
[14] ASTM C1152/C1152M-04（2012）e1. Standard Test Method for Acid-Soluble Chloride in Mortar and Concrete
[15] ASTM C1218/C1218M-99（2008）. Standard Test Method for Water-Soluble Chloride in Mortar and Concrete
[16] GB/T 50784—2013. 混凝土结构现场检测技术标准
[17] GB 50344—2004. 建筑结构检测技术标准
[18] JTJ 270—98. 水运工程混凝土试验规程
[19] JGJ/T 322—2013. 混凝土中氯离子含量检测技术规程
[20] Angst U，Vennesland Ø. Critical chloride content in reinforced concrete-State of the art.In：Alexander，et al. Concrete Repair，Rehabilitation and Retrofitting Ⅱ. London：Taylor & Francis Group，2009
[21] 葛燕，朱锡昶，李岩. 桥梁钢筋混凝土结构防腐蚀——耐腐蚀钢筋及阴极保护. 北京：化学工业出版社，2011
[22] Meira G R，Andrade C，Vilar E O，et al. Analysis of chloride threshold from laboratory and field experiments in marine atmosphere zone. Construction and Building Materials，2014，55：289-298
[23] JTJ 302—2006. 港口水工建筑物检测与评估技术规范
[24] CECS 220—2007. 混凝土结构耐久性评定标准
[25] EN 206：2013. Concrete-Specification，Performance，Production and Conformity
[26] ACI 318-11. Building Code Requirements for Structural Concrete and Commentary
[27] GB 50010—2010. 混凝土结构设计规范
[28] JTG D62—2004. 公路钢筋混凝土及预应力混凝土桥涵设计规范
[29] JTJ 275—2000. 海港工程混凝土结构防腐蚀技术规范
[30] TB 10005—2010/J 1167-2011. 铁路混凝土结构耐久性设计规范
[31] 肖纪美. 腐蚀总论——材料的腐蚀及其控制方法. 北京：化学工业出版社，1994
[32] 材料腐蚀基础 第四章. http: //wenku.baidu.com/link?url=137cCi-2vm_ax2GSPQRPGbubYNBkTHER9qjiq3gb-qacoaLa5vk7gs6UgXBhW5eNUcx0RpuhqbR7dqdmPsniaT35UManlg4jqJH_scHhcbiK[2015.02.12]
[33] 第 06 章金属的应力腐蚀和氢脆断裂. http: //www.docin.com/p-389595449.html[2015.02.12]
[34] 王昌义. 高强钢丝在模拟海工预应力混凝土的溶液中应力腐蚀开裂的研究. 海洋工程，1985，04：25-35
[35] 邱明世，闻立昌，吕惠彬，等. 高强度预应力钢丝在饱和 $Ca(OH)_2$+NaCl 环境中的应力腐蚀开裂. 中国腐蚀与防护学报，1983，02：76-84，134
[36] Elsener B，Andrade C，Gulikers J，et al. Hall-cell potential measurements-potential mapping on reinforced concrete structures. Materials and Structures/Matrriaux et Constructions，2003，36（7）：461-471
[37] Polder R B. Test methods for on site measurement of resistivity of concrete—a RILEM TC-154 technical recommendation. Construction and Building Materials，2001，15（2-3）：125-131

[38] JGJ/T 192—2009. 钢筋阻锈剂应用技术规程

[39] ACI 345. 1R-06. Guide for Maintenance of Concrete Bridge Members

[40] ACI 546R-04. Concrete Repair Guide

[41] ACI 222. 3R-2011. Design and Construction Practices to Mitigate Corrosion of Reinforcement in Concrete Structures

[42] JTG/T B07—01—2006. 公路工程混凝土结构防腐蚀技术规范

[43] CCES 01—2004（2005 修订版）. 混凝土结构耐久性设计与施工指南

第4章　锌材料基本知识

4.1　锌的矿物资源[1~5]

锌，元素符号 Zn，是一种活泼的浅蓝白色有色重金属。锌在地壳中的含量为 0.013%，按元素的相对丰度排列，居第 23 位。锌在自然界中多以硫化物状态存在，主要矿物是闪锌矿（ZnS），但这种硫化物的形成过程中含有 FeS 固溶体，称为铁闪锌矿（nZnS · mFeS）。含铁高的闪锌矿会使提取冶金过程复杂化。硫化矿床的地表部位还常有一层被氧化的氧化矿，如菱锌矿（$ZnCO_3$）、硅锌矿（$ZnSiO_4$）、异极矿（$H_3Zn_2SO_3$）等。锌资源的特点是铅锌共生，世界上极少发现单独的铅矿和锌矿。闪锌矿与方铅矿（PbS）在大自然矿床中常常紧密共生。铅锌矿是镉、铟、银等金属的主要矿源，也是硫、铋、锗、铊、碲等元素的重要来源。有经济开采价值的锌矿的锌含量一般高于 5%。

世界已查明的锌资源量超过 19 亿 t，锌储量 1.8 亿 t，储量基础 4.8 亿 t（表 4-1）。世界锌资源主要分布在澳大利亚、中国、秘鲁、美国和哈萨克斯坦五国，其储量占世界储量的 67.2%，储量基础占世界储量基础的 70.9%。

表 4-1　世界锌储量分布[1]

国家或地区	储量/万 t	占世界储量/%	储量基础/万 t	占世界储量基础/%
澳大利亚	4 200	23.3	10 000	20.8
中国	3 300	18.3	9 200	19.2
秘鲁	1 800	10.0	2 300	4.8
哈萨克斯坦	1 400	7.8	9 000	18.8
美国	1 400	7.8	3 500	7.3
加拿大	500	2.8	3 000	6.3
墨西哥	700	3.9	2 500	5.2
其他	4 900	27.2	8 700	18.1
世界总计	18 000	100	48 000	100

资料来源：Mineral Commodity Summaries 2009，世界总计取整数。

我国的铅锌资源分布广泛，遍及全国，表 4-2 是我国铅锌资源各大区分布比例。经过 40 多年的发展和建设，我国已形成东北、湖南、两广、滇川、西北五大铅锌采选冶炼和加工配套的生产基地，其铅产量占全国总产量的 85%以上，锌产量占全国总产量的 95%。

表 4-2　中国铅锌资源各大区分布比例（%）[2]

全国	中南	西南	西北	华北	华东	东北
100	27.8	22.7	15.3	16.1	14	4.1

锌矿的开采分露天开采和地下开采两种。矿石经粉碎后需经过选矿，去除大量的脉石和其他杂质，获得锌精矿，然后作为商品卖给冶炼厂。通常采用浮选法选出锌精矿、铅精矿和硫精矿。硫化锌精矿是生产锌的主要原料，成分一般为：锌 45%～60%，铁 5%～15%，硫 30%～33%，三者共占总重的 90%。硫化锌精矿的粒度细小，95%以上小于 40μm，堆密度为 1.7～2g · cm^{-3}。

4.2　锌的生产和规格[6~10]

4.2.1　锌的生产

锌可以通过锌精矿的冶炼和再生锌生产获得。

1. 锌的冶炼

现代冶金锌的生产方法分为火法和湿法两大类。

1）火法炼锌

火法炼锌首先将锌精矿进行氧化或烧结焙烧，使精矿中的 ZnS 变成 ZnO，然后用碳质还原剂进行还原。由于锌的沸点较低，在高于沸点的温度下还原出来的锌呈气体状态从炉料中挥发出来，锌便与炉料中其他组分分离。锌蒸气随炉气一起进入冷凝器，在冷凝器内凝成液态锌。与锌一道呈蒸气状态进入气相的还有其他易挥发的杂质金属，如镉和铅，这些元素会影响锌的纯度，须将冷凝所得的粗锌进行精炼。精练方法是利用锌和杂质金属的沸点不同，采用蒸馏的方法来提纯的，称为锌精馏。将精馏锌浇铸成锭，得到精锌。火法炼锌生产的粗锌纯度为 98%～99.9% Zn，精锌纯度为 99.99%～99.997% Zn。火法炼锌的一般原则工艺流程如图 4-1 所示。

2）湿法炼锌

湿法炼锌又称为电解法（电积法）炼锌。在湿法炼锌中，焙烧、浸出、浸出液净化和电解（电积）是重要环节，硫化锌精矿湿法炼锌的经典流程图如图 4-2 所示。

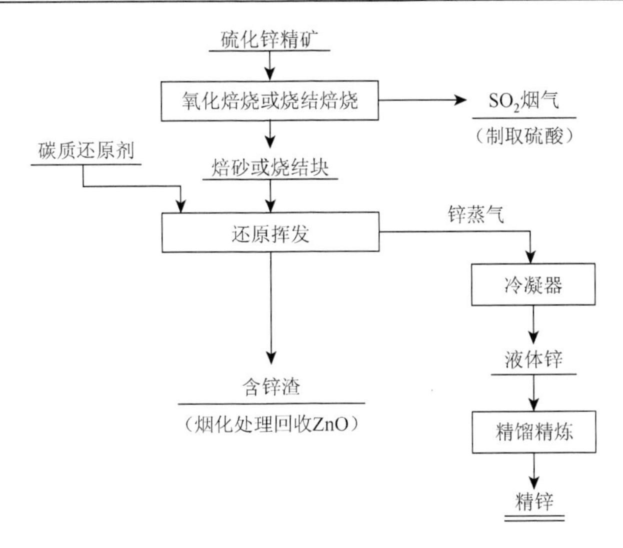

图 4-1　火法炼锌原则工艺流程[6]

硫化锌精矿首先在硫化态焙烧炉内进行氧化焙烧，使锌由难以浸出的形态转化为溶于H_2SO_4的ZnO及部分$ZnSO_4$，焙砂再用废电解液（主要是H_2SO_4和$ZnSO_4$）进行两段逆流浸出，中性浸出液净化除去有害杂质后进行电积得到金属锌，酸性浸出渣再用烟花法回收残余的锌及其他有价元素。

电解沉积的阴极锌片，虽然化学成分已经达到指标，但片薄而大，其表面状态不佳，不宜直接作为商品出售。因此，阴极片需进行熔化，铸成锭，才供应市场。湿法炼锌的锌锭纯度一般达到 99.99% Zn。

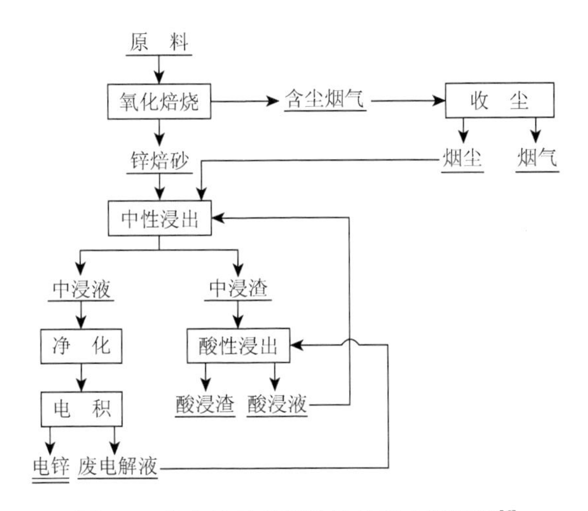

图 4-2　硫化锌精矿湿法炼锌经典流程图[6]

2. 高纯锌的制取

通常用阿拉伯数字后面加大写英文字母 N 表示锌的纯度。如锌的纯度为 99.99%的称 4N 锌，即 4 个 9 的纯锌，锌的纯度为 99.999%的称 5N 锌，即 5 个 9 的纯锌。锌的纯度越高，越难生产，价格也越贵。目前，锌的纯度已能提纯到 7N。一般将 5N 和 6N 锌称为高纯锌，7N 锌称为超高纯锌。高纯锌的生产方法有电解法、真空蒸馏法和区域熔炼法等。电解法提纯是常用的方法，可以提纯到 5N 以上。两段真空蒸馏法可生产 6N 锌。如果电解、精馏提纯后再进行区域熔炼，锌的纯度可提高到 99.999 93%～99.999 98%。

3. 再生锌生产

再生锌生产是金属锌的一个重要来源。再生锌生产原料来源主要分为新废料和旧废料。新废料是在冶炼及加工过程产生的废料，主要包括来自镀锌行业、铜材厂、锌压铸作业、锌材加工行业、电池生产工业的锌渣、灰、边角料以及铅、铜冶炼系统的锌渣等。

4.2.2　规格和分析方法

表 4-3～表 4-5 分别是国际标准 ISO 752：2004/Cor 1：2006 Zinc Ingots，美国材料试验协会标准 ASTM B6-09 Zinc 和中国国家标准 GB/T 470—2008《锌锭》(等效采用 ISO 752：2004）规定的不同牌号锌锭的化学成分。

表 4-3　ISO 752：2004/Cor 1：2006 锌锭化学成分

名称	Pb	Fe	Cd	Al	Cu	Sn	总量	最小锌含量	色标
ZN-1	0.003	0.002	0.003	0.001	0.001	0.001	0.005	99.995	白
ZN-2	0.003	0.003	0.003	0.002	0.002	0.001	0.010	99.990	黄
ZN-3	0.03	0.02	0.01	0.01	0.002	0.001	0.05	99.95	绿
ZN-4	0.45	0.05	0.01	—	—	—	0.5	99.5	蓝
ZN-5	1.4	0.05	0.01	—	—	—	1.5	98.5	黑

注：1）所有组分含量均为质量分数。除有说明外均为最大值。

2）对规定的元素进行分析，锌含量为规定元素总量与 100%的差值。

3）ZN-5 的 Pb 含量最小值为 0.5%。

4）ZN-5 的 Cd 含量可以是 0.20%，除非禁止。

表 4-4　ASTM B6-09 锌锭化学成分

Grade[UNS]	化学成分/%								
	色标	Pb	Fe	Cd	Al	Cu	Sn	不含 Zn 元素总量	Zn（差值计算）
LME Grade（LME）[Z12002]	白	≤0.003	≤0.002	≤0.003	≤0.001	≤0.001	≤0.001	≤0.005	≥99.995
Special High Grade（SHG）[Z13001]	黄	≤0.003	≤0.003	≤0.003	≤0.002	≤0.002	≤0.001	≤0.010	≥99.990
High Grade（HG）[Z14002]	绿	≤0.03	≤0.02	≤0.01	≤0.01	≤0.002	≤0.001	≤0.05	≥99.95
Intermediate Grade（IG）[Z16003]	蓝	≤0.45	≤0.05	≤0.01	≤0.01	≤0.20	—	≤0.5	≥99.5
Prime Western Grade（PWG）[Z18004]	黑	0.5～1.4	≤0.05	≤0.20	≤0.01	≤0.10	—	≤1.5	≥98.5

表 4-5　GB/T 470—2008 锌锭化学成分

牌号	化学成分（质量分数）/%							
	Zn	杂质						
		Pb	Cd	Fe	Cu	Sn	Al	总和
Zn 99.995	≥99.995	≤0.003	≤0.002	≤0.001	≤0.001	≤0.001	≤0.001	≤0.005
Zn 99.99	≥99.99	≤0.005	≤0.003	≤0.003	≤0.002	≤0.001	≤0.002	≤0.01
Zn 99.95	≥99.95	≤0.030	≤0.01	≤0.02	≤0.002	≤0.001	≤0.01	≤0.05
Zn 99.5	≥99.5	≤0.45	≤0.01	≤0.05	—	—	—	≤0.5
Zn 98.5	≥98.5	≤1.4	≤0.01	≤0.05	—	—	—	≤1.5

4.3　锌产量和锌市场[3]

表 4-6 是 2011 年、2012 年和 2013 年 1～10 月全球分地区精锌产量。2011 年、2012 年和 2013 年我国精锌产量分别为 5092kt、4665kt 和 5170kt。

表 4-6　全球分地区精锌产量[3]　（单位：kt）

	2011 年	2012 年	2013 年 1～10 月
欧洲	2 425	2 412	2 002
非洲	246	167	135
美洲	1 867	1 844	1 549
亚洲	8 028	7 668	6 842
大洋洲	515	501	410
全球总计	13 081	12 592	10 938

表 4-7 是 2011 年、2012 年和 2013 年 1～10 月全球分地区精锌消费量。

表 4-7　全球分地区精锌消费量[3]　　（单位：kt）

	2011 年	2012 年	2013 年 1～10 月
欧洲	2 513	2 355	1 966
非洲	177	158	116
美洲	1 742	1 665	1 427
亚洲	8 062	7 948	7 252
大洋洲	211	214	179
全球总计	12 705	12 340	10 940

表 4-8 是 2011 年～2013 年国内外锌月度均价。

表 4-8　2013 年国内外锌月度均价[3]

时间	伦敦金属交易所（LME）三月期货均价/(美元・吨$^{-1}$)	伦敦金属交易所（LME）现货均价/(美元・吨$^{-1}$)	上海期货交易所（SHFE）当月锌平均价/(元・吨$^{-1}$)	国内现货 0#锌/(元・吨$^{-1}$)
2011 年平均	2 212	2 192	17 028	16 876
2012 年平均	1 965	1 948	15 055	14 988
2013 年平均	1 939	1 909	14 896	14 938

4.4　锌 的 性 质[1，2，5，11～16]

4.4.1　锌的物理性质

锌在化学元素周期表上的原子序数为 30，相对原子量为 65.38。锌有相当低的熔点（419.5℃）和沸点（907℃）。锌的物理性能见表 4-9。

表 4-9　锌的物理性能[5]

物理性能		数值
密度/(g・cm^{-3})	固态（20℃）	7.14
	固态（419.5℃）	6.83
	液态（419.5℃）	6.62
声速（20℃）/(km・s^{-1})		3.67
熔点/℃		419.5
沸点（0.1MPa，1atm）/℃		907
电离电势/eV	第一层	9.39
	第二层	17.87
	第三层	40.0
熔化潜热（419.5℃）/(kJ・mol^{-1})		7.28

续表

物理性能		数值
蒸发潜热（907℃）/(kJ·mol^{-1})		114.7
潜热/(J·mol^{-1})	固态（20℃）	25.4
	液态（419.5℃）	31.4
电阻率/(μΩ·cm)	固态（20℃）	5.96
	液态（419.5℃）	37.4
热导率/(W·m^{-1}·K^{-1})	固态（18℃）	113
	固态（419.5℃）	96
	液态（419.5℃）	61
线膨胀系数/K^{-1}	多晶体	39.7×10^{-6}
	a 轴	14.3×10^{-6}
	c 轴	60.8×10^{-6}
体膨胀系数/K^{-1}		0.9×10^{-6}
表面张力（液态，419.5℃）/(mN·m^{-1})		782
黏度（液态，419.5℃）/(mN·m^{-1})		3.85

4.4.2　锌的化学性质

锌是元素周期表中的ⅡB 族元素，常见的化合价有 0 价和+2 价。在室温下，干空气对锌的作用很小，但高于 200℃时，锌便会迅速氧化。锌能将许多金属离子还原成金属，而自身氧化为 Zn^{2+}。

4.4.3　锌的力学性能

纯锌的强度和硬度高于锡和铅，略低于铝或铜。由于抗蠕变性能较差，纯锌不能应用于受力的情况。纯锌在常温条件下有脆性，但在 100℃左右时有延展性。

锌在常温时的力学性能见表 4-10。

表 4-10　锌在常温时的力学性能

项目		数值
抗拉强度 σ_b/MPa	铸态	117.67～137.28
	加工态	117.67～166.70
	退火态	68.64～98.06
屈服强度 $\sigma_{0.2}$/MPa	铸态	73.54
	加工态	78.45～98.1

续表

项目		数值
相对延伸率 δ/%	铸态	0.3～0.5
	加工态	40～50
	退火态	10～20
断面收缩率 ψ/%	铸态	30
	加工态	60～80
布氏硬度/HB	铸态	294～392
	加工态	343～441
冲击韧性 α_k/(J · cm^{-2})		6～7.5
弹性模量 E/MPa		78 400～127 500
剪切模数 G/MPa		7 845

4.4.4　锌的电化学特性

锌在 25℃时的标准电极电位为−0.76V，是较活泼的金属。图 4-3 是 Zn-H_2O 体系的电位-pH 图。

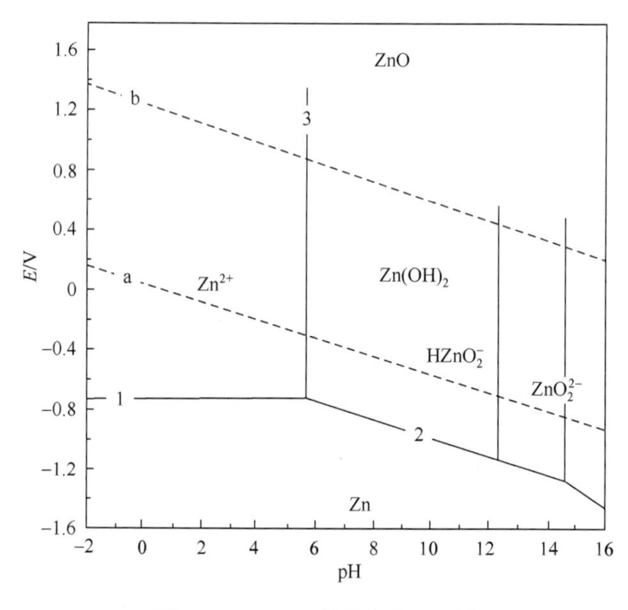

图 4-3　Zn-H_2O 体系电位-pH 图

图中各直线的反应式如下

（1）直线 1：

$$Zn^{2+} + 2e^- \longrightarrow Zn \tag{4-1}$$

（2）直线 2：

$$Zn(OH)_2 + 2H^+ + 2e^- \longrightarrow Zn + 2H_2O \tag{4-2}$$

（3）直线 3：

$$Zn(OH)_2 + 2H^+ \longrightarrow Zn^{2+} + 2H_2O \tag{4-3}$$

从图 4-3 中可以了解锌的腐蚀倾向，直线 1 和直线 2 以下为锌的稳定区或免蚀区；直线 1 和直线 3 左上侧为腐蚀区，即锌处于热力学不稳定区域；直线 2 和直线 3 右上侧为钝化区，即锌表面上覆盖 $Zn(OH)_2$ 膜层。

4.4.5　锌的腐蚀性能

1. 锌在大气中的腐蚀

锌具有良好的耐大气腐蚀性能。锌在大气中的腐蚀受干湿交替暴露的影响。锌在干燥大气中与氧反应较慢，表面形成一层薄而致密的初始膜，即 ZnO，该膜在潮湿条件下，就转变为保护性较差的 $Zn(OH)_2$，进而 $Zn(OH)_2$ 与大气中的 CO_2 反应生成具有良好保护性的碱式碳酸锌。影响金属大气腐蚀的主要因素是气候和大气污染物的组成。气候因素包括大气的相对湿度、温度、金属表面的润湿时间、降雨和风速等。大气中含有硫化物、氯化物等杂质，都会加重锌的腐蚀。

一般将大气分为乡村大气、城市大气、工业大气与海洋大气。锌的腐蚀速率在干燥洁净的大气中最低，而在潮湿的工业大气中最高。与盐雾没有直接接触的海洋大气对锌的腐蚀适中，而直接遭受盐雾溅射的近海位置，其腐蚀速率要高得多。文献对于锌及其合金在大气中的腐蚀速率的统计结果不尽相同，根据文献[5]，锌及其合金的典型大气腐蚀速率分别是：在乡村大气中为 0.2～3μm·a^{-1}，在海洋大气（溅射区除外）中为 0.5～8μm·a^{-1}，在城市和工业大气中为 2～16μm·a^{-1}。

国际标准 ISO 9223-2012 Corrosion of Metals and Alloys-Corrosivity of Atmospheres-Classification，Determination and Estimation 中按金属标准试样暴露第一年的腐蚀速率进行分类，将大气腐蚀性分为 6 级（C_1～C_x）。表 4-11 是碳钢、锌、铜、铝在各级中的腐蚀数据。

表 4-11　碳钢、锌、铜、铝在各级大气环境中的腐蚀速率[13]

腐蚀性等级	腐蚀性	单位	按材料暴露第一年的腐蚀速率 r_{corr}			
			碳钢	锌	铜	铝
C_1	很低	$g \cdot (m^2 \cdot a)^{-1}$	$r_{corr}≤10$	$r_{corr}≤0.7$	$r_{corr}≤0.9$	可忽略
		$\mu m \cdot a^{-1}$	$r_{corr}≤1.3$	$r_{corr}≤0.1$	$r_{corr}≤0.1$	—
C_2	低	$g \cdot (m^2 \cdot a)^{-1}$	$10<r_{corr}≤200$	$0.7<r_{corr}≤5$	$0.9<r_{corr}≤5$	$r_{corr}≤0.6$
		$\mu m \cdot a^{-1}$	$1.3<r_{corr}≤25$	$0.1<r_{corr}≤0.7$	$0.1<r_{corr}≤0.6$	—
C_3	中	$g \cdot (m^2 \cdot a)^{-1}$	$200<r_{corr}≤400$	$5<r_{corr}≤15$	$5<r_{corr}≤12$	$0.6<r_{corr}≤2$
		$\mu m \cdot a^{-1}$	$25<r_{corr}≤50$	$0.7<r_{corr}≤2.1$	$0.6<r_{corr}≤1.3$	—
C_4	高	$g \cdot (m^2 \cdot a)^{-1}$	$400<r_{corr}≤650$	$15<r_{corr}≤30$	$12<r_{corr}≤25$	$2<r_{corr}≤5$
		$\mu m \cdot a^{-1}$	$50<r_{corr}≤80$	$2.1<r_{corr}≤4.2$	$1.3<r_{corr}≤2.8$	—
C_5	很高	$g \cdot (m^2 \cdot a)^{-1}$	$650<r_{corr}≤1500$	$30<r_{corr}≤60$	$25<r_{corr}≤50$	$5<r_{corr}≤10$
		$\mu m \cdot a^{-1}$	$80<r_{corr}≤200$	$4.2<r_{corr}≤8.4$	$2.8<r_{corr}≤200$	—
C_x	非常高	$g \cdot (m^2 \cdot a)^{-1}$	$1500<r_{corr}≤5500$	$60<r_{corr}≤180$	$1500<r_{corr}≤5.6$	$r_{corr}>10$
		$\mu m \cdot a^{-1}$	$200<r_{corr}≤700$	$8.4<r_{corr}≤25$	$5.6<r_{corr}≤10$	—

我国材料自然环境腐蚀试验网站经过长时间的测试，按我国的自然环境腐蚀性将大气分为 7 级（C_0～C_6）。表 4-12 是碳钢、低合金钢、锌、铜、铝在各级中的腐蚀数据。

表 4-12　碳钢、低合金钢、锌、铜、铝在各级大气环境中的腐蚀速率[14]

等级代号	大气腐蚀性	按环境因子计算的大气腐蚀性	按材料暴露 10 年的平均腐蚀速率/($\mu m \cdot a^{-1}$)				
			碳钢	低合金钢	锌	铜	铝
1	C_0	非常低	＜1	＜0.1	＜0.05	＜0.005	＜0.002
2	C_1	很低	1～10	0.1～0.5	0.05～0.1	0.005～0.01	0.002～0.01
3	C_2	低	10～50	0.5～5	0.1～0.5	0.01～0.1	0.01～0.025
4	C_3	中	50～150	5～12	0.5～2	0.1～1.5	0.025～0.2
5	C_4	高	150～250	2～30	2～4	1.5～3	0.2～1
6	C_5	很高	250～350	30～100	4～10	3～5	1～3
7	C_6	非常高	＞350	＞100	＞10	＞5	＞3

从表 4-11 和表 4-12 可以看出，在各个级别中，锌的腐蚀速率均大于铜和铝而小于碳钢和低合金钢。

2. 锌在土壤中的腐蚀

影响金属在土壤中的腐蚀性的因素复杂多变，主要有土壤的电阻率、可溶性盐类、含水量、pH、微生物及氧含量。

表 4-13 是我国材料自然环境腐蚀试验网站得出的钢、铁、锌、铜、铅在土壤中的腐蚀速率数据。可以看出，锌的平均腐蚀速率和点蚀速率均大于铜和铅而小于钢和铁。

表 4-13　钢、铁、锌、铜、铅在土壤中的腐蚀速率[12]

项目	钢、铁	锌	铜	铅
平均腐蚀速率/($mm \cdot a^{-1}$)	0.021	0.015	0.003	0.002
最大点蚀速率/($mm \cdot a^{-1}$)	0.14	＞0.12	＜0.02	＞0.07
埋设土壤种类	34	12	29	21
埋设时间/a	12	11	8	12

注：表中的土壤种类是“全国材料（制品）环境腐蚀实验站网”在全国选定的 34 个站点的编号，34 为张掖站，29 为华南站，21 为成都昭觉寺站，12 为广州站。

3. 锌在水中的腐蚀

锌在水中的腐蚀受各种因素的影响，其中水中的化学成分是最重要的，水的温度、流速、搅动和氧的供给等因素也有很大的影响。锌是两性金属，在很大的 pH 范围内（6～12.5）都是稳定的，但是低于和高于这个范围，腐蚀速率成倍增加，见图 4-4。从图 4-3 所示的 Zn-H_2O 体系的电位-pH 图也能得出相同的结论。

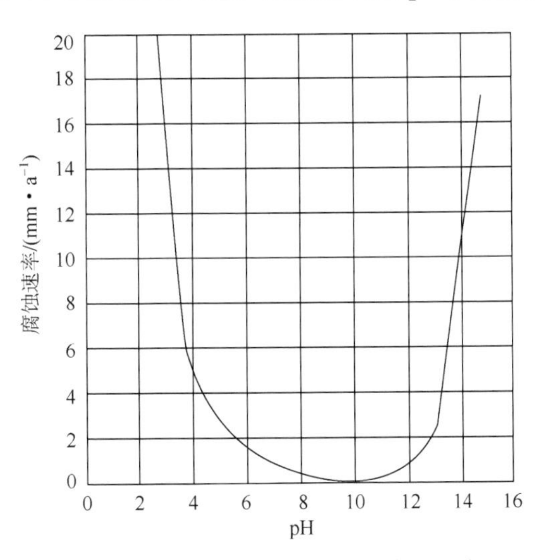

图 4-4　锌在不同 pH 条件下的腐蚀速率

4. 锌的电偶腐蚀

通常情况下，锌的电极电位要比钢铁负，当锌和钢铁在电解质中电接触时，就会形成电偶腐蚀电池，电极电位较负的锌成为腐蚀电池的阳极，发生腐蚀，电极电位较正的钢铁成为腐蚀电池的阴极，受到保护。锌阳极的腐蚀行为与温度有很大的关系。在海水中，20℃时锌合金阳极的溶解是均匀的，但从 40℃开始出现晶间溶解，在 70℃时有明显的穿晶腐蚀和晶粒脱落现象。在含氧的淡水中，当温度超过 55℃时，锌的电位随温度升高变正，甚至比铁的保护电位还要正。这时，发生极性的转变，即锌成为电池中的阴极，不仅不能起到保护作用，反而会加快钢铁的腐蚀。

4.5　锌的防腐蚀应用[4, 12]

锌的用量位于铁、铝、铜之后，列金属第四位。锌的最大用途是用于钢铁的防腐蚀保护。目前，锌不仅被广泛应用于钢结构的防腐蚀保护，还越来越多地被用于混凝土结构钢筋的防腐蚀保护。锌的防腐蚀应用主要通过覆盖层保护和阴极保护两种方式实现。

4.5.1　覆盖层保护

覆盖层保护就是使用各种手段在被保护的钢铁基体表面覆盖一层锌或锌合金覆盖层，使钢铁免遭腐蚀。锌或锌合金覆盖层有两方面的作用，一是将钢铁基体与腐蚀环境隔离，阻止其腐蚀；二是当覆盖层局部破坏使得基体钢铁暴露时，由于锌是比钢铁更加活泼的金属，锌作为牺牲阳极为基体钢铁提供阴极保护作用。

目前用于钢铁基体的锌与锌合金覆盖层主要包括镀锌层和富锌涂层两大类。镀锌的方法有很多，主要有热浸镀锌、电镀锌、机械镀锌、渗镀锌和热喷涂锌。

1）热浸镀锌

热浸镀锌是将经过处理的钢铁件浸于熔融锌液中，在钢铁表面形成一层致密的、附着良好的铁锌合金层及锌层，起到防腐蚀作用。热浸镀锌的优点是操作简单、方便，便于实现机械化作业，生产率高，成本低。另外，热浸镀层的厚度控制方便，可以较厚，从而提高了其耐腐蚀性能。热浸镀锌量占所有锌与锌合金覆盖层消费量的 90%以上。

2）电镀锌

电镀锌是使用电镀的方法在钢铁件表面获得锌或锌合金镀层。它的优点是可以获得很薄的镀层，节约金属，镀层致密，表面光亮美观，可做装饰件使用。一般在腐蚀性不很严重的环境中（如室内）使用。

3）机械镀锌

机械镀锌是将经过处理的钢铁置于非金属冲击物（如玻璃球）、锌粉、活化剂与水的混合物中，在室温下进行搅动，利用化学吸附沉积和机械碰撞使锌粉在钢铁件表面形成镀锌层。机械镀锌的生产效率高，生产成本低，污染小，不产生氢脆，没有后续处理工序，可满足高强度零件不需要退火的要求。但机械镀锌层的耐腐蚀性能为相同厚度热浸镀锌层和电镀锌层的 80%。该方法适用于小型钢铁零部件，如小五金、紧固件、环和链等制品的防腐蚀保护。

4）渗镀锌（粉镀锌）

渗镀锌是将清洗干净的工件与锌粉（或蓝粉）和锌粒及填充剂、催化剂装入一个密封的滚筒中，此滚筒在一个加热炉内不停地转动，炉温保持在 340～390℃，通过渗入和扩散过程，在工件表面形成一层富含铁锌的镀层，厚度均匀，耐腐蚀性能良好，且硬度很高，既有防腐蚀性，又有耐摩擦性。但此法只适用于小型工件如弹簧、管接头、三通、紧固件等形状复杂的小零件。

5）热喷涂锌

热喷涂锌是用电弧金属喷枪或燃气喷枪将锌粉或锌丝加热到熔化状态，用压缩空气产生的高速气流将锌吹成微小颗粒喷射到工件表面，形成牢固的覆盖层。此法的优点是设备简单，操作方便，便于在室外对大型工件，如桥梁、码头、水闸、钢架、海上船舶、铁路车辆、城市交通设备等进行施工。

6）富锌涂层

富锌涂层是将锌粉置于有机或无机介质中制成富锌涂料，采用喷涂、辊涂或人工涂刷的方法涂覆在钢铁基体表面，形成富锌涂层。富锌涂层通常作为涂装配套中的底漆使用。

4.5.2　阴极保护

阴极保护是一种向被保护金属表面通入足够的阴极电流，使其阴极极化以减小或防止金属腐蚀的电化学防腐蚀保护技术。阴极保护用于钢结构防腐蚀已有 150 年的历史，用于混凝土结构已有近 50 年的历史。

在钢结构阴极保护中，锌和锌合金被广泛用于牺牲阳极保护的阳极材料。在混凝土结构阴极保护中，锌和锌合金不仅被用作牺牲阳极使用，还被用作强制电流阴极保护辅助阳极使用。

参 考 文 献

[1] 锌资源的现状. http: //wenku.baidu.com/link?url=ftMynNK7rj_rwzJoQStxdM7Qu0O7ntSiFm7mb82q0Kk6wTYd

2HBYerK-zAyARhUhTNbTkHOCvYJTiWhZidjIBI5MbKS-iIEuXv2rw1HAIri[2015.02.12]

[2] 彭容秋. 锌冶金. 湖南：中南大学出版社，2005

[3] 刘璠，刘孟峦，樊佳琦. 2013 年锌市场分析报告. 中国铝锌锡锑，2014，(1)：21-34

[4] 《化工百科全书》编辑委员会. 化工百科全书（第 18 卷）锌和锌合金-硬质合金. 北京：化学工业出版社，1998

[5] 章小鸽. 锌的腐蚀与电化学. 仲海峰，程东姝等译. 北京：冶金工业出版社，2008

[6] 田荣璋. 锌合金. 湖南：中南大学出版社，2010

[7] 高纯锌制备技术. http: //wenku.baidu.com/link?url=KnuuDH74hL5nVJhyZbwZ4w2kMTzArWjXXA6yYiKeR2EreGkfjDAevLC1APkDVXiUAHucDf-f7giLPRJEvKVEuA5qe0butm5vArWthltA6KC[2015.07.07]

[8] ISO 752：2004/Cor 1：2006. Zinc Ingots

[9] ASTM B6-09. Zinc

[10] GB/T 470—2008. 锌锭

[11] 朱祖芳，等. 有色金属的耐腐蚀性及其应用. 北京：化学工业出版社，1995

[12] 高仑. 锌与锌合金及应用. 北京：化学工业出版社，2011

[13] ISO 9223-2012. Corrosion of Metals and Alloys-Corrosivity of Atmospheres-Classification，Determination and Estimation

[14] 曹楚南. 中国材料的自然环境腐蚀. 北京：化学工业出版社，2005

[15] Raupach M，Elsener B，Pelder R，et al. Corrosion of reinforcement in concrete，Mechanisms，Monitoring，Inhibitors And Rehabilitation Techniques. Boca Raton Boston New York Washington，DC：CRC Press，2007

[16] 火时中. 电化学保护. 北京：化学工业出版社，1988

第二篇　热浸镀锌钢筋——混凝土结构耐腐蚀钢筋

第 5 章　钢铁热浸镀锌技术基础

5.1　钢铁热浸镀锌方法[1~4]

按镀件类型的不同，热浸镀锌可分为连续热浸镀锌和批量热浸镀锌两大类。连续热浸镀锌是将带钢、钢丝及钢管等材料连续高速地通过锌浴获得热浸镀锌件的方法。批量热浸镀锌是将钢结构制件等材料分批次浸入锌浴获得热浸镀锌件的方法。目前，用于混凝土中的钢筋采用的是批量热浸镀锌法。

批量热浸镀锌工艺通常包括镀前处理、热浸镀锌、镀后处理等步骤组成。图 5-1 是批量热浸镀锌工艺流程示意图。

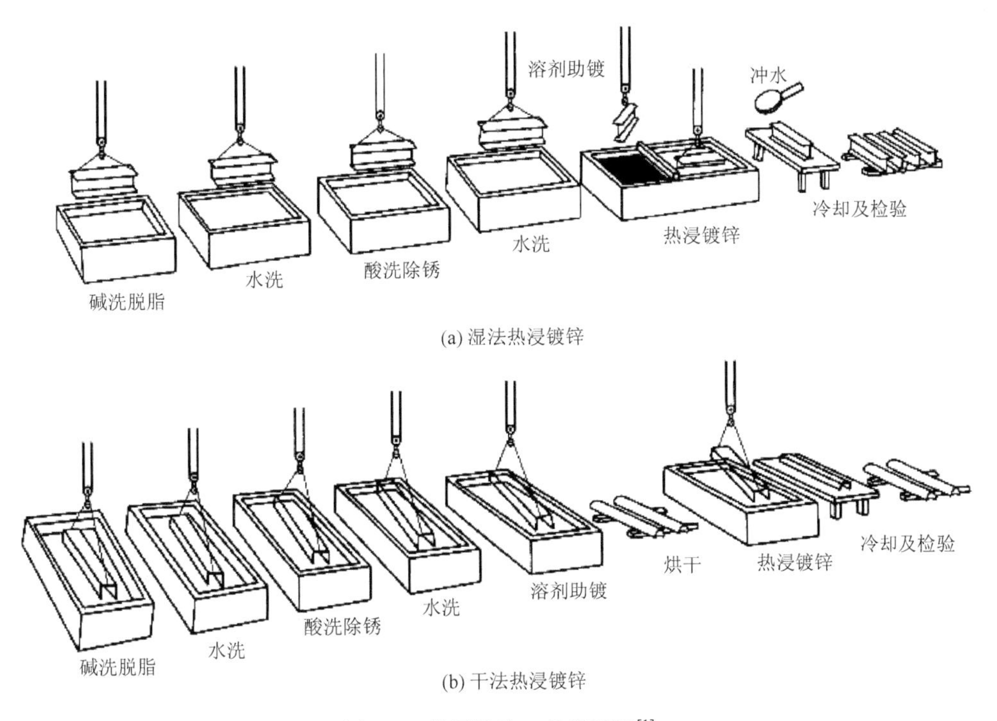

图 5-1　热浸镀锌工艺流程图[1]

1）镀前处理

镀前处理包括表面处理和溶剂助镀两部分工作。

表面处理是为了去除镀件表面附着的异物，如氧化皮、油污、加工碎屑及尘土等。表面处理可以采用脱脂和酸洗方法进行，也可以进行喷砂处理。

溶剂助镀是镀前处理中一道重要的处理工序，它不仅可以弥补前面几道工序可能存在的不足，还可以活化镀件表面，提高镀锌质量。溶剂助镀的好坏，不仅直接影响镀层质量，还对锌耗成本有很大影响。助镀方法分为干法热浸镀锌和湿法热浸镀锌。干法是将镀件浸入助镀剂溶液中，经烘干后再进行镀锌；湿法是将镀件先通过锌浴表面熔融的助镀剂层，接着进入锌浴进行镀锌。

2）热浸镀锌

热浸镀锌就是将镀件浸入锌浴中一定时间后提出，在镀件表面形成一层热浸镀锌层的过程。

国家标准 GB/T 13912—2002《金属覆盖层 钢铁制件热浸镀锌层 技术要求及试验方法》规定，用于热浸镀锌的锌浴主要由熔融锌液构成。熔融锌中的杂质总含量（铁、锡除外），不应超过总质量的 1.5%。所指杂质见国家标准 GB/T 470—2008《锌锭》（表 4-5）。

大多数制件在温度为 440～460℃时热浸镀锌效果较好，通常使用的热浸镀锌工作温度是 450℃。

3）镀后处理

镀后处理通常包括去除多余锌液、冷却、钝化和修正等，部分产品可能还需要涂装。

镀件热浸镀锌以后，应在镀锌层仍然处于活化状态时，去除镀件表面多余的锌液，使制件得到光泽度良好的表面。

镀件从锌浴中提出后，应在水中或空气中迅速冷却，以阻止冶金反应的继续进行。

当镀件需要长时间储运时，应对镀件进行钝化处理以防止在储运过程中产生腐蚀。在潮湿环境中，镀件表面的腐蚀产物是以碱式氧化锌为主的白色或灰色产物，通常称为白锈。对于混凝土中的钢筋而言，钝化的目的除了防止在钢筋储运中产生白锈外，更重要的是防止热浸镀锌钢筋在锌浇筑混凝土中的腐蚀和析氢反应。

5.2 钢铁热浸镀锌涂层结构[1]

热浸镀锌过程是铁锌反应的过程，因此遵循铁-锌二元平衡相图的规律。图 5-2 为目前普遍采用的铁-锌二元平衡相图。

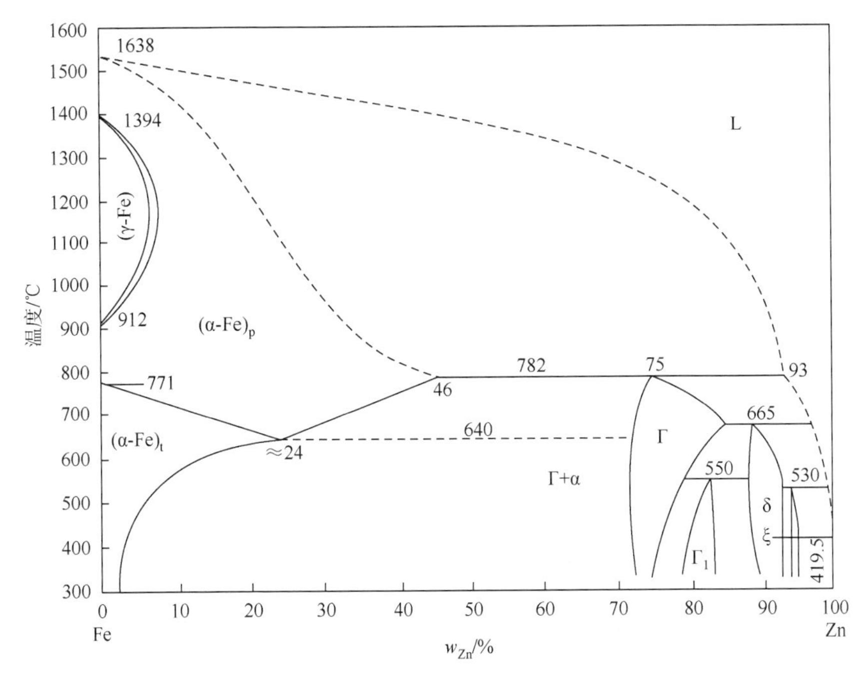

图 5-2　铁-锌二元平衡相图[1]

在铁-锌二元平衡相图中，存在着 α、γ、Γ、Γ_1、δ、ξ 等金属间化合物相和 η 相。在热浸镀锌温度（450～460℃）下，镀锌层中形成的组织由钢基起依次为 Γ 相、Γ_1 相、δ 相、ξ 相及表层 η 相，其成分和结构参数如下。

1）Γ 相（Fe_3Zn_{10}）

在 782℃由 α-Fe 和液态锌的包晶反应生成，直接附在钢基体上，具有体心立方晶格，晶格常数为 0.897nm。在常规热浸镀锌温度 450℃下含铁量 ω_{Fe} 为 23.5%～28.0%。

2）Γ_1 相（Fe_5Zn_{21}）

在 550℃由 Γ 相和 δ 相的包析反应生成，具有面心立方晶格，晶格常数为 1.796nm。450℃下含铁量为 17%～19.5%，是铁锌合金相中最硬和最脆的相。Γ_1 相通常在低温长时间加热条件下于 Γ 相和 δ 相之间出现。在常规热浸镀锌温度（450℃）和时间（数分钟）条件下，Γ 相、Γ_1 相极薄，且难于分辨，一般用（$\Gamma+\Gamma_1$）表示，其最大厚度只能达到 1μm 左右。

3）δ 相（$FeZn_7$）

在 665℃由 Γ 相和液态锌的包晶反应生成，具有六方晶格，晶格常数为 a=1.28nm，c=5.77nm。450℃时含铁量 ω_{Fe} 为 7.0%～11.5%。在较长的浸镀时间（4h）和较高的浸镀温度（553℃）下，δ 相出现两种不同的形貌，与 ξ 相相邻的富锌部分（δ_k 相层）呈疏松的栅状结构，与 Γ_1 相相邻的富铁部分（δ_p 相层）呈密实状。δ_k 和 δ_p 相层均具有相同的晶体结构，故统称为 δ 相。短时间的浸镀，仅形成单一的 δ 相。

4）ξ 相（$FeZn_{13}$）

在 530℃由 δ 相和液态锌的包晶反应生成，是在含铁量 ω_{Fe} 为 5%～6%范围内形成的脆相，为单斜晶格，晶格常为 a=1.3424nm，b=0.7608nm，c=0.5061nm，β=127°18′。

5）η 相

锌液在镀锌层表面凝固形成的自由锌层，含铁量 ω_{Fe} 小于 0.035%，其晶体结构和晶格常数与锌相同，有较好的塑性。

表 5-1 是热浸镀锌层中各相层的性质。

表 5-1　热浸镀锌层中各相层性质[1]

相层	硬度 HV（0.25N）	Σb/MPa	化学式	ω_{Fe}/%	密度/(g · cm^{-3})	晶格类型
α-Fe	104	—	Fe	100	7.6	体心立方
Γ	326	—	Fe_3Zn_{10}	23.5～28.0	—	体心立方
Γ_1	505	—	Fe_5Zn_{21}	17.0～19.5	7.36	面心立方
δ	358	19.6～49.0	$FeZn_7$	7.0～11.5	7.25	六方
ξ	208	—	$FeZn_{13}$	5～6	7.18	单斜
η	52	49.0～68.6	Zn	<0.035	7.14	密排六方

热浸镀锌时，铁锌金属间化合物相层的形成由下列基本过程组成：①固态铁溶解在液态锌中；②铁和锌形成铁锌金属间化合物；③铁锌金属间化合物相层表面生成自由锌层。

图 5-3 是典型的热浸镀锌层组织显微照片。通过电子探针对各相层铁含量的成分分析可证实各相层的存在。（Γ+Γ_1）相是一个薄相层，它出现在铁基体和 δ 相层之间的平坦交界面处。δ 相呈柱状形态，这是垂直于界面并沿着六方结构的（0001）基面方向优先生长的结果。ξ 相层的生长取决于铁在融熔锌液中的过饱和度，在锌液中铁含量过饱和的情况下，与 δ 相层邻接的 ξ 相生长成紧密的柱状结构。但是，如果在锌液中铁过饱和并且有足够的新晶核形成，大量细小的 ξ 晶体就能在锌液中形成，凝固后被 η 相分隔开来。

各种铁锌合金相的形态和镀锌层外观受许多因素的影响，主要包括：①锌浴的化学成分和锌浴温度；②基体钢的成分、表面粗糙度和质量；③镀件浸入锌浴的速率、浸锌时间和从锌浴中提出时的提升速率；④镀件冷却方式和冷却速率。

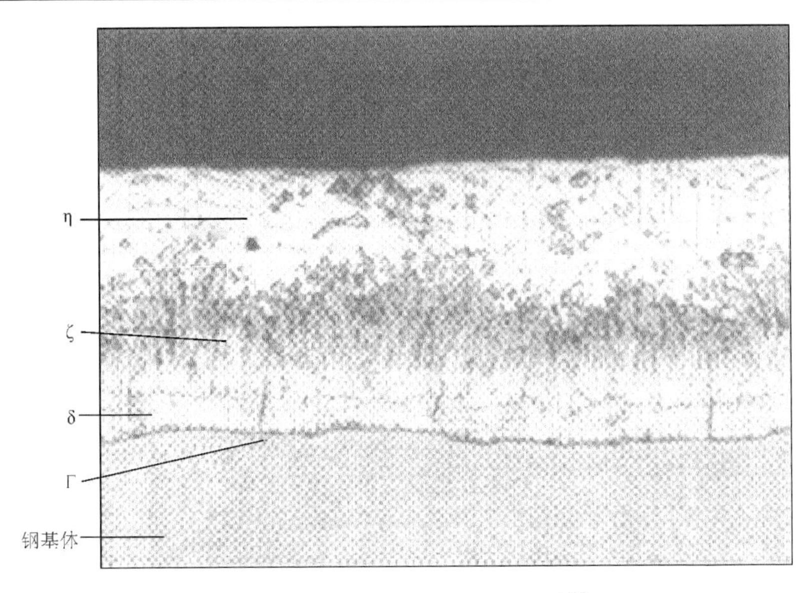

图 5-3　热浸镀锌层组织显微照片[1]

5.3　钢铁热浸镀锌标准

目前，已有许多国家制定了钢铁制品热浸镀锌标准，见表 5-2 和表 5-3。表 5-3 是国外专门针对混凝土中钢筋的热浸镀锌标准，目前，我国还没有此方面的相关标准。

表 5-2　钢铁热浸镀锌标准

国家或组织	标准号	标准名称
国际标准化组织	ISO 1461-2009	Hot Dip Galvanized Coatings on Fabricated Iron and Steel Articles
美国材料试验协会	ASTM A123/A123M-2002	Zinc（Hot-Dip Galvanized）Coatings on Iron and Steel Products
	ASTM A153/A153M-2009	Standard Specification for Zinc Coating(Hot-Dip)on Iron and Steel Hardware
	ASTM A394-07	Standard Specification for Steel Transmission Tower Bolts，Zinc-Coated and Bare
	ASTM A780/A780M-09（2015）	Standard Practice for Repair of Damaged and Uncoated Areas of Hot-Dip Galvanized Coatings
	ASTM A143/A143M-07（2014）	Standard Practice for Safeguarding Against Embrittlement of Hot-Dip Galvanized Structural Steel Products and Procedure for Detecting Embrittlement
澳大利亚/新西兰	AS/NZS 4680-2006	Hot Dip Galvanizing（Zinc）Coatings on Fabricated Ferrous Articles

续表

国家或组织	标准号	标准名称
加拿大	CAN/CSA G 164-M92（R2003）	Hot Dip Galvanizing of Irregularly Shaped Articles
瑞士	SS EN ISO 1461	Hot Dip Galvanized Coatings on Fabricated Iron and Steel Articles
英国	BS 729	Specification for Hot Dip Galvanized Coatings on Iron and Steel Articles
日本	JIS H 8641	Zinc Hot Dip Galvanizings
	H 9124	Recommended Practice for Zinc Coating Hot-Dipped
	H 0401	Methods of Test for Hot Dip Galvanized Coatings
中国	GB/T 2694—2010	输电线路铁塔制造技术条件
	GB/T 4956—2003	磁性基体上非磁性覆盖层覆盖层厚度测量磁性法
	GB/T 13825—2008	金属覆盖层黑色金属材料热镀锌层单位面积质量称量法
	GB/T 13912—2002	金属覆盖层钢铁制件热浸镀锌层技术要求及试验方法
	GB/T 18226—2015	高速公路交通工程钢结构防腐技术条件

表 5-3　混凝土中钢筋热浸镀锌标准

国家或组织	标准号	标准名称
国际标准化组织	ISO 14657—2005	Zinc-Coated Steel for the Reinforcement of Concrete
美国	ASTM A767/A767M-2009	Zinc-Coated（Galvanized）Steel Bars for Concrete Reinforcement
法国	AFNOR XP A35-025-2002	Hot-Dip Galvanized Bars and Coils for Reinforced Concrete
意大利	UNI 10622-1997	Zinc-Coated（Galvanized）Steel Bars and Wire Rods for Concrete Reinforcement
印度	IS 12594-1988	Hot-Dip Coatings on Structural Steel Bars for Concrete Reinforcement Specifications

参 考 文 献

[1] 周济. 热镀锌、电镀锌及锌合金创新生产工艺实用全书. 北京：北京工业大学出版社，2006

[2] Zuo Quan Tan. The Effect of Galvanized Steel Corrosion on the Integrity of Concrete. http: //uwspace.uwaterloo.ca/bitstream/10012/3483/1/Thesis%20Final.pdf[2012-10-31]

[3] Yeomans S R. Galvanized Steel Reinforcement in Concrete. Oxford，UK：Elsevier Science，2004

[4] GB/T 13912—2002，金属覆盖层 钢铁制件热浸镀锌层技术要求及试验方法

第 6 章　钢筋热浸镀锌要求和检测方法

6.1　概　　述[1~3]

钢筋可以在加工制作完成以后再热浸镀锌，也可以在热浸镀锌之后再进行加工制作。加工制作完成以后再热浸镀锌，可以确保钢筋所有暴露表面都受到热浸镀锌层的保护作用，也可以减少热浸镀锌之后再加工造成的镀锌层损坏。尽管破坏的镀锌层可以修补，但是修补的镀锌层既没有原镀锌层质量好，也没有原镀锌层寿命长。但实际上，在许多情况下还是需要在现场对热浸镀锌钢筋进行加工制作，这时需要采取一些有效的措施，尽量减少镀锌层的破坏，并对破损处进行修补。一般来讲，热浸镀锌之后再加工制作比较方便也比较经济。图 6-1 是几种用于钢筋混凝土结构的热浸镀锌钢产品。

图 6-1　几种用于钢筋混凝土结构的热浸镀锌钢产品[1]

美国材料试验协会标准 ASTM A767/A767M-09 Zinc-Coated(Galvanized)Steel Bars for Concrete Reinforcement 规定，热浸镀锌之前钢筋冷弯直径应大于或等于表 6-1 规定的最小弯曲直径。如果在 480～560℃时，每 25mm 钢筋直径应力释放 1h，钢筋弯曲直径允许低于表 6-1 的要求（在钢筋允许范围内）。

表 6-1　钢筋最小弯曲直径[3]

钢筋公称直径[序号]	等级 280 [40]	等级 350 [50]	等级 420 [60]	等级 520 [75]
10，13，16[3，4，5]	6*d*	6*d*	6*d*	—
19[6]	6*d*	6*d*	6*d*	6*d*
22，25[7，8]	6*d*	8*d*	8*d*	8*d*
29，32[9，10]	—	—	8*d*	8*d*
36[11]	—	—	8*d*	8*d*
43，57[14，18]	—	—	10*d*	10*d*

注：*d*，钢筋公称直径。

6.2　热浸镀锌原材料要求和质量检测方法[3~6]

6.2.1　对钢筋的要求

国际标准 ISO 14657-2005 Zinc-Coated Steel for the Reinforcement of Concrete 规定，热浸镀锌的钢筋原材料应满足采购人的产品标准。如果没有产品标准，应满足以下标准。

（1）ISO 6935-1 Steel for the Reinforcement of Concrete-Part 1：Plain Bars。

（2）ISO 6935-2 Steel for the Reinforcement of Concrete-Part 2：Ribbed Bars。

（3）ISO 6935-3 Steel for the Reinforcement of Concrete-Part 3：Welded Fabric。

（4）ISO 10544 Cold-Reduced Steel Wire for the Reinforcement of Concrete and the Manufacture of Welded Fabric。

美国材料试验协会标准 ASTM A767/A767M-09 Zinc-Coated(Galvanized)Steel Bars for Concrete Reinforcement 规定，热浸镀锌的钢筋原材料应满足以下标准中的一项。

（1）ASTM A615M Standard Specification for Deformed and Plain Carbon-Steel Bars for Concrete Reinforcement。

（2）ASTM A706M Standard Specification for Low-Alloy Steel Deformed and Plain Bars for Concrete Reinforcement。

（3）ASTM A996M Standard Specification for Rail-Steel and Axle-Steel Deformed Bars for Concrete Reinforcement。

6.2.2　对锌的要求

用于钢筋热浸镀锌的锌锭，国际标准 ISO 14657-2005 Zinc-Coated Steel for the Reinforcement of Concrete 规定应满足 ISO 752：2004/Cor 1：2006 Zinc Ingots 要求（表 4-3）；美国材料试验协会标准 ASTM A767/A767M-09 Zinc-Coated（Galvanized）Steel Bars for Concrete Reinforcement 规定是应满足 ASTM B6 Standard Specification for Zinc（表 4-4）要求的任意等级。

图 6-2 是国家标准 GB/T 470—2008《锌锭》（等效 ISO 752：2004）规定的锌锭化学成分分析取样方法。

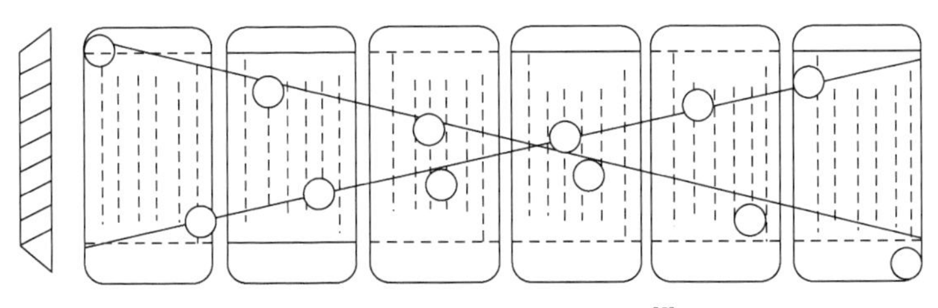

图 6-2　锭样钻孔位置示意图[5]

将取得的样锭分组，每组样锭最多 10 块。样锭按长边相靠并排排放，第一块浇铸面向上，第二块浇铸面向下，以此交替排列成矩形，在矩形上画出两对角线。再将每块锌锭表面等分成该组锭数加 1 个相等的部分，画出平行于锭长边的等分线。等分线与对角线的交点是取样的钻孔位置。取样应选直径 ϕ10～15mm 的钻头。钻孔时不得使用润滑剂，钻孔速度以钻屑不氧化为宜，去掉表面钻屑，钻孔深度不小于锌锭厚度的三分之二。将每批所得钻屑剪碎至 2mm 以下，混合均匀缩分至 1000g，用磁铁除净铁质后分成四等分，进行化学分析。

6.3　镀锌层质量要求和检测方法[3，6～10]

钢筋热浸镀锌镀锌层质量主要包括外观、附着力、镀锌层质量（重量）。

6.3.1　外观

美国材料试验协会标准 ASTM A767/A767M-09 Zinc-Coated（Galvanized）Steel

Bars for Concrete Reinforcement 规定：钢筋表面应无漏镀，镀锌层应无气泡、熔渍或夹杂物、浮渣以及酸斑或黑斑。钢筋在热浸镀锌后不应互相粘黏。此外，钢筋表层不可存在破损或尖锐突起，以避免对下一步处理带来隐患。钢筋表面可以是无光泽的灰色。

国际标准 ISO 14657-2005 Zinc-Coated Steel for the Reinforcement of Concrete 规定镀锌层外观应符合 ISO 1461：1999 Hot Dip Galvanized Coatings on Fabricated Iron and Steel Articles-Specifications and Test Methods 的规定，中国国家标准 GB/T 13912—2002《金属覆盖层钢铁制件热浸镀锌层技术要求及试验方法》修改采用 ISO 1461：1999。GB/T 13912—2002 规定："目测所有热镀锌制件，其主要表面应平滑，无滴瘤、粗糙和毛刺（如果这些锌刺会造成伤害），无起皮，无漏镀，无残留的熔剂渣，在可能影响热镀锌工件的使用或耐腐蚀性能的部位不应有锌瘤和锌灰。""只要镀层的厚度大于规定值，被镀制件表面允许存在发暗或浅灰色的色彩不均匀区域，潮湿条件下存储的镀锌工件，表面允许有白锈（以碱式氧化锌为主的白色或灰色腐蚀产物）存在。"

6.3.2 镀锌层附着力

美国材料试验协会标准 ASTM A767/A767M-09 Zinc-Coated（Galvanized）Steel Bars for Concrete Reinforcement 规定：使用合理的处理或安装方法，镀锌层不应脱落。ISO 14657-2005 Zinc-Coated Steel for the Reinforcement of Concrete 规定：热浸镀锌作为钢筋生产全过程的一个阶段时，应根据指定的产品标准进行钢筋的弯曲或再弯曲试验。弯曲试验后，具有正常视力或矫正视力的人不应在弯曲钢筋外半径处看到有镀锌层剥落。生产完成并经过检验符合产品标准的钢筋，在进行热浸镀锌时，应使用刀割试验评价镀锌层的附着力。另外，使用合理的处理或安装方法，镀锌层不应脱落。

6.3.3 镀锌层厚度和质量（重量）

表 6-2 是国际标准 ISO 14657-2005 Zinc-Coated Steel for the Reinforcement of Concrete 和美国材料试验协会标准 ASTM A767/A767M-09 Zinc-Coated（Galvanized）Steel Bars for Concrete Reinforcement 对钢筋热浸镀锌镀锌层的质量要求。

表中镀锌层厚度按公式（6-1）计算得出。

$$e = m / 7.14 \tag{6-1}$$

式中，e 为镀锌层厚度，μm；m 为单位面积镀锌层质量，$g \cdot m^{-2}$。

表 6-2　ISO 14657-2005 和 ASTM A767/A767M-2009 镀锌层质量要求[3, 6]

ISO 14657-2005				ASTM A767/A767M-2009			
镀锌层等级	钢筋公称直径	镀锌层质量/(g·m^{-2})	镀锌层厚度/μm	镀锌层等级	钢筋编号	镀锌层质量/(g·m^{-2})	镀锌层厚度/μm
A	＞6mm	≥600	≥84	1 级	No.10[3]	≥915	≥128
	≤6mm	≥500	≥70				
B	所有尺寸	≥300	≥42		No.13[4]及更大	≥1070	≥150
C	所有尺寸	≥140	≥20	2 级	No.10[3]	≥610	≥85

美国材料试验协会标准 ASTM A767/A767M-09 Zinc-Coated（Galvanized）Steel Bars for Concrete Reinforcement 规定：应采用磁性测厚法测量镀锌层的厚度，然后计算得出镀锌层单位面积质量；应使用退镀法、热浸镀锌前后称重法和显微镜法中的一种或几种对计算得出的镀锌层厚度进行验证。

镀锌层单位面积质量计算公式如式（6-2）所示。

$$m = e \times 7.14 \tag{6-2}$$

式中，m 为单位面积涂层质量，g·m^{-2}；e 为镀锌层厚度，μm。

进行镀锌层厚度测量时，每一炉随机抽测 3 个试样。采用磁性法测量时，每一个试样应在整个表面的不同部位测量 5 个或 5 个以上测点的镀锌层厚度，才能够代表整个试样表面的镀锌层厚度。镀锌层厚度应是至少 15 个测量值的平均值。采用显微镜法测量时，每一炉随机抽测 5 个试样。在每个试样的 4 个面测量，用 20 个测量值的平均值作为镀锌层厚度。采用退镀法和称重法测量时，每一炉随机抽测 3 个试样。

如果平均镀锌层质量不满足表 6-2 的要求，该炉再随机抽测 6 个试样，镀锌层厚度平均值满足表 6-2 的要求，则为合格。

国际标准 ISO 14657-2005 Zinc-Coated Steel for the Reinforcement of Concrete 规定：镀锌层厚度可采用称重法或磁性法测量。两种方法有争议时，应采用称重法。

称重法应按照国际标准 ISO 1460-1992 Metallic Coatings-Hot Dip Galvanized Coatings on Ferrous Materials-Gravimetric Determination of the Mass per Unit Area 确定。磁性法应按照国际标准 ISO 2178-1995 Non-Magnetic Coatings on Magnetic Substrates-Measurement of Coating Thickness-Magnetic Method 进行。ISO 1460-1992 规定，试样长度应符合表 6-3 的要求，测试前，试样两端要进行切割，以避免有热浸镀锌表面。镀锌层厚度可采用磁性法测量。

表 6-3 ISO 14657-2005 规定的钢筋试样长度[6] （单位：cm）

钢筋公称直径 d_n	试样长度 L_0
d_n≤12	300
12＜d_n≤20	200
d_n＞20	100

中国国家标准 GB 13825—2008《金属覆盖层 黑色金属材料热镀锌层单位面积质量称量法》（等同采用 ISO 1460-1992），采用退镀法测量镀锌层质量的方法如下。

将已知表面积的试样浸于缓蚀性酸性溶液中，通过称量镀锌层溶解前后试样的质量，确定试样的质量损失，按试样的质量损失计算试样单位面积上镀锌层的质量。

使用的退镀溶液是将 3.5g 六次甲基四胺溶于 500mL 浓盐酸（ρ=1.19g・mL^{-1}），并用蒸馏水稀释至 1000mL 所得到的溶液。

镀锌层单位面积质量按公式（6-3）计算：

$$\rho_A = \frac{m_1 - m_2}{A} \times 10^6 \tag{6-3}$$

式中，ρ_A 为镀锌层单位面积质量，g・m^{-2}；m_1 为试样退镀前的质量，g；m_2 为试样退镀后的质量，g；A 为试样的曝露面积，mm^2。

中国国家标准 GB/T 4956—2003《磁性基体上非磁性覆盖层 覆盖层厚度测量磁性法》等同采用 ISO 2178-1995，采用磁性法测量时可参照该规范。

6.4 热浸镀锌钢筋的钝化[2, 3, 6, 11~14]

热浸镀锌钢筋在储运过程中可能会出现白锈。另外，在混凝土浇筑的最初一段时间，热浸镀锌钢筋的镀锌层会发生析氢反应，消耗一部分镀锌层，并在钢筋与混凝土之间产生氢气。热浸镀锌钢筋钝化处理的主要目的就是要在镀锌层表面生成一层钝化膜，以防止白锈的生成和抑制析氢反应的发生。迄今，热浸镀锌钢筋钝化主要是铬钝化处理，有两种方法。一种是直接将热浸镀锌钢筋浸泡在含铬的溶液中。由于这样处理过的钢筋通常不会立即埋入混凝土中，而是会放置在不同的储存环境中，放置时间也不同。一段时间后，热浸镀锌钢筋表面铬处理形成的钝化膜会消失，在浇注混凝土时，就不能保证钝化膜的钝化能力。另一种是在浇筑混凝土拌合水中添加铬酸盐。目前，关于热浸镀锌钢筋钝化膜如何抑制析氢反应的机理还不清楚，钝化处理起到的作用如何，以及钝化处理对钢筋与混凝土之间黏结强度的影响，都存在一些争论。因此世界各国对热浸镀锌钢筋是否需要铬处理，也存在不同的意见。

美国材料试验协会标准 ASTM A767/A767M-09 Standard Specification for Zinc-Coated（Galvanized）Steel Bars for Concrete Reinforcement 规定：热浸镀锌钢筋应进行铬处理。如果热浸镀锌后立即进行铬处理，可将热浸镀锌钢筋浸入至少含有 0.2%（质量分数，以下同）重铬酸钠的水溶液或浓度至少为 0.2%的铬酸溶液中。溶液温度最低为 32℃，钢筋浸入溶液的时间至少为 20s。如果钢筋温度与环境温度相同，进行铬处理时应在上述溶液中添加 0.5%～1.0%的硫酸作为铬处理溶液的活化剂，对这种溶液没有温度要求。

国际标准 ISO 14657 Zinc-Coated Steel for the Reinforcement of Concrete 规定：如果客户要求铬处理，则按 ASTM A767/A767M-09 对热浸镀锌层进行铬处理。

澳大利亚混凝土协会在推荐混凝土中使用热浸镀锌钢筋时建议，为了防止锌-碱反应，应对热浸镀锌钢筋进行铬处理，方法是将热浸镀锌钢筋浸入 0.2%重铬酸钠溶液中。

在浇筑混凝土拌合水中添加铬酸盐钝化处理方法，是在水中添加 70ppm（以水泥中 CrO_3 质量分数计，$1ppm=10^{-6}$）的重铬酸钠或重铬酸钾。

显然，铬处理不仅费时而且还消耗资源。更重要的是，铬酸盐中的六价铬为吞入性毒物/吸入性极毒物，对环境有持久危险性。随着人们对健康意识及环保意识的不断增强，近年来，欧洲正在取消铬处理，北美也正在考虑做类似的限制。另外，一些国家已经对水泥的生产做出了规定，铬含量最高限值为 2ppm。同时科研人员也在积极研发不含六价铬的热浸镀锌钢筋钝化处理溶液，如三价铬溶液、钴盐和钛盐溶液。

6.5　镀锌层的破损和修补[3, 6, 15]

6.5.1　镀锌层破损

热浸镀锌钢筋在生产、运输和仓储、加工制作等阶段可能会造成镀锌层的损坏。相关标准对允许的镀锌层破损面积（不包括钢筋切割等造成的镀锌层损坏）都做出了规定。

国际标准 ISO 14657-2005 Zinc-Coated Steel for the Reinforcement of Concrete 规定：每 1m 长热浸镀锌钢筋镀锌层破损不应超过总面积的 0.5%。

美国混凝土协会标准 ACI 301-10 Specifications for Structural Concrete 规定：每根热浸镀锌钢筋每 1m 长范围内镀锌层破损总面积不应超过总面积的 2%。

美国材料试验协会标准 ASTM A767/A767M-09 Zinc-Coated（Galvanized）Steel

Bars for Concrete Reinforcement 规定：每 0.3m 长热浸镀锌钢筋镀锌层破损不应超过总面积的 1%。

6.5.2 镀锌层修补

镀锌层所有破损处都应进行修补，钢筋切割等操作造成基体钢筋裸露时，也需要进行修补。ISO 14657-2005 对修补处涂层的最小厚度要求是 A 级镀锌层为 80μm，B 级镀锌层为 50μm，C 级镀锌层为 25μm。

ASTM A767/A767M-09 和 ISO 14657-2005 都规定：镀锌层修复应按照 ASTM A780/A780M-09 Standard Practice for Repair of Damaged and Uncoated Areas of Hot-Dip Galvanized Coatings 进行。该标准描述了使用锌基焊料、富锌涂料和热喷涂锌三类材料修补破损镀锌层的方法。

1）锌基焊料

最常用的锌基焊料是锌-镉、锌-锡-铅和锌-锡-铜合金。锌-镉和锌-锡-铅的熔点分别为 270～275℃和 230～260℃。锌-锡-铜的熔点为 349～354℃，但通常使用的是半固化状态，推荐的使用温度为 250～300℃。这些焊料可以是棒状或粉末状的。

修补方法及要求：用钢丝刷或局部喷砂的方法清理修补表面，喷砂时应保护好修补面以外的热浸镀锌层。为了使修补面与周围热浸镀锌层之间呈光滑连续的一体，修补面周围的未损坏锌层亦要清理干净。如果修补区域是经过焊接的，则应采用打磨、喷砂或用其他机械方法将焊渣及飞溅物清除干净。将清理好的表面预热，ASTM A780/A780M-09 推荐的温度范围为 315～400℃，不允许将周围的热浸镀锌层烧熔。迅速用锌基合金棒（丝）摩擦修补表面，使锌合金在整个面上均匀涂敷和沉积；如果用锌基合金粉末，则用抹刀或其他类似的工具，将粉末涂抹在修补面上。修理完成后，用水清洗或用湿布抹掉表面的残渣。测量修补层厚度，以保证达到要求的厚度。

2）富锌涂料

富锌涂料是以锌粉与有机黏结剂制成的用于钢表面的涂料。ASTM A780/A780M-09 规定：修补用富锌涂料中的锌粉含量为 65%～69%，或干膜中锌粉含量大于 92%时，用于热浸镀锌钢筋层修补才是有效的。

使用富锌涂料修补方法及要求：修补表面要彻底清理干净，不能残留油污、油脂以及腐蚀物，并保持干燥。如果客观环境不允许喷砂处理，则可用砂轮打磨或刮刀铲刮，直至露出新的金属表面；同样，修补表面周围未损坏的锌层亦要清理干净。如果需修补区域是经过焊接的，同样，也要用合适的方法清除焊渣及飞溅物。采用喷涂或刷涂的方法将富锌涂料涂敷在修补表面上。按富锌涂料制造商的推荐，每喷涂或刷涂一次并风干后再进行下一次施工，反复几次完成修补。测量修补层厚度，以保证干膜厚度符合要求。

3）热喷涂锌

热喷涂锌是采用热喷涂的方法将锌丝、锌棒或锌粉喷涂在镀锌层破损处。

修补方法及要求：用热喷涂锌方法修补时，修补区域的清理方法和要求与采用锌基焊料和富锌涂料一样。表面清理后应尽快进行喷涂，确保喷涂锌前清洁过的表面没有发生可见的变化。喷涂的锌层要质地均匀，不带锌瘤，无松散的附着微粒，表面平整光滑。测量喷涂修补层的厚度，以确保达到要求。

参 考 文 献

[1] Yeomans S R. Galvanized Steel Reinforcement in Concrete：An Overview. Canberra，Australia：University of New South Wales

[2] Yeomans S R. Galvanized Steel Reinforcement in Concrete. Oxford，UK：Elsevier Science，2004

[3] ASTM A767/A767M-09. Zinc-Coated（Galvanized）Steel Bars for Concrete Reinforcement

[4] ISO 752：2004/Cor 1：2006. Zinc Ingots

[5] GB/T 470—2008. 锌锭

[6] ISO 14657-2005. Zinc-Coated Steel for the Reinforcement of Concrete

[7] ISO 1460-1992. Metallic Coatings；Hot Dip Galvanized Coatings on Ferrous Materials-Gravimetric Determination of the Mass per Unit Area

[8] GB 13825—2008. 金属覆盖层 黑色金属材料热镀锌层单位面积质量称量法

[9] ISO 2178-1995. Non-magnetic Coatings on Magnetic Substrates-Measurement of Coating Thickness-Magnetic Method

[10] GB/T 4956—2003. 磁性基体上非磁性覆盖层 覆盖层厚度测量 磁性法

[11] 周济. 热镀锌、电镀锌及锌合金创新生产工艺实用全书. 北京：北京工业大学出版社，2006

[12] Zuo Quan Tan. The Effect of Galvanized Steel Corrosion on the Integrity of Concrete. http://uwspace.uwaterloo.ca/bitstream/10012/3483/1/Thesis%20Final.pdf[2012-10-31]

[13] Kayali O，Yeomans S R. Bond of ribbed galvanized reinforcing steel in concrete. Cement and Concrete Composites，2000，22（6）：459-467

[14] Bellezze T，Coppola L，Fratesi R. Evaluation of Hexavalent Chromium-Free Passivation Treatment of Galvanized Bars for Reinforced Concrete. http://www.encosrl.it/enco%20srl%20ITA/servizi/pdf/degrado/57.pdf[2012-10-31]

[15] ACI 301-10. Specifications for Structural Concrete

第7章 热浸镀锌钢筋的力学性能及其与混凝土的黏结

7.1 热浸镀锌钢筋的力学性能[1~3]

钢筋的延展性和强度对防止混凝土结构的脆性破坏十分重要。研究表明，只要在材料选择、热浸镀锌工艺和钢筋加工制作等方面符合相关技术要求，热浸镀锌对钢筋的拉伸强度、屈服和极限强度、极限延伸率基本没有影响。国际标准 ISO 14657 Zinc-Coated Steel for the Reinforcement of Concrete 规定：无涂层钢筋的机械性能标准同样适用于热浸镀锌钢筋。表 7-1 是文献[3]给出的热浸镀锌对不同种类钢筋机械性能的影响以及热浸镀锌时需要注意的一些问题。

表 7-1 热浸镀锌对钢筋机械性能的影响及需注意的问题[2]

基体钢筋种类	对机械性能影响及需注意的问题
低强度等级，屈服强度 250MPa	如钢筋在制作时没有过度冷加工，对机械性能没有影响
冷扭钢筋（等级 410C），最小屈服强度 410MPa	双冷加工材料（即生产时增强和制作时弯曲）热浸镀锌层可能会脆化，因此需要应力消除加热处理
热机械处理或微合金化等级（等级 410Y），最小屈服强度 410MPa	对强度和延展性没有明显影响
新型高强度钢筋（等级 500N），最小屈服强度 500MPa	热浸镀锌后能维持较高的机械性能，屈服强度、极限强度和延展性稍有提高

纯锌的疲劳强度较低，因此，热浸镀锌对钢筋疲劳强度的影响要比其静态性能影响大。关于热浸镀锌钢筋疲劳强度的试验研究相对很少。德国报道的疲劳强度试验表明，疲劳裂缝从锌层开始，很多裂缝并排排列，最后穿过锌铁合金层到达基体钢筋。疲劳强度降低约 15%，从 290MPa 降至 250MPa。芬兰的研究表明，由于热浸镀锌，某种结构钢的疲劳强度可能降低高达 25%，疲劳强度降低与钢的硅含量或镀锌层厚度无关。然而，也有研究表明，从在氯化物溶液中暴露 18 个月并反复弯曲的已经开裂的混凝土梁中取出的热浸镀锌钢筋的疲劳强度，与没有暴露于上述腐蚀环境的没有涂层的钢筋相同。实际上，这个试验证明，梁和类似混凝土构件中的热浸镀锌钢筋的疲劳强度不受暴露的腐蚀环境影响。

7.2　热浸镀锌钢筋与混凝土的黏结[2, 4~16]

7.2.1　钢筋与混凝土之间黏结力的组成与作用

混凝土结构受力后钢筋会沿钢筋和混凝土接触面产生剪应力，通常把这种剪应力称为黏结应力。钢筋和混凝土这两种材料能够在一起共同工作，除了两者具有相近的线膨胀系数外，更主要是由于混凝土硬化后，钢筋与混凝土之间产生了良好的黏结应力。黏结的退化和失效必然导致混凝土结构力学性能的降低和破坏。因此，钢筋与混凝土的黏结是一个重要的研究课题。钢筋与混凝土的黏结作用主要由三部分组成。

1）胶结力

胶结力是指钢筋与混凝土接触面上的化学吸附作用力。这种吸附作用力来自浇筑混凝土时水泥浆体对钢筋表面氧化层的渗透以及水化过程中水泥晶体的生长和硬化。这种作用力一般很小，仅在受力阶段的局部无滑移区域起作用。当接触面发生相对滑移时，该力即消失。

2）摩阻力（握裹力）

摩阻力又称为握裹力，由混凝土收缩握裹钢筋产生。混凝土凝固收缩，对钢筋产生垂直于摩擦面的压应力。这种压应力越大，接触面的粗糙程度越大，则摩阻力就越大。

3）机械咬合力

机械咬合力是钢筋表面凹凸不平与混凝土之间产生作用形成的力。对于光圆钢筋，这种咬合力主要来自于钢筋表面的粗糙不平。而变形钢筋与混凝土之间的机械咬合力，改变了钢筋与混凝土之间相互作用的方式，显著提高了黏结强度。

光圆钢筋与变形钢筋具有不同的黏结机理。光圆钢筋黏结力主要来自于胶结力和摩阻力，而变形钢筋的黏结力主要来自于机械咬合力。

影响钢筋与混凝土黏结强度的因素很多，主要有混凝土强度、保护层厚度、钢筋净间距、横向配筋及侧向压应力、浇注混凝土时的钢筋位置和钢筋表面状况等。

7.2.2　钢筋与混凝土黏结强度试验方法

混凝土结构中钢筋黏结部位的受力状态复杂，很难准确模拟。目前采用的黏结强度试验方法，按其目的可以归纳为三种类型。第一类是中心拔出试验，第二类是梁式试验或模拟梁式试验，第三类是黏结滑移试验。中心拔出试验和梁式试验，试验过程中都可以测量钢筋的拉力和拉力极限值，以及钢筋加载端和自由端与混凝土的相对滑移，从而可得到钢筋与混凝土之间的平均黏结强度和极限黏结强度。拔出试验和梁式试验对比结果表明，材料和锚固长度相同的试件，拔出试验比梁式试验测得的平均黏结强度高，其比值为 1.1～1.6。黏结滑移试验用于研究钢筋与混凝土之间的黏结应力-变形基本规律。

1. 中心拔出试验

中心拔出试验是最早出现的试验方法。该方法试件制作及试验装置比较简单，试验虽然存在混凝土压应力的影响，但结果便于分析，特别是对于钢筋外形特征的变化比较敏感，常用作对钢筋黏结性能的相对比较。

目前，各国对这类试验的标准试件的规定，如试件的尺寸、保护层厚度、钢筋的埋入和黏结长度、是否配箍筋等尚不统一。通常，试件为棱柱体或圆柱体，钢筋埋设在中心部位，水平方向浇注混凝土。试验时，试件的一端支撑在带孔的钢垫板上，试验机夹持外露钢筋端施加拉力，直至钢筋被拔出或者屈服。加载端设置一段无黏结区域，减少加载端垫板对混凝土的约束，以防止黏结锚固强度偏高。对螺纹钢筋，试件常因纵向劈裂而破坏，可采用增加保护层厚度或配置箍筋的方法约束混凝土劈裂裂缝的开展，得到变形钢筋被拔出的结果。

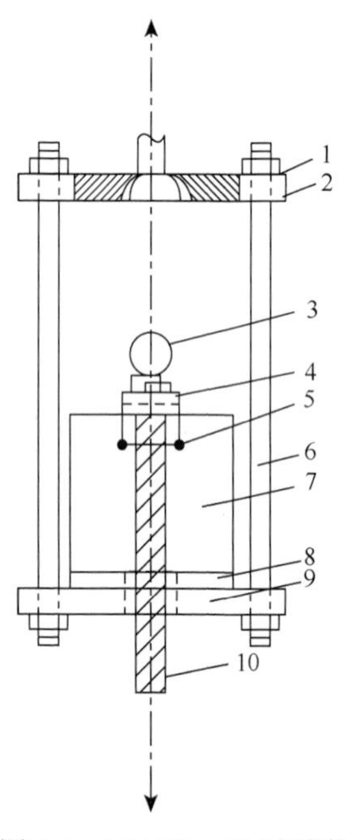

图 7-1　JTJ 270—98 试验装置示意图[9]（改图）

1 为带球座拉杆；2 为上端钢板；3 为千分表；4 为量表固定架；5 为止动螺栓；6 为钢杆；7 为试件；8 为垫板；9 为下端钢板；10 为埋入试件中的钢筋

以下是相关标准和文献资料进行拔出试验时采用的试件尺寸和配筋方式。

1）中国交通运输部标准 JTJ 270—98

JTJ 270—98《水运工程混凝土试验规程》中的“混凝土与钢筋握裹力试验”，试件尺寸为 150mm×150mm×150mm，使用 ϕ20mm×500mm 的带肋钢筋或光圆钢筋，没有设置无黏结段，没有配置箍筋。图 7-1 是试验装置示意图。

2）美国联邦公路管理局（FHWA）报告

2000 年，美国联邦公路管理局公布了试验研究报告 FHWA/TX-03/4904-3 Feasibility of Various Coatings for the Protection of Reinforcing Steel–Corrosion and Bond Testing，该项目研究各种涂层钢筋和非传统金属钢筋在盐污染混凝土中的腐蚀性能和黏结性能，采用拔出试验进行黏结性能测试。

图 7-2 是拔出试验使用的试件。试件尺寸为 10in.×10in.×10in.，试件两端均设有无黏结段，配置了箍筋。

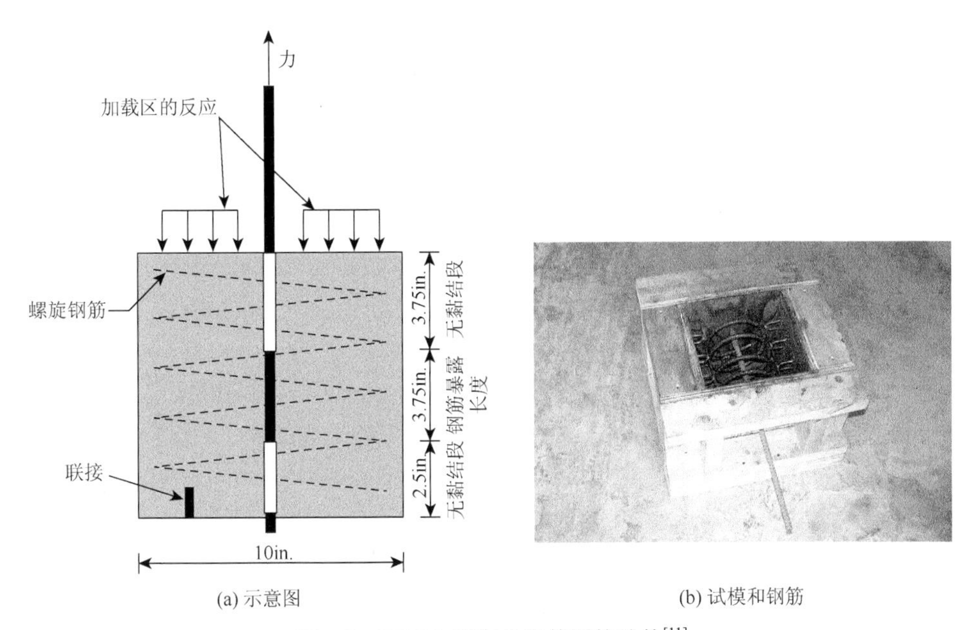

(a) 示意图　　(b) 试模和钢筋

图 7-2　FHWA 研究报告使用的试件[11]

3）文献[12]“Bonding of Hot Dip Galvanised Reinforcement in Concrete”[12]

该文献研究了热浸镀锌钢筋的黏结性能。图 7-3 是试验装置和试件示意图。试件尺寸为 200mm×200mm×200mm，试件两端均设有无黏结段，没有配置箍筋。

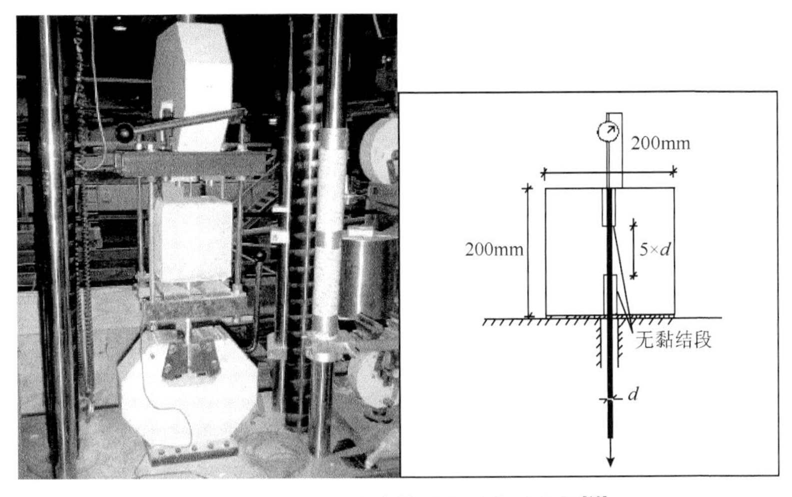

图 7-3　文献[9]试验装置和试件示意图[12]

2. 梁式试验

梁式试验一般有全梁式试验和半梁式试验两种，试件尺寸和构造有多种。因为梁式试验与实际构件受力相符，常用于确定梁纵筋的延伸长度等构造要求。半梁式试验，可以减少构件尺寸和试验成本，同时可以调整弯矩与剪力的比例，甚至可以施加“销栓力”。梁式试验的缺点是试验花费的时间较长，费用较高，设备复杂，因此，通常不推荐其作为筛选新材料时的试验方法。下面是国际材料与结构研究实验联合会（RILEM）和美国材料试验协会标准 ASTM A944-10 Standard Test Method for Comparing Bond Strength of Steel Reinforcing Bars to Concrete Using Beam-End Specimens 关于梁式试验的具体要求。

1）国际材料与结构研究实验联合会（RILEM）

图 7-4 是 RILEM 建议的梁式黏结试件尺寸及配筋示意图。试验梁分为两肢，左右肢通过钢铰和受拉钢筋相连，试件中间顶部凹区用于固定钢铰加载。为了防止加载端的局部破坏和支座反力的影响，在加载端和支座端的钢筋上套 PVC 管，为无黏结区，左右两部分分别配置箍筋，以防止梁各肢发生剪切破坏，受拉钢筋黏结长度取 10d（d 为钢筋直径）。

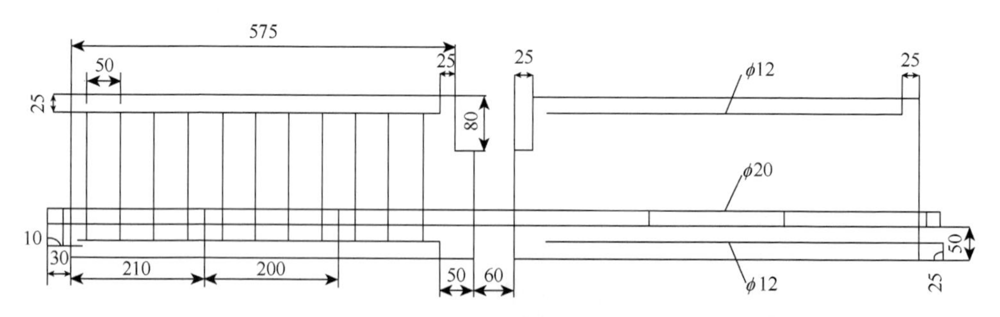

图 7-4 RILEM 全梁式试验试件尺寸和配筋示意图（单位：mm）[14]

2）美国材料试验协会标准 ASTM A944-10

ASTM A944-10 Standard Test Method for Comparing Bond Strength of Steel Reinforcing Bars to Concrete Using Beam-End Specimens 适用于确定钢筋表面处理及表面状况（如涂层）对黏结性能的影响，试验得出的黏结强度不能直接用于混凝土结构的设计。

图 7-5 是试验装置和试件的示意图。试件尺寸长度为 600mm±25mm，宽度为 d_b+200mm±13mm，高度至少为 $d_b+C_b+l_e$+60mm。

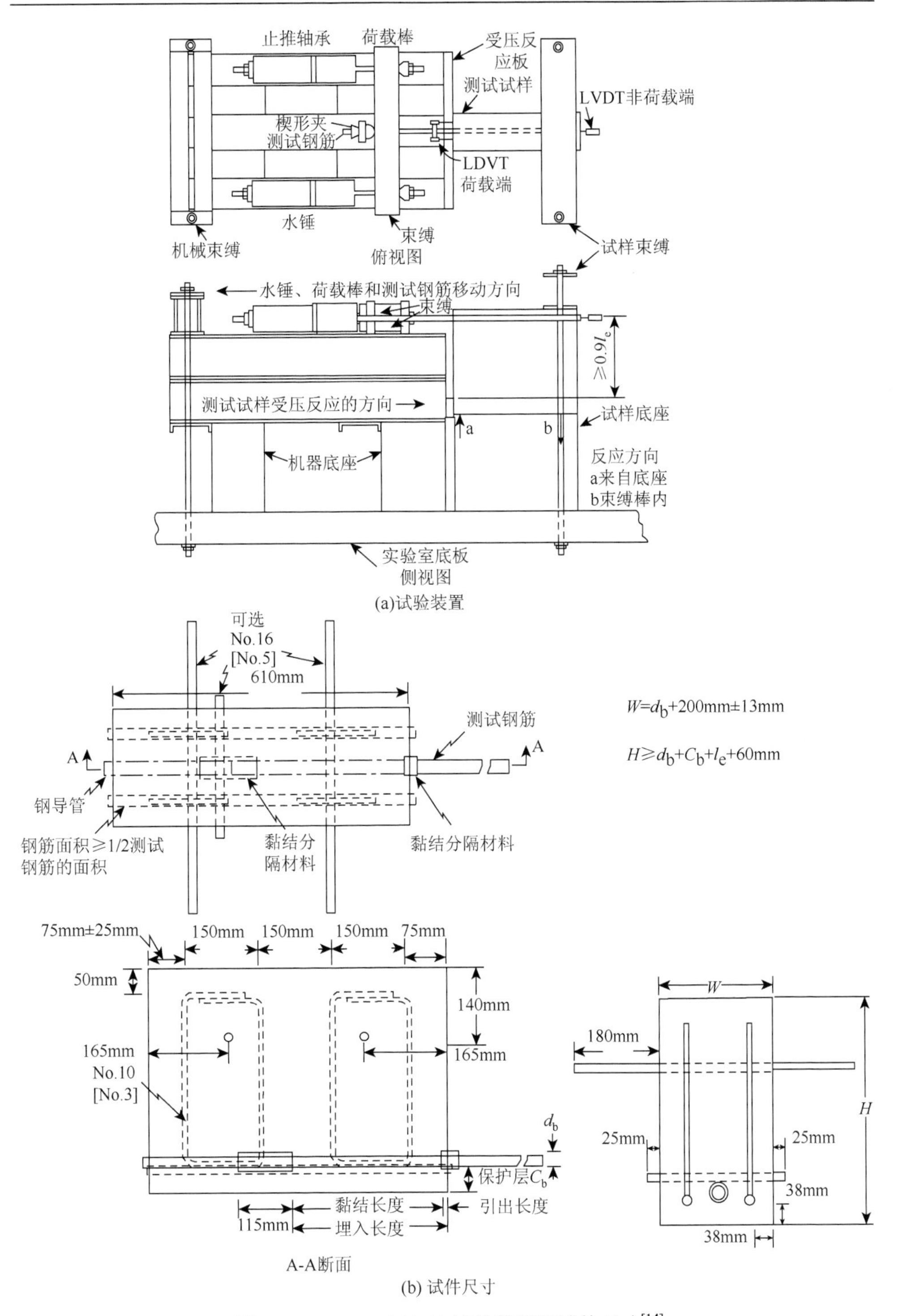

图 7-5　ASTM A944-10 试验装置和试件尺寸[14]

3. 黏结滑移试验

钢筋和混凝土界面在黏结力的作用下，由于两者之间的变形差而产生的相对滑动即为黏结滑移。内贴片式局部黏结-滑移试验是研究钢筋与混凝土黏结滑移性能常用的试验方法。这种试验是将锚固钢筋内开槽，在槽内布置电阻应变片测量钢筋的应变，从而得到不同位置处钢筋的应力。同时在混凝土内埋设应变片来测量混凝土的应变，不过是用距离钢筋表面一定距离处的混凝土的应变近似界面处的混凝土的应变。图 7-6 和图 7-7 是钢筋内贴应变片示意图。

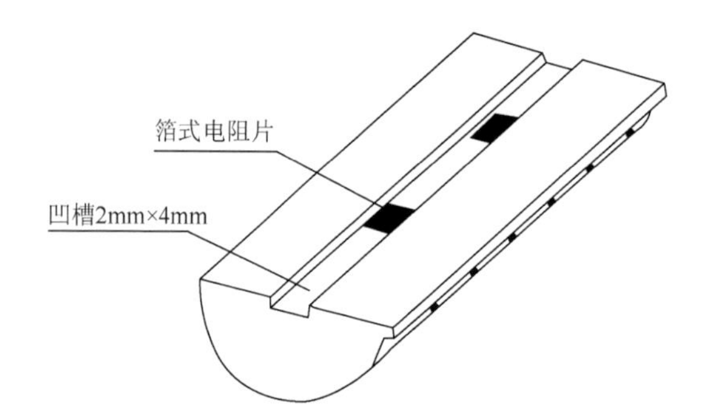

图 7-6　内贴应变片半钢筋详图[8]

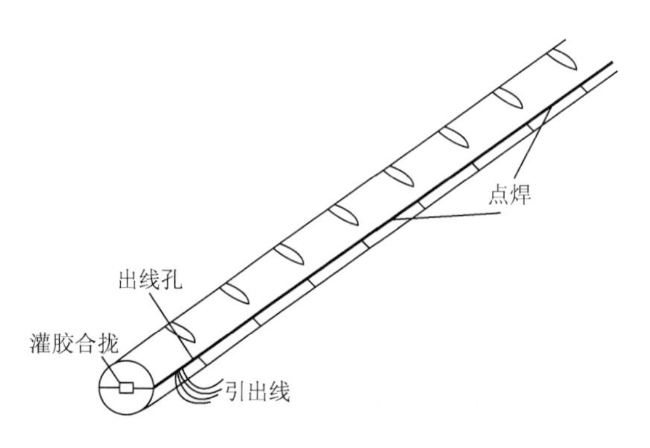

图 7-7　内贴应变片钢筋外观图[8]

近年来，大连理工大学开展了利用光纤光栅测量技术研究钢筋与混凝土黏结滑移的试验。研究认为，内贴应变片试验中所用锚固钢筋由于开槽，降低了钢筋的整体性能，并且钢筋的强度也会有所下降；混凝土中的应变片由于埋设位置的原因，无法准确地测量出钢筋与混凝土界面处的混凝土的应变。图 7-8 是试验采用的试件示意图，图 7-9 是光纤光栅布设示意图。

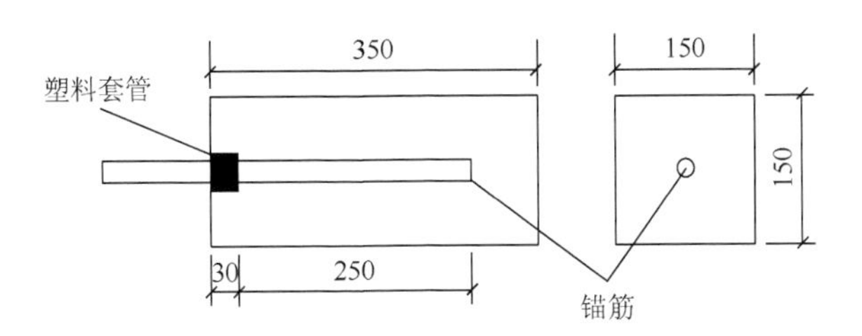

图 7-8　试件示意图（单位：mm）[15]

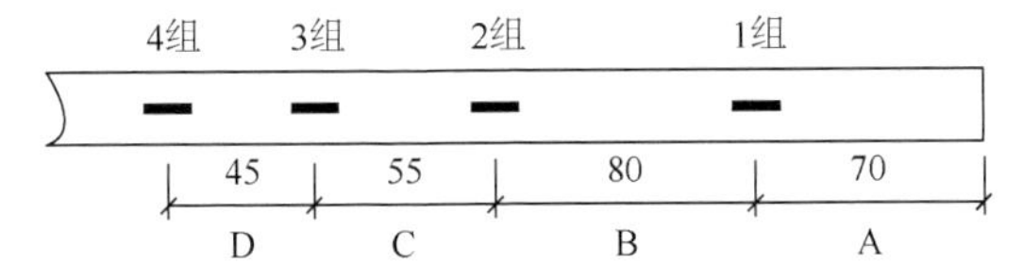

图 7-9　光纤光栅布设示意图（单位：mm）[15]

试件尺寸均为 150mm×150mm×350mm，内置钢筋直径为 25mm，钢筋的有效锚固长度为 250mm。在钢筋表面和界面处的混凝土中分别按不同的长度布设 4 组光纤光栅应变传感器，并在锚长范围内划分出 A、B、C、D 四个测段，利用四个测段的试验数据对不同位置处钢筋与混凝土的黏结-滑移性能进行研究。

7.2.3　热浸镀锌钢筋与混凝土的黏结强度

迄今已有许多关于热浸镀锌钢筋黏结强度的试验研究报道。影响热浸镀锌钢筋黏结强度的因素很多，不仅包括钢筋形状、热浸镀锌层质量和结构以及是否铬钝化处理，同时混凝土性能也扮演了重要的角色。因为混凝土性能对热浸镀锌钢筋在新浇筑混凝土中的腐蚀和钝化会有很大的影响。由于热浸镀锌钢筋和混凝土本身存在很大差异，加上世界各国尚未有统一的试验方法标准，因此，有关热浸镀锌钢筋黏结性能的试验结果有很多是矛盾的。表 7-2 是一些试验的研究成果。图 7-10 是美国加利福尼亚大学通过大量的比较试验得出的结果。

表 7-2　一些热浸镀锌黏结强度试验研究成果[2, 12, 16]

作者	时间/年	钢筋种类	试验方法	试样数量/个	试验龄期	热浸镀锌钢筋黏结强度与碳钢钢筋比较
Slater，et al.	1920	光圆和变形钢筋	拔出	28	28 天，6 个月	降低
Schmeer	1920	光圆钢筋	拔出	50	28 天，3 个月和 6 个月	增加
Brodbeck	1954	刻痕钢丝	拔出	24	1 个月，3 个月和 12 个月	增加

续表

作者	时间/年	钢筋种类	试验方法	试样数量/个	试验龄期	热浸镀锌钢筋黏结强度与碳钢钢筋比较
Bird	1962	高强钢丝	梁式	—	—	降低
Bresler and Cornet	1962	高强钢丝	梁式	40	20 天和 28 天	相同或增加
Gukild and Hofsoy	1965	变形钢筋	拔出	60	28 天	降低
Kayyali and Yeomans	1994	光圆和变形钢筋	梁式	12	35 天	轻微降低
Hamad and Mike	2005	光圆和变形钢筋	梁式	6	7 天	轻微降低
Sistonen，et al.	1999，2001	变形钢筋	拔出	—	35～37 天，25～27 天	降低

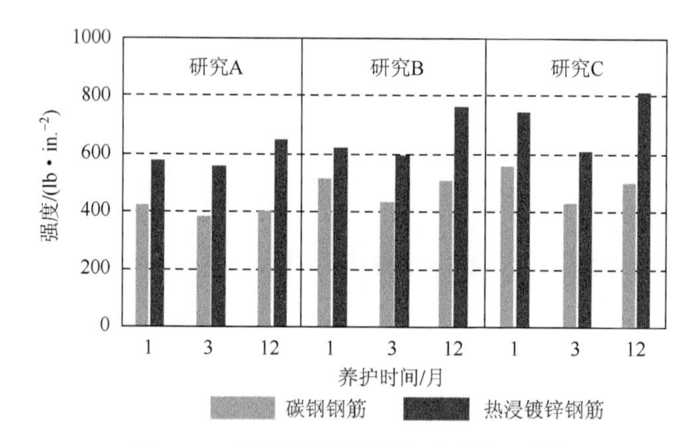

图 7-10 碳钢和热浸镀锌钢筋黏结强度[2]

参 考 文 献

[1] ISO 14657-2005. Zinc-Coated Steel for the Reinforcement of Concrete

[2] Hot-Dip Galvanizing for Corrosion Prevention. A Guide to Specifying and Inspecting Hot-Dip Galvanized Reinforcing Steel. http: //www.galvanizedrebar.com/Documents/Publication/Specifiers%20Guide%20To%20Rebar% 200504.pdf [2012-10-31]

[3] Yeomans S R. Galvanized Steel Reinforcement in Concrete：An Overview. Canberra，Australia：University of New South Wales

[4] Yeomans S R. Galvanized Steel Reinforcement in Concrete. Oxford，UK：Elsevier Science，2004

[5] 马嵘. 混凝土结构设计原理. 北京：中国水利水电出版社，2008

[6] 周志祥. 高等钢筋混凝土结构. 北京：人民交通出版社，2002

[7] 过镇海. 钢筋混凝土原理. 北京：清华大学出版社，1998

[8] 杜锋，肖建庄，高向玲. 钢筋与混凝土间粘结试验方法研究. 结构工程师，2006，2（22）：93-97
[9] JTJ 270—98. 水运工程混凝土试验规程
[10] ASTM C234-91a. Standard Test Method for Comparing Concretes on the Basis of the Bond Developed with Reinforcing Steel
[11] Seddelmeyer J D，Deshpande P G，Wheat H G，et al. Feasibility of Various Coatings for the Protection of Reinforcing Steel–Corrosion and Bond Testing. Austin：The University of Texas
[12] Sistonen E，Tukiainen P，Huovinen S. Bonding of Hot Dip Galvanised Reinforcement in Concrete
[13] 徐港，艾天成，谢晓娟，等. 盐冻环境下钢筋混凝土黏结性能的梁式试验. 建筑材料学报，2013，01：37-42
[14] ASTM A944-10. Standard Test Method for Comparing Bond Strength of Steel Reinforcing Bars to Concrete Using Beam-End Specimens
[15] 魏国亮，宋玉普. 利用光纤光栅测量技术研究钢筋与混凝土的黏结滑移. 混凝土，2011，06：151-153
[16] Hamad B S，Mike J A. Bond Strength of Hot-Dip Galvanized Reinforcement in Normal Strength Concrete Structures. Construction and Building Materials，2005，19（4）：275-283

第8章　混凝土结构热浸镀锌钢筋的腐蚀

8.1　混凝土中热浸镀锌钢筋钝化膜的形成[1~6]

混凝土浇筑完成后很短的时间内，混凝土孔隙液中是一个高碱性环境。在这样的高碱性环境中，热浸镀锌层迅速溶解，消耗一部分热浸镀锌层，同时发生析氢反应，在热浸镀锌层与混凝土界面产生氢气。反应的剧烈程度和持续的时间与热浸镀锌层的结构、水泥种类，以及混凝土中是否含有矿物添加剂、氯离子等因素有关。这是因为水泥种类、矿物添加剂种类和掺量均会对混凝土孔隙液的 pH 产生影响。热浸镀锌层与混凝土孔隙液发生反应后，钢筋表面生成一层含锌的腐蚀产物。如果腐蚀产物层能够将热浸镀锌层与混凝土孔隙液隔离，热浸镀锌层的溶解反应就停止了，热浸镀锌钢筋被钝化，该腐蚀产物层称为热浸镀锌钢筋的钝化膜。

迄今，已有很多关于热浸镀锌钢筋在新浇筑混凝土中钝化膜形成机理的研究，大多数试验都是在饱和氢氧化钙溶液或其他模拟混凝土孔隙液的溶液中进行的。由于热浸镀锌层在混凝土中形成钝化膜反应的过程非常复杂，而且饱和氢氧化钙溶液或者其他模拟混凝土孔隙液并不能真实地代表混凝土的实际条件，因此，试验研究结果不尽相同。大多数的试验结果认为钝化膜为晶体状锌酸钙，分子式为 $Ca[Zn(OH)_3]_2 \cdot 2H_2O$，简写为 CHZ。也有试验结果认为钝化膜为水锌矿，分子式为 $Zn_5(CO_3)_2(OH)_6$。

目前，已经提出了几种锌酸钙的形成机理，其中，Yeoman 提出了以下的一系列反应过程，似乎能够较好地描述反应的过程。

$$Zn + 4OH^- \longrightarrow Zn(OH)_4^{2-} + 2e^- \quad (8\text{-}1)$$

$$2H_2O + 2e^- \longrightarrow 2OH^- + H_2 \quad (8\text{-}2)$$

$$Zn + 2OH^- + H_2O \longrightarrow ZnO + 2e^- \quad (8\text{-}3)$$

$$ZnO + 2H_2O + 2OH^- \longrightarrow Zn(OH)_4^{2-} \quad (8\text{-}4)$$

$$2Zn(OH)_4^{2-} + Ca^{2+} + 2H_2O \longrightarrow Ca[Zn(OH)_3]_2 \cdot 2H_2O + 2OH^- \quad (8\text{-}5)$$

研究认为锌酸钙的钝化作用很大程度上取决于在其中形成锌酸钙的溶液的 pH。但关于形成锌酸钙最佳 pH 条件的研究结果不完全相同。资料[4]指出，pH 为（12.5±0.1）～（13.3±0.1），锌酸钙晶体非常细小，形成连续密实的钝化膜，保护锌不再溶解。随着 pH 增加，晶体变大。pH 大于 13.3±0.1 时，晶体变的很大，以至于不能将热浸镀锌层完全覆盖。有时，晶体在孤立的区域生长，最终结果是不能形成锌酸钙保护层，热浸镀锌层继续溶解。尽管 pH 对锌酸钙形态的影响很复杂，但是一旦钝化膜形成，pH 进一步增加，甚至达到 13.6，也不会对钝化膜的稳定性和保护作用产生影响。

8.2　混凝土结构热浸镀锌钢筋的腐蚀[2, 7~12]

如果热浸镀锌钢筋在混凝土浇筑过程中形成了良好的钝化膜，在完好的硬化混凝土中热浸镀锌钢筋就不会发生腐蚀，直至钝化膜遭到破坏。与碳钢钢筋相比，热浸镀锌钢筋在碳化混凝土中基本不腐蚀，而在氯化物污染混凝土中同样会遭受腐蚀。

8.2.1　热浸镀锌钢筋在碳化混凝土中的腐蚀

碳化使混凝土的 pH 降低，完全碳化混凝土的 pH 为 8.5～9.0。混凝土碳化由表面向内部发展。对碳钢钢筋而言，当碳化深度达到钢筋表面，钢筋周围混凝土 pH 小于 11.5 时，钢筋钝化膜就不再稳定，钢筋开始腐蚀。根据图 4-5 可知，pH 为 6～12.5 时，锌的腐蚀速率很小。因此，在碳化混凝土中，热浸镀锌钢筋腐蚀速率要比碳钢钢筋小得多，在完全碳化的混凝土中，热浸镀锌层仍能保持钝化。因此，热浸镀锌钢筋特别适合于在碳化混凝土中使用，对于预期可能快速碳化的混凝土结构应使用热浸镀锌钢筋。

8.2.2　热浸镀锌钢筋在氯化物污染混凝土中的腐蚀

近年来，随着科技的不断发展以及人们对氯化物污染危害性认识的不断提高，混凝土施工期间被氯化物污染的机会已经大大减小，下面仅讨论氯化物渗透污染混凝土导致的热浸镀锌钢筋腐蚀。

当氯离子向混凝土中渗透并到达钢筋表面时，如果锌酸钙钝化膜已经形成，就和碳钢钢筋一样，氯离子浓度也必须达到一个临界值才能导致热浸镀锌钢筋去钝化。迄今，已经开展了大量关于热浸镀锌钢筋在混凝土中耐氯化物腐蚀性能试验研究，也有很多长期现场应用的实测资料，但对于热浸镀锌钢筋耐腐蚀性能的评价非常混乱。有的研究结果认为，热浸镀锌在氯化物污染混凝土中的耐腐蚀的性能要优于碳钢钢筋，但氯离子含量临界值究竟是多少，以及热浸镀锌钢筋腐蚀后形成的腐蚀产物会不会发生体积膨胀，从而导致混凝土开裂，至今仍然没有一致的看法。也有的研究结果认为，相对于碳钢钢筋，热浸镀锌钢筋仅仅能延长几年的使用年限。

表 8-1 是美国混凝土协会材料杂质 2009 年发表的技术论文“Critical Chloride Corrosion Threshold of Galvanized Reinforcing Bars”给出的三种钢筋(热浸镀锌钢筋、碳钢钢筋和 ASTM A1035 钢筋)的氯离子含量临界值试验结果。热浸镀锌为 0.59～2.92kg·m^{-3}，平均值为 1.55kg·m^{-3}；碳钢钢筋为 0.58～1.20kg·m^{-3}，平均值为 0.95kg·m^{-3}；ASTM A1035 钢筋为 2.78～5.03kg·m^{-3}，平均值为 3.82kg·m^{-3}。热浸镀锌钢筋的氯离子含量临界值高于碳钢钢筋，低于 ASTM A1035 钢筋。

表 8-1 热浸镀锌钢筋、碳钢钢筋和 ASTM A1035（MMFX）钢筋氯离子含量临界值（水溶性）[9]

热浸镀锌钢筋				碳钢钢筋				ASTM A1035			
序号	氯离子含量临界值/(kg·m^{-3})	标准偏差	变异系数	序号	氯离子含量临界值/(kg·m^{-3})	标准偏差	变异系数	序号	氯离子含量临界值/(kg·m^{-3})	标准偏差	变异系数
Z-B-1	2.92	1.50	0.31	C-MSE-1	0.93	0.74	0.48	M-MSE-1	3.87	2.59	0.40
Z-B-2	2.04	1.32	0.38	C-MSE-2	0.93	0.62	0.40	M-MSE-2	5.03	1.59	0.19
Z-B-3	2.36	2.27	0.57	C-MSE-3	0.78	0.64	0.48	M-MSE-3	3.23	1.66	0.30
Z-B-4	0.63	0.57	0.53	C-MSE-4	0.58	0.32	0.33	M-MSE-4	2.78	1.37	0.29
Z-B-5	1.33	1.63	0.73	C-MSE-5	0.72	0.54	0.44	M-MSE-6	4.15	2.11	0.30
Z-B-6	0.61	0.79	0.77	C-MSE-6	1.20	0.68	0.34	M-B-1	3.89	3.10	0.47
Z-B-7	1.90	1.96	0.61	C-B-1	1.11	0.59	0.32	M-B-2	3.88	1.69	0.26
Z-B-8	2.30	2.26	0.58	C-B-2	1.15	0.67	0.35	M-B-3	3.69	1.72	0.28
Z-B-9	2.15	2.27	0.63	C-B-3	1.17	0.66	0.34	—	—	—	—
Z-B-10	0.59	0.79	0.79	—	—	—	—	—	—	—	—
Z-B-11	0.69	0.62	0.53	—	—	—	—	—	—	—	—
Z-B-12	1.09	1.78	0.97	—	—	—	—	—	—	—	—
平均值	1.55	—	—	平均值	0.95	—	—	平均值	3.82	—	—

注：Z 为热浸镀锌钢筋，C 为碳钢钢筋，M 为 ASTM A1035 钢筋，B 为 ASTM G109 试件，MSE 为改进的南方暴露试验试件。

有资料认为，如果假设碳钢钢筋的氯离子含量临界值为 0.5%～1.0%（水泥质量分数），那么假设热浸镀锌钢筋为 1.0%～1.5%是合理的。还有资料认为，在实际的混凝土环境中，氯离子含量临界值是变化的，热浸镀锌钢筋的氯离子含量临界值比碳钢钢筋大 2～2.5 倍到 8～10 倍。尽管，热浸镀锌钢筋在开始腐蚀前能够承受比碳钢钢筋高的氯化物浓度，但研究结果也表明，热浸镀锌钢筋不适合于作为严重氯化物污染的混凝土中的耐腐蚀钢筋。

关于热浸镀锌钢筋在氯化物污染混凝土中腐蚀产物的组成及其对混凝土的影响也存在争议。有研究认为腐蚀产物主要是氧化锌，它的体积是锌的 1.5 倍，是碳钢腐蚀产物体积的 1/3。氧化锌是易碎、疏松、粉状的矿物，能够从热浸镀锌钢筋表面迁移至附近的混凝土孔隙中，将混凝土小的孔洞和裂缝填补。在这种情况下，混凝土中的局部应力仍然很小，因此，腐蚀产物不会造成混凝土保护层的破坏。而且，由于氧化锌填补了混凝土中小的孔洞和裂缝，使得混凝土变得更加密实，阻碍了有害物质，如 CO_2、H_2O、O_2 和氯化物的侵入。因此，热浸镀锌层能够延缓混凝土开裂的时间，而且使混凝土剥落的力也很小。也有研究认为腐蚀产物是氧化锌和氯氢氧化锌的混合物，前者的体积比固体锌的体积增加 50%，后者则增加 300%。后者造成的体积增加能够产生足够大的应力，从而导致钢筋周围混凝土的开裂。

8.3　混凝土结构碳钢钢筋和热浸镀锌钢筋腐蚀破坏模型比较[2]

图 8-1 是碳钢钢筋和热浸镀锌钢筋混凝土由于钢筋腐蚀引起混凝土破坏的模型比较示意图。

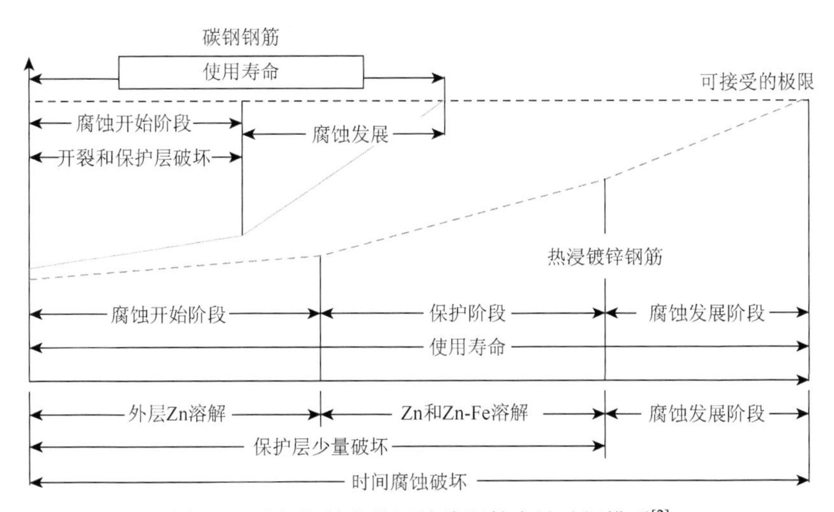

图 8-1　碳钢钢筋和热浸镀锌钢筋腐蚀破坏模型[2]

碳钢钢筋引起的混凝土结构破坏包括钢筋腐蚀开始和腐蚀发展两个阶段。

1）腐蚀开始阶段

从混凝土投入使用到氯离子从混凝土表面通过混凝土孔隙向钢筋表面扩散直至达到氯离子含量临界值，使得钢筋去钝化即开始腐蚀止。腐蚀开始阶段与很多因素有关，包括钢筋种类、环境、氯化物、保护层厚度、混凝土类型等。氯化物的传输速率与混凝土材料有关，而氯离子含量临界值则与钢筋材料有关。如果混凝土没有裂缝，特别是宽度大于 0.3mm 的裂缝，那么腐蚀开始阶段与混凝土渗透性、保护层厚度、水泥种类、钢筋的耐腐蚀性能有关。但是，如果混凝土存在裂缝，那么钢筋的耐腐蚀性能就是影响腐蚀开始阶段时间的唯一因素。对于质量差或开裂的混凝土，腐蚀开始阶段可能只有几年。

2）腐蚀发展阶段

从钢筋腐蚀开始发展到严重腐蚀，以致结构构件的承载能力不足或对破坏的构件进行更换比维修更加经济时止。腐蚀发展阶段取决于钢筋开始腐蚀后的腐蚀速率，腐蚀速率则很大程度上取决于混凝土的电阻率、氧含量和湿度、钢筋的种类和环境条件。

热浸镀锌钢筋腐蚀引起的混凝土结构破坏，是在碳钢钢筋腐蚀破坏模型的基础上，在腐蚀开始和腐蚀发展两个阶段之间增加了一个保护阶段。

1）腐蚀开始阶段

如前所述，在新浇筑的混凝土中，热浸镀锌层与高碱性的混凝土发生反应，析出氢气。在这个反应过程中，平均消耗 10μm 厚的涂层。一旦反应停止，锌表面被钝化，锌进一步腐蚀的速率就很小，一直持续到腐蚀开始。与碳钢钢筋不同的是，混凝土碳化不会引起热浸镀锌钢筋钝化膜的破坏，而氯化物在钢筋周围聚集可能是钝化膜破坏的主要原因。

2）保护阶段

热浸镀锌钢筋热浸镀锌层结构为最外层为纯 Zn 层（η 相），随后是锌-铁合金（主要是 ζ 和 δ），锌-铁合金层通常占热浸镀锌层总厚度的 2/3 或更多。热浸镀锌层钝化膜破坏后，开始发生腐蚀。最外层的纯锌层首先溶解，随后是锌-铁合金慢慢发生反应。热浸镀锌层表面腐蚀后形成的腐蚀产物会产生体积膨胀，堵塞因镀锌层的选择性溶解而出现的不连续间隙，从而阻碍镀锌层的进一步腐蚀，使热浸镀锌层在环境腐蚀介质中的腐蚀速率降低。如果局部区域热浸镀锌层完全消耗，或热浸镀锌层在加工和施工过程中受到破坏，造成基体碳钢钢筋裸露在外时，由于锌的电位比铁更负，锌可以为碳钢钢筋提供牺牲阳极阴极保护作用。

3）腐蚀发展阶段

一旦热浸镀锌层隔离腐蚀介质的作用以及牺牲阳极阴极保护作用耗尽，基体钢筋就将开始腐蚀。但是，有理由期望这时钢筋位置氯离子的浓度要远大于裸露碳钢钢筋开始腐蚀的氯离子浓度。另外，如果混凝土保护层已经碳化，基体碳钢将立刻发生快速的腐蚀，直至混凝土开裂、分层，最后大面积地剥落。

上面的讨论清楚地表明，热浸镀锌钢筋延长了基体碳钢开始腐蚀的时间，因此热浸镀锌钢筋的耐腐蚀性能优于碳钢钢筋。

参考文献

[1] Raupach M，Elsener B，Polder R，et al. Corrosion of Reinforcement in Concrete：Mechanisms，Monitoring，

Inhibitors and Rehabilitation Techniques. Boca Raton Boston New York Washington，DC：CRC Press，2007

[2] Yeomans S R. Galvanized Steel Reinforcement in Concrete. Oxford，UK：Elsevier Science，2004

[3] Singh D D N，Ghosh R. Molybdenum-phosphorus compounds based passivator to control corrosion of hot dip galvanized coated rebars exposed in simulated concrete pore solution. Surface and Coatings Technology，2008，202（19）：4687-4701

[4] Zuo Quan Tan. The Effect of Galvanized Steel Corrosion on the Integrity of Concrete. http: //uwspace.uwaterloo.ca/bitstream/10012/3483/1/Thesis%20Final.pdf[2012-10-31]

[5] Ebell G，Burkert A，Lehmann J，et al. Electrochemical investigations on the corrosion behaviour of galvanized reinforcing steels in concrete with chromate-reduced cements. Materials and Corrosion. 2012，63（9）：791-802

[6] 孔纲，陈九龙，卢锦堂. 饱和 $Ca(OH)_2$ 溶液 pH 值对热镀锌钢表面锌酸钙覆盖层的影响. 材料工程，2010，09：74-79

[7] Sistonen E. Service Life of Hot-Dip Galvanised Reinforcement Bars in Carbonated and Chloride-Contaminated Concrete. TKK Structural Engineering and Building Technology Dissertations Espoo，2009

[8] Ulf Nürnberger. Supplementary Corrosion Protection of Reinforcing Steel. http: //www.mpa.uni-stuttgart.de/publikationen/otto_graf_journal/ogj_2000/beitrag_nuernberger.pdf[2009-12-25]

[9] Darwin D，Browning J ，O'Reilly M，et al. Critical Chloride Corrosion Threshold of Galvanized Reinforcing Bars. ACI Materials Journal Technical Paper，2009，106-M22：176-183

[10] ASTM G109. Standard Test Method for Determining Effects of Chemical Admixtures on Corrosion of Embedded Steel Reinforcement in Concrete Exposed to Chloride Environments

[11] ACI 222. 3R-03. Design and Construction Practices to Mitigate Corrosion of Reinforcement in Concrete Structures

第 9 章　混凝土结构热浸镀锌钢筋长期耐久性及其应用状况

9.1　混凝土结构热浸镀锌钢筋长期耐久性

国外自 20 世纪 30 年代开始在钢筋混凝土结构中应用热浸镀锌钢筋，至今已开展了大量的试验研究工作，许多政府组织和私人研究组织都投入了不少的经费，如美国联邦公路管理局、国际铅锌研究组织（LIZRO）以及包括美国、英国、加拿大、日本、印度和澳大利亚等国在内的锌发展协会和镀锌协会。在对热浸镀锌钢筋开展的研究和工程应用实践中，关于热浸镀锌钢筋防腐蚀效果的结论是比较混乱的。由于影响热浸镀锌钢筋效果的因素非常多，除了钢筋热浸镀锌本身的质量问题外，很大程度上还受到混凝土原材料的多样性、混凝土施工质量以及结构物所处环境条件的影响。因为包裹钢筋的混凝土的环境决定了混凝土浇筑期间热浸镀锌钢筋表面钝化膜的形成，以及混凝土结构长期服役过程中热浸镀锌钢筋的耐腐蚀性能。因此，得出热浸镀锌钢筋防腐蚀效果不一致的结论是可以理解的。

以下是 LIZRO 的一些调查结果以及美国、南非、百慕大群岛各一座桥梁和加拿大三座桥梁使用热浸镀锌钢筋的工程案例。LIZRO 的调查结果基本上都显示出热浸镀锌钢筋良好的防腐蚀效果，美国、南非和百慕大群岛三座桥梁是使用热浸镀锌钢筋的成功案例，而加拿大三座桥梁则是失败案例。

9.1.1　LIZRO 调查成果[1]

表 9-1 是 20 世纪 70 年代 LIZRO 开展的热浸镀锌钢筋调查成果，调查的结构物包括桥梁和码头，调查时结构物的使用时间为 3～23 年。在被调查的结构物中，除了氯化物浓度高于碳钢钢筋氯离子含量临界值 8～10 倍的，在预计会导致碳钢钢筋严重腐蚀的氯化物环境下，热浸镀锌钢筋都没有发生腐蚀。热浸镀锌钢筋表面剩余的热浸镀锌层厚度仍然大于规定的最小厚度，表明热浸镀锌钢筋和混凝土之间仅发生了轻微的反应。

表 9-2 是 20 世纪 80 年代 LIZRO 对 8 座桥梁混凝土桥面板进行的调查结果，调查时桥梁的使用时间为 6～14 年。除了有一些局部的轻微腐蚀外，热浸镀锌钢筋显示出良好的防腐蚀性能。热浸镀锌层的轻微腐蚀没有引起混凝土开裂。混凝土保护层厚度不足或混凝土质量较差时，热浸镀锌层和钢基材的局部腐蚀可能导致混凝土开裂和分层。

表 9-1　20 世纪 70 年代 LIZRO 热浸镀锌钢筋调查结果[1]

建筑物名称	调查时已使用时间/年	钢筋位置氯离子含量/(kg·m^{-3})	钢筋位置 pH	热浸镀锌层剩余厚度/μm		外观状况
				范围	平均值	
Longbrid Bridge Bermuda	21～23	1.02～4.38	12.7	165～442	236	砂浆和热浸镀锌钢筋之间没有被破坏或反应迹象
Long Dick Creek I35 Ames，IA	7	0.3～0.7	11.8（平均值）	—	—	一些热浸镀锌钢筋上有析氢反应形成的孔隙，热浸镀锌层没有被破坏，在同时使用热浸镀锌钢筋和碳钢钢筋的区域没有出现电偶腐蚀
Boca Chic Bridge US1 Key West，FL	3	1.17	12.2～12.5	—	130	一些热浸镀锌钢筋上有析氢反应形成的孔洞，在同时使用热浸镀锌钢筋和碳钢钢筋的板中没有电偶腐蚀迹象
Seven Mile Bridge US1 Key West，FL	3	0.85	12.4～12.5	—	196	一些热浸镀锌钢筋上有析氢反应形成的孔洞，没有出现与热浸镀锌钢筋有关的腐蚀、二次反应产物或被破坏迹象
Flatts Bridge Bermuda	8	0.54	12.7	—	—	热浸镀锌钢筋表面有轻微和浅表性的腐蚀，桥面板没有电偶腐蚀迹象
Hamilton Dock Bermuda	10	1.9～6.0	—	—	185	热浸镀锌钢筋表面没有腐蚀迹象
RBYC Jetty Bermuda	8	3.36～3.66	—	—	94	热浸镀锌钢筋表面没有腐蚀迹象
Penno's Wharf St George Bermuda	7～12	5.2～12.7（1964 年施工）2.4～4.6（1966 年施工）2.4～2.6（1969 年施工）	—	—	150	除了在很高的氯化物浓度条件下，热浸镀锌钢筋表面没有腐蚀迹象
Manicougan River Bridge on I38 Hau-terive，QUE	8	0.30～0.36	11.8	—	—	热浸镀锌钢筋没有腐蚀迹象

表 9-2　20 世纪 80 年代 LIZRO 开展的桥面板热浸镀锌钢筋调查结果[1]

桥梁名称	调查时已使用时间/年	调查结果
Ames Bridge，Long Dick Creek，IA	14	该桥是唯一在同一结构上同时使用碳钢钢筋和热浸镀锌钢筋的桥梁，某些区域水溶性氯化物含量达到或超过氯离子含量临界值的，热浸镀锌层有轻微腐蚀，剩余热浸镀锌层厚度为 137～178μm
Athens Bridge，PA	8	全部是热浸镀锌钢筋，混凝土质量很差（高水灰比），保护层厚度小于 50mm，轻微的横向裂缝和表面分层，氯化物含量为 1.07～4.74kg·m^{-3}，热浸镀锌钢筋顶面有一些局部腐蚀，总体完好

续表

桥梁名称	调查时已使用时间/年	调查结果
Betsy Ross Bridge，Philadelphia，PA	8	全部是热浸镀锌钢筋，某些区域水溶性氯化物含量超过氯离子含量临界值，热浸镀锌钢筋顶面纯锌层有轻微腐蚀，没有严重腐蚀迹象，混凝土没有被破坏
Coraopolis Bridge，Alleghany Country，PA	9	全部是热浸镀锌钢筋，氯化物含量低于氯离子含量临界值，没有严重腐蚀迹象，热浸镀锌钢筋没有任何变化
Hershey Bridge，Dauphin County，PA	6	全部是热浸镀锌钢筋，有一些混凝土裂缝，但没有混凝土分层破坏，某些区域热浸镀锌钢筋有腐蚀现象，剩余热浸镀锌层厚度为 120～160μm
Montpelier Bridge，Montpelier，VT	10	位于主桥面板下 12mm 的顶层钢筋网是热浸镀锌钢筋，混凝土保护层厚度为 62mm，大量的混凝土分层破坏，但是与钢筋腐蚀无关，热浸镀锌层基本没有腐蚀，甚至在氯化物含量超过碳钢钢筋氯离子含量临界值的区域也是如此，剩余热浸镀锌层厚度平均为 135～196μm
Orangeville Bridge，Columbia Country，PA	7	全部是热浸镀锌钢筋，没有钢筋腐蚀迹象，纯锌层有轻微腐蚀，剩余热浸镀锌层厚度为 188～259μm
Tioga Bridge，Tioga Country，PA	7	全部是热浸镀锌钢筋，桥面板整个宽度范围内有大量的横向裂缝，总体完好，局部有很少的腐蚀，剩余热浸镀锌层厚度为 150～180μm

表 9-3 是 20 世纪 90 年代 LIZRO 对 6 座桥梁混凝土桥面板进行的调查结果，调查时桥梁的使用时间为 16～24 年。热浸镀锌钢筋在高质量的混凝土中只发生轻微的腐蚀，即使混凝土中的氯化物含量很高也是这样。如果混凝土保护层较薄，有可能发生中等程度的腐蚀。热浸镀锌层厚度很低且不连续的区域会发生比较严重的腐蚀。

表 9-3　20 世纪 90 年代 LIZRO 开展的桥面板热浸镀锌钢筋调查结果[1]

桥梁名称	调查时已使用时间/年	调查结果
Boca Chica Bridge，FL	19	桥面板有钢筋裸露的区域，钢筋半电池电位负于−350mV$_{CSE}$，表明有活化腐蚀。热浸镀锌钢筋位置氯化物浓度为 0.264%～0.400%（水泥质量分数），大大超过碳钢钢筋氯离子含量临界值。没有发现热浸镀锌钢筋腐蚀迹象。热浸镀锌钢筋表面很均匀，剩余热浸镀锌层厚度平均值大于 100μm
Ames Bridge，IA	24	桥面板有钢筋裸露的区域，钢筋半电池电位负于−350mV$_{CSE}$，腐蚀严重。热浸镀锌钢筋的保护层厚度为 83mm，基本没有腐蚀。剩余热浸镀锌层厚度平均值为 119μm，氯化物浓度为 0.036%～0.714%（水泥质量分数）
Athens Bridge，PA	18	全部是热浸镀锌钢筋，钢筋位置氯化物浓度为 0.079%～0.750%（水泥质量分数），没有发现腐蚀。剩余热浸镀锌层很厚，基本没有消耗
Coraopolis Bridge，PA	19	只检测了有热浸镀锌钢筋的桥面板。热浸镀锌钢筋位置氯化物浓度为 0.157%～0.886%（水泥质量分数）。热浸镀锌钢筋没有腐蚀迹象，只有几个地方出现了混凝土剥落和裂缝。热浸镀锌钢筋表面状况良好，热浸镀锌层基本没有消耗

续表

桥梁名称	调查时已使用时间/年	调查结果
Hershey Bridge，PA	16	检测了两跨有热浸镀锌钢筋的桥面板。氯化物浓度中等到高，没有发现腐蚀。热浸镀锌钢筋外观良好，没有出现热浸镀锌层的破坏，即使钢筋保护层只有 44mm
Tioga，PA	17	检测了两跨有热浸镀锌钢筋的桥面板。总体氯化物含量很低，但某些区域很高，达到 1.45%。在一个试样中发现热浸镀锌钢筋腐蚀，剩余热浸镀锌层厚度为 38μm，该处混凝土出现严重的表面裂缝。其他试样热浸镀锌层完好

9.1.2 美国 Wyoming 桥和 Michigan 桥热浸镀锌钢筋评价[2]

Wyoming 桥位于美国埃文斯顿的 I-80 公路上，建于 1975 年。所有跨的桥面板都使用了热浸镀锌钢筋。顶层纵向钢筋为 No.4（直径为 0.5in.），横向钢筋为 No.6（直径为 0.75in.）。

Michigan 桥位于美国安阿伯 Curtis Road over M-14，建于 1976 年。有一跨桥面板使用了热浸锌钢筋（顶层和底层），还有一跨为无涂层钢筋，另外两跨使用了环氧涂层钢筋。顶层横向钢筋为 No.6（直径为 0.75in.）。

通过电位测量、氯化物分析、外观检查、声探测、保护层厚度测量和金相学测量，对热浸锌的腐蚀性能进行评价，结果如下。

1）Wyoming 桥

图 9-1 是 Wyoming 桥电位测量结果。等电位线间距为 100mV。测点格子为 1.5m。约 50%以上测点的电位正于$-350mV_{CSE}$，在整个测量区域内电位较均匀。

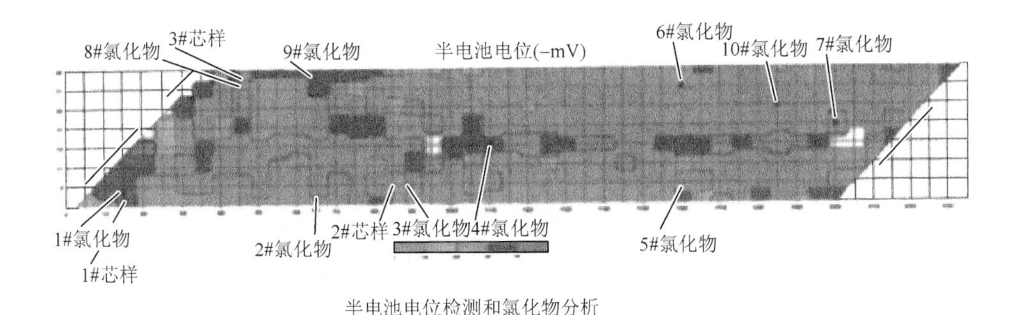

半电池电位检测和氯化物分析

图 9-1 Wyoming 桥电位检测结果

在桥面板取了 10 个混凝土粉样，测定其水溶性氯化物含量，结果见表 9-4。60%测点的水溶性氯化物含量超过美国混凝土协会标准 ACI 201.2R-01 Guide to

Durable Concrete 规定的无涂层钢筋的氯化物含量极限值（水泥质量的 0.15%，假定水泥含量为 14%），50%测点的水溶性氯化物含量超过该值的 3 倍。

表 9-4 Wyoming 桥氯化物含量

名称	跨（车道）	钢筋深度/cm	电位（CSE）/(−mV)	水溶性氯化物含量[a]/%
P1	东南	6.985～8.255	390	0.26
P2	东南	6.35～7.62	35	0.06
P3	东南	6.985～8.255	270	0.69
P4	东南	7.62～8.89	450	2.21
P5	东南	6.35～7.62	310	0.14
P6	西北	5.715～6.985	25	0.07
P7	西北	6.985～8.255	300	0.72
P8	西北	5.715～7.62	290	0.46
P9	西北	6.985～8.255	470	0.96
P10	西北	6.985～8.255	15	0.04

a. 假定水泥含量为 14%。

声探测结果表明，在检测区域内混凝土没有分层和不连接的表面。现场取芯检查发现，钢筋没有腐蚀。

测量了 2 个车道桥面板的保护层厚度，结果见图 9-2。保护层厚度为 3.81～12.192cm，平均值接近 7.62cm。

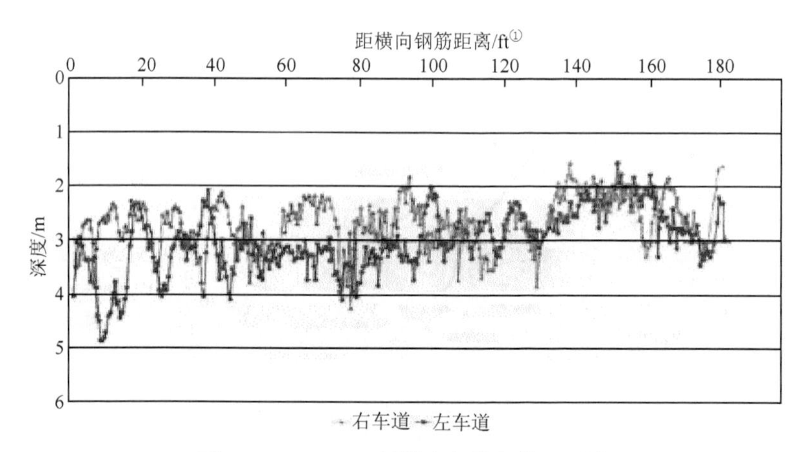

图 9-2 Wyoming 桥横向钢筋保护层厚度

金相学测量表明所有的热浸锌钢筋试样均处于良好状态。光滑的外表也表明钢筋腐蚀极少或没有腐蚀。从 1 号、2 号和 3 号芯样取出 3 个钢筋试样，测量热

① ft：英尺，长度单位。1ft=3.048×10^{-1}m。

浸镀锌层的厚度，平均值为 251μm，最小值为 140μm，在 3 号芯样上。热浸镀锌层厚度超过了美国材料试验协会标准 ASTM A 767/A 767M Standard Specification for Zinc-Coated（Galvanized）Steel Bars for Concrete Reinforcement 规定的 II 级新钢筋热浸镀锌层厚度要求（84μm）。

2）Michigan 桥

Michigan 桥对第 4 跨（热浸镀锌钢筋）和第 1 跨（无涂层钢筋）的性能进行比较。

图 9-3 和图 9-4 分别是第 4 跨和第 1 跨电位测量结果。等电位线间距为 100mV。测点间距为 $0.5m^2$ 的格子。第 1 跨和第 4 跨的电位接近或比 $-350mV_{CSE}$ 更负。

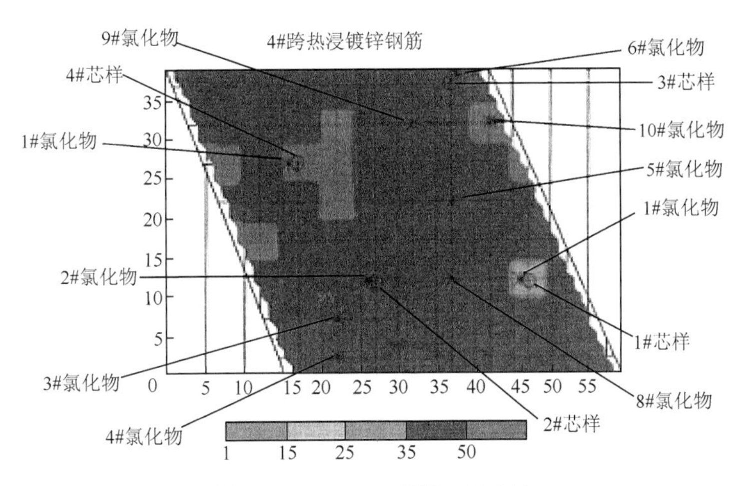

图 9-3　Michigan 桥第 4 跨电位

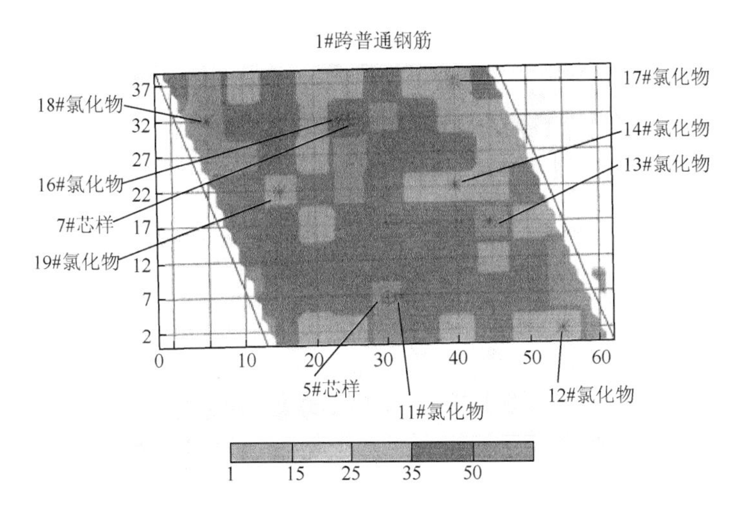

图 9-4　Michigan 桥第 1 跨电位

表 9-5 和表 9-6 分别是第 4 跨和第 1 跨水溶性氯化物含量分析结果。第 4 跨所有测点的测量值均大于美国混凝土协会标准 ACI 201.2R-01 关于无涂覆钢筋氯离子含量临界值为 0.15%（水泥质量分数，假设水泥含量为 14%）的要求。第 1 跨水溶性氯化物含量平均值为 0.72%，虽然也超过上述极限值，但比第 4 跨要小。根据氯离子在混凝土中的分布判断，氯化物不是施工过程带入的。氯化物的集聚很大程度上是因为除冰盐不断渗入造成的。混凝土保护层不同是导致第 4 跨和第 1 跨氯化物含量不同的原因之一。

表 9-5　Michigan 桥氯化物含量（第 4 跨）

名称	跨（车道）	钢筋深度/cm	电位（CSE）/(−mV)	水溶性氯化物含量[a]
P1	东南	5.08～6.35	205	0.85
P2	东南	5.08～6.35	476	1.36
P3	东南	5.08～6.35	478	1.55
P4	东南	5.08～6.35	436	1.14
P5	东南	5.08～6.35	443	1.23
P6	西北	5.08～6.35	403	1.34
P7	西北	5.08～6.35	522	1.51
P8	西北	5.08～6.35	451	1.19
P9	西北	5.08～6.35	455	1.24
P10	西北	5.08～6.35	642	1.38

a. 假定水泥含量为 14%。

表 9-6　Michigan 桥氯化物含量（第 1 跨）

名称	跨（车道）	钢筋深度/cm	电位（CSE）/(−mV)	水溶性氯化物含量[a]
P11		6.985～8.255	504	1.12
P12		6.985～8.255	281	0.39
P13		6.985～8.255	354	0.98
P14		6.985～8.255	335	0.82
P15	第 2 跨（环氧涂层钢筋）	6.985～8.255	—	0.94
P16		6.985～8.255	427	0.34
P17		6.985～8.255	274	0.36
P18		6.985～8.255	581	1.22
P19		6.985～8.255	344	0.53

a. 假定水泥含量为 14%。

桥面板外观检查和声探测结果表明，桥面板混凝土没有分层现象。在第 1 跨南端有一处面积约为 5.6m² 的局部修补。在修补交界处，有一条纵向裂缝。该裂缝不在顶层钢筋上方，与钢筋腐蚀造成的混凝土开裂、分层和脱落不一样。从第 4 跨上取出的芯样外观检查表明热浸锌钢筋没有腐蚀。第 1 跨上取出的 2 个芯样中，7#芯样的无涂层钢筋腐蚀严重，5#芯样的无涂层钢筋腐蚀较轻。芯样位置见图 9-4。

图 9-5 和图 9-6 分别是第 4 跨和第 1 跨的保护层厚度测量结果。第 4 跨和第 1 跨平均保护层厚度分别为 5.08mm 和 7.62mm。如上所述，保护层厚度的差别可以解释第 4 跨和第 1 跨水溶性氯化物含量的差别。

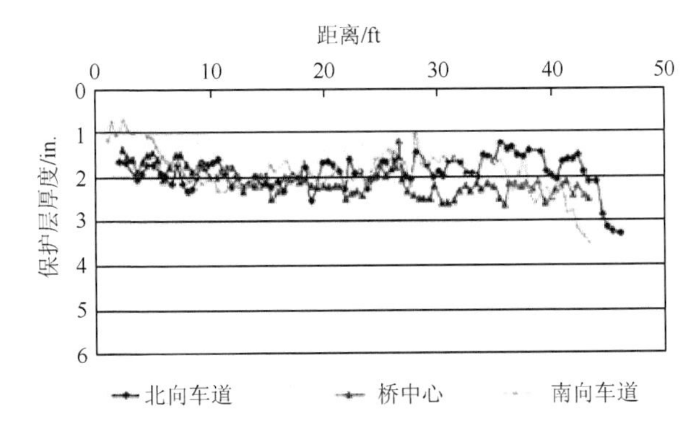

图 9-5　Michigan 桥第 4 跨横向钢筋保护层厚度

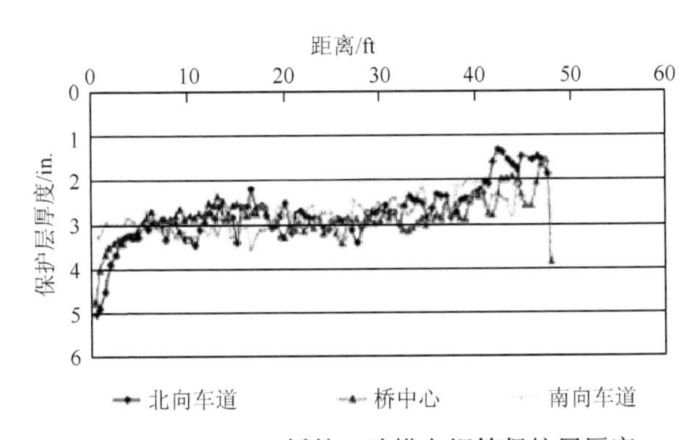

图 9-6　Michigan 桥第 1 跨横向钢筋保护层厚度

金相学检查和测量表明，所有的热浸锌钢筋状况良好。光滑的外表也表明钢筋腐蚀极少或没有腐蚀。4 个芯样热浸镀锌层厚度平均值为 142μm，最小厚度为 96μm，在 2#芯样上测得。最小涂层厚度超过 ASTM A767/A767M 规定的Ⅱ级新钢筋涂层厚度的要求（84μm）。

由于使用除冰盐 Wyoming 桥和 Michigan 桥混凝土桥面板的氯化物浓度都较高，调查研究结果表明，在使用 30 多年后，两座桥梁混凝土桥面板的热浸锌钢筋都没有腐蚀，没有出现因钢筋腐蚀造成的混凝土劣化。

用于金相学检查的热浸锌钢筋试样取自于氯化物含量高和电位负于$-350mV_{CSE}$的地方。显然，Michigan 桥的电位要比 Wyoming 桥负，原因可能是暴露环境、混凝土性能和保护层厚度不同。金相学测量表明所有热浸镀锌钢筋试样的热浸镀锌层厚度都大于 ASTM A767/A767M 对Ⅱ级新钢筋热浸镀锌层厚度的要求（84μm）。

调查得出以下结论。

（1）热浸镀锌钢筋表现出良好的防腐蚀性能。

（2）热浸镀锌钢筋没有腐蚀迹象。

（3）桥面板混凝土没有发现裂缝、分层和剥落以及钢筋活化腐蚀迹象。在电位负于$-350mV_{CSE}$的位置，没有因腐蚀产生的混凝土劣化。

（4）所有热浸镀锌钢筋试样的热浸镀锌层厚度都大于 ASTM A767/A767M 对Ⅱ级新钢筋热浸镀锌层厚度的要求（84μm）。

9.1.3　南非 Algoa 海滨人行桥使用热浸镀锌钢筋效果[3]

南非 Algoa 海滨一座人行桥临海侧的楼梯（距海约 50m）使用了热浸镀锌钢筋。1985 年，该楼梯在使用 20 年后被拆除，图 9-7 是人行桥外观照片。

图 9-7　人行桥外观

以下是北美热浸镀锌协会在桥梁使用 20 年后进行的调查检测结果。

1）混凝土保护层厚度

混凝土保护层厚度为 45～60mm。

2）氯化物含量

分别在陆侧和海侧取混凝土芯样（图 9-8 和图 9-9），测量不同保护层深度位置的氯离子含量，结果见表 9-7。可以看出，无论是陆侧还是海侧，氯离子含量最大值都远远超过了相关标准规定的碳钢钢筋的氯离子含量临界值。

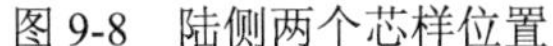

图 9-8　陆侧两个芯样位置

图 9-9　海侧两个芯样位置

表 9-7　氯离子含量（占水泥质量分数）

保护层厚度/mm	位置	氯离子含量/%
45～60	陆侧	0.15～0.65
	海侧	0.27～1.26
30～45	—	0.19～2.6
15～30	—	0.49～8.8

3）混凝土碳化

陆侧混凝土碳化深度为 18～22mm，海侧混凝土碳化深度为 5～23mm，陆侧混凝土比海侧碳化严重。

4）混凝土耐久性

测量了混凝土的氧渗透性和吸水性。7 个试样的氧渗透性检测结果分别为：1 个“很好”，1 个“好”，4 个“差”，1 个“很差”。6 个试样的吸水性检测结果分别为：2 个“很好”，2 个“好”，2 个“差”。

5）钢筋外观

图 9-10～图 9-12 是楼梯拆除时钢筋的外观状况。绝大部分的热浸镀锌钢筋都是非常完好的，见图 9-10。在局部混凝土保护层较薄和氯离子含量较高的地方，热浸镀锌层也对钢筋起到了保护作用。但个别已满足腐蚀条件的钢筋，由于混凝土保护层厚度较小，热浸镀锌层已经消耗，基体钢筋有腐蚀迹象，见图 9-11 和图 9-12。

6）钢筋表面热浸镀锌层

在混凝土保护层厚度分别为 45mm 和 60mm 处各取 1 个钢筋试样，采用显微镜观察热浸镀锌层外观，测量热浸镀锌层剩余厚度。图 9-13 和图 9-14 是钢筋显微照片（100×）。钢筋表面为一层暗灰色锌涂层，涂层没有劣化迹象。热浸镀锌层厚度为 240～260μm。

图 9-10　热浸镀锌钢筋完好

图 9-11　局部钢筋腐蚀

图 9-12　局部钢筋腐蚀

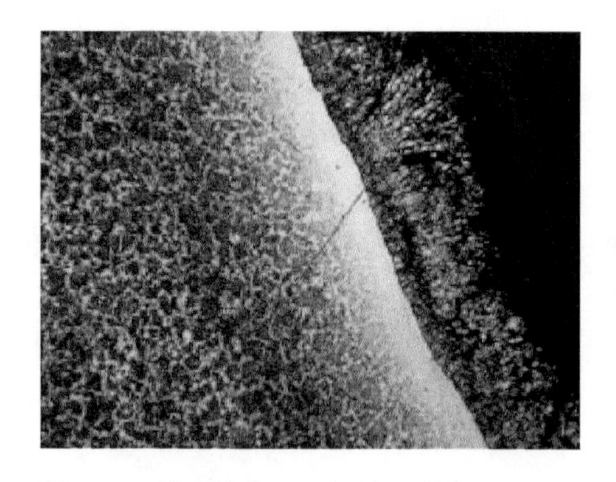

图 9-13　热浸镀锌层（保护层厚度 60mm）

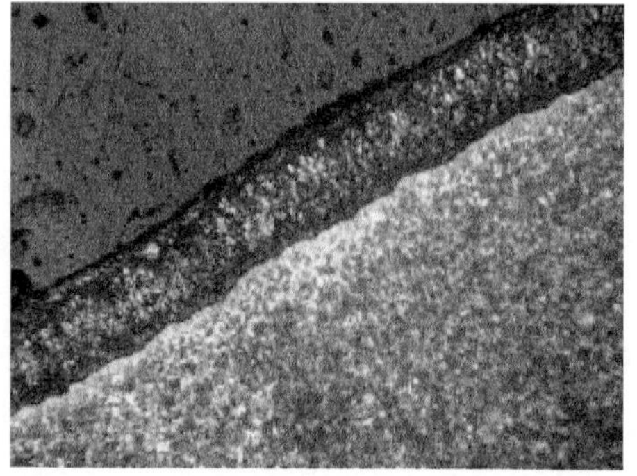

图9-14　热浸镀锌层(保护层厚度45～50mm)

调查结果表明，处于海洋大气环境中的桥梁楼梯在使用 20 年后，虽然混凝土中的氯离子含量较高，但热浸镀锌钢筋绝大部分仍然是完好的，没有腐蚀迹象。说明热浸镀锌层为基体钢筋提供了优异的防腐蚀保护作用。

9.1.4 百慕大群岛 Longbird 桥热浸镀锌钢筋评价[1]

1. 基本情况

百慕大群岛的 Longbird 桥建于 1952 年。1994 年，对桥梁中的热浸镀锌钢筋进行了评价，此时桥梁已服役 42 年。取两个混凝土芯样进行分析。两个芯样直径均为 140mm，长度分别为 300mm 和 150mm。1#芯样是由桥面板外侧向内水平取出，2#芯样是在一个人行道上由垂直方向取出。

2. 评价方法

一、按照 ASTM C856 Standard Practice for Petrographic Examination of Hardened Concrete，对 1#芯样（包括刚刚取出的芯样和加工过的芯样）进行岩相分析，评价混凝土质量，观察混凝土是否存在其他一些状况，如非正常的微裂缝和二次反应产物，并用酚酞溶液测量混凝土碳化深度。

二、按照 ASTM C1152 Standard Test Method for Acid-Soluble Chloride in Mortar and Concrete，测量两个芯样在不同深度的酸溶性氯化物含量。

三、通过金相分析，确定芯样中热浸镀锌钢筋表面热浸镀锌层的厚度和组成。

3. 分析结果

1）岩相分析结果

粗骨料是压碎的基本上完全由方解石构成的多孔灰岩。颜色从浅黄到棕黄。形状有尖角的、次棱角的、块状的和细长状的。骨料最大粒径为 25mm。细骨料同样是灰岩，更加密实和细小。粗细骨料都均匀分布在混凝土中。

混凝土的骨料和硬化的水泥浆体紧密的胶结在一起。水泥浆体中含有大量的气孔，气孔大小大多在人为引气产生的孔的大小范围内，这些气孔在水泥浆体中均匀分布。还有一些稍大的气孔分散在水泥浆体中，分析是带入的空气形成的孔。混凝土含气量测量值为 2.5%～3.5%。

显微镜观察发现，在芯样整个长度范围内，没有不正常的微裂缝，包括由于干缩或者造成混凝土进一步劣化的一些反应形成的裂缝。对刚刚取出的芯样进行的碳化深度检测结果表明，混凝土内部和外表面都没有发生碳化。混凝土表面有一层浅灰到白色的涂层，涂层下面是深色的密实的表面区域，在这一区域的断裂面酚酞变为古铜色。这一区域的最大深度为 6.4mm，分析可能是使用了表面涂层或者封闭剂。

芯样还包括一小段直径为 12.7mm 的热浸镀锌钢筋，位于混凝土涂覆涂层的表面以下 73mm 处。钢筋表面和钢筋周围的混凝土中均没有钢筋腐蚀的迹象。钢筋附近的混凝土也没有碳化。钢筋附近大部分的混凝土有明显的埋设钢筋的痕迹，但其中有 19mm 长的部分有孔洞，分析可能是沿钢筋一侧局部混凝土与钢筋黏结不好，或者是热浸镀锌层与新鲜混凝土中的高碱性溶液发生了反应。

2）氯离子含量

表 9-8 是芯样混凝土中的酸溶性氯离子含量测试结果，单位体积混凝土质量按 $2240kg \cdot m^{-3}$ 计。以裸钢氯离子含量临界值为 0.20%（水泥质量分数），混凝土中水泥用量为 $297kg \cdot m^{-3}$ 计算，单位体积混凝土中的氯离子含量临界值应为 $0.6kg \cdot m^{-3}$。从表 9-8 可以看出，两个芯样钢筋位置的氯离子含量分别为 $1.92kg \cdot m^{-3}$ 和 $5.23kg \cdot m^{-3}$，远远超过了计算得出的裸钢氯离子含量临界值（$0.6kg \cdot m^{-3}$）。

表 9-8 酸溶性氯离子含量

芯样编号	取样位置	取样深度/mm	氯离子含量/($kg \cdot m^{-3}$)
1#	桥面板侧面，水平方向取样	0～6.4	3.05
		38～45	2.35
		70～76（钢筋位置）	2.10
		152～159	1.81
2#	人行道，垂直方向取样	0～6.4	5.18
		32～38	6.18
		70～76（钢筋位置）	5.23

3）金相分析

美国锌公司（Zinc Corporation of America）对两个芯样中的钢筋进行了金相分析，得到如下结果。

a. 水泥浆体/钢筋界面元素图谱

扫描电镜照片显示热浸镀锌层的锌向钢筋周围的水泥浆体中扩散。有研究认为这种扩散有助于防止可能导致混凝土胀裂剥落的内部应力的产生。

b. 热浸镀锌层金相测量

1#芯样测试了两个位置。一处热浸镀锌层厚度为 175～250μm，从钢筋表面依次为块状的 δ 相 Zn-Fe 合金、柱状的 ζ 相合金和纯锌层；另一处热浸镀锌层有中等程度的腐蚀，热浸镀锌层厚度为 140～173μm，显示出不规则的表面轮廓。2#芯样热浸镀锌层局部腐蚀严重，个别地方碳钢基体已经暴露在外。有一些地方的热浸镀锌层厚度为 0～50μm，另一些地方达到 33～250μm。

c. 热浸镀锌层平均厚度

光学显微镜测量结果表明，1#和 2#芯样钢筋热浸镀锌层平均厚度分别为 180μm 和 124μm。

d. 腐蚀产物半定量分析

扫描电镜-元素色散 X 射线分析表明，腐蚀产物中有 55% ZnO 和 31% CaO，这与其他试验结果一致。

e. X 射线衍射分析

X 射线衍射分析结果表明，腐蚀产物中主要是 ZnO，少量的氢氧化锌钙水合物，以及微量的 $Zn(OH)_2$ 和 FeO。

4）结论

岩相分析表明，混凝土完好，没有逐步劣化的迹象。热浸镀锌层下的基体钢筋既没有腐蚀的迹象，也没有出现与腐蚀有关的裂缝。芯样靠近钢筋位置的酸溶性氯离子含量远大于计算得出的裸钢氯离子含量临界值（$0.6\text{kg}\cdot\text{m}^{-3}$）。冶金学分析表明 2#芯样热浸镀锌层发生了轻微的局部腐蚀，此处的氯离子含量为 $5.23\text{kg}\cdot\text{m}^{-3}$。但是，在这个位置，没有出现与钢筋有关的破坏。

总的来说，Longbird 桥混凝土芯样钢筋表面的热浸镀锌层为基体钢筋提供了出色的保护，桥梁龄期已超过 40 年，除了钢筋位置氯离子浓度很高的地方，没有发生或即将发生与钢筋有关的破坏。

9.1.5　加拿大三座桥梁桥面板热浸镀锌钢筋评价[4]

加拿大安大略交通运输部（MTO）桥梁耐久性工作组对安大略使用了热浸镀锌钢筋的三座桥梁开展了评价工作。MTO 从来没有明确规定在桥梁中需要使用热浸镀锌钢筋，这三座桥梁由三个市政局建造，是很少使用热浸镀锌钢筋的桥梁。

调查内容以及测量方法和参考依据见表 9-9。

表 9-9　调查内容、测量方法和参考依据

序号	调查内容	测量方法和参考依据
1	顶层钢筋电位	ASTM C876 Standard Test Method for Corrosion Potentials of Uncoated Reinforcing Steel in Concrete
2	钢筋位置酸溶性氯离子含量（碳钢钢筋氯离子含量临界值按占混凝土质量 0.025%考虑）	安大略运输部规范
3	顶层钢筋腐蚀电流	线性极化
4	混凝土外观劣化状况，包括裂缝、胀裂和剥落以及其他腐蚀引起的破坏	ACI 224.1R Causes, Evaluation, and Repair of Cracks in Concrete Structures
5	桥面板分层破坏	ASTM D4580 Standard Practice for Measuring Delaminations in Concrete Bridge Decks by Sounding

续表

序号	调查内容	测量方法和参考依据
6	芯样岩相分析和抗压强度	CAN/CSA-A23.2-9C-09 Compressive Strength of Cylindrical Concrete Specimens
7	钢筋保护层厚度	保护层厚度测定仪
8	混凝土电阻率	Wenner 四电极法

1. Victoria 街桥

Victoria 街桥位于安大略 Wingham，是一座乡村桥梁，建于 1975 年。桥面板是后张式 3 跨连续厚板。桥面板尺寸为 52m×10m。桥面板所有的钢筋都是没有经过铬处理的热浸镀锌钢筋。图 9-15 是 Victoria 街桥外貌。

图 9-15　Victoria 街桥

1975～2004 年，对桥面板和人行道进行了检测。图 9-16 是 Victoria 街桥桥面板钢筋腐蚀电位、氯离子浓度和混凝土分层破坏关系曲线。

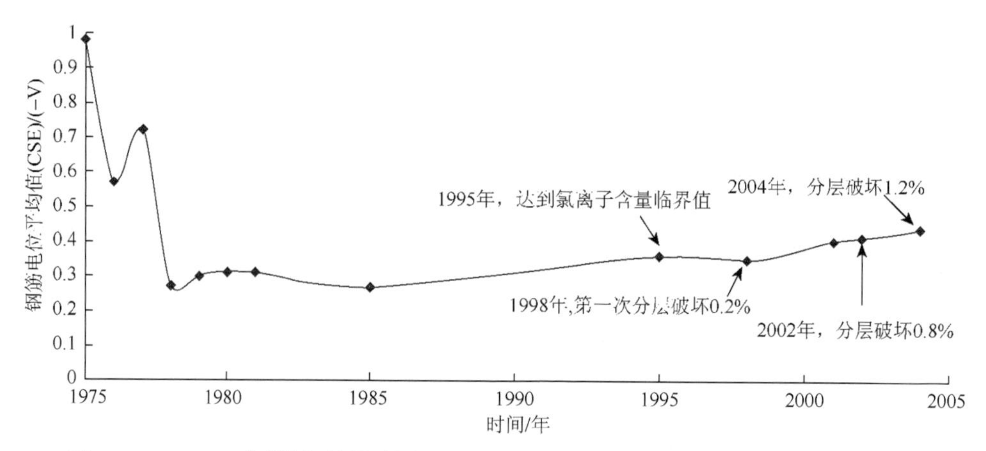

图 9-16　Victoria 街桥桥面板钢筋腐蚀电位、氯离子浓度和混凝土分层破坏关系曲线

具体检测得到如下结果。

1）钢筋电位

表 9-10 和表 9-11 分别是桥面板和人行道钢筋电位的统计结果。

表 9-10　桥面板钢筋电位统计结果

测量时间	钢筋电位（CSE）/(–V)			标准偏差
	最正值	最负值	平均值	
1975	0.90	1.17	0.98	0.05
1976	0.47	0.66	0.57	0.04
1977	0.64	0.78	0.72	0.03
1978	0.17	0.35	0.27	0.03
1979	0.18	0.35	0.30	0.03
1980	0.20	0.36	0.31	0.03
1981	0.22	0.39	0.31	0.03
1985	0.17	0.38	0.27	0.05
1995	0.21	0.50	0.36	0.05
1998	0.16	0.52	0.35	0.07
2001	0.21	0.58	0.40	0.07
2002	0.24	0.64	0.41	0.07
2004	0.25	0.61	0.44	0.07

表 9-11　人行道钢筋腐蚀电位统计结果

测量时间	钢筋电位（CSE）/(–V)			标准偏差
	最正值	最负值	平均值	
1995	0.32	0.58	0.43	0.06
1998	0.24	0.54	0.41	0.06
2001	0.24	0.54	0.41	0.06
2002	0.32	0.55	0.45	0.06
2004	0.39	0.61	0.51	0.06

从表 9-10 可以看出，钢筋的初始电位平均值约为–1.0V_{CSE}。1978～1985 年，钢筋腐蚀电位平均值为–0.31～–0.27V_{CSE}，钢筋处于钝化状态。1995～2004 年，钢筋腐蚀电位平均值为–0.44～–0.35V_{CSE}，钢筋处于活化状态。

从表 9-11 可以看出，1995～2004 年，钢筋腐蚀电位平均值为–0.51～–0.41V_{CSE}，钢筋处于活化状态。

2）钢筋保护层厚度

桥面板和人行道钢筋保护层厚度平均值分别为 59mm 和 34mm。

3）氯离子浓度

表 9-12 是三个混凝土芯样的酸溶性氯离子浓度检测结果。

表 9-12　混凝土芯样酸溶性氯离子浓度检测结果

深度/mm	1#芯样（1995 年）		2#芯样（1995 年）		3#芯样（2004 年）	
	测量值/%	修正值/%	测量值/%	修正值/%	测量值/%	修正值/%
0～10	0.493 2	0.465 8	0.331 5	0.306 8	0.547	0.522
10～20	0.328 8	0.304 1	0.286 6	0.261 9	0.545	0.520
20～30	0.124 4	0.099 7	0.190 9	0.166 2	0.341	0.316
30～40	0.193 4	0.168 7	0.127 1	0.102 4	0.263	0.238
40～50	0.086 3	0.061 6	0.073 4	0.048 7	0.192	0.167
50～60	0.052 3	0.027 6	0.052 5	0.027 8	0.181	0.156
60～70	0.039 1	0.014 4	0.045 2	0.020 5	—	—
70～80	0.035 0	0.010 3	0.025 8	0.001 1	—	—
80～90	—	—	0.032 3	0.007 6	—	—
90～100	—	—	0.030 4	0.005 7	—	—
100～110	—	—	0.024 7	0	—	—

4）桥面板外观劣化状况

1998 年调查时，首次发现桥面板混凝土出现裂缝和分层破坏，见图 9-17。此时钢筋腐蚀电位平均值为$-0.35V_{CSE}$，最负为$-0.52V_{CSE}$。

图 9-17　Victoria 街桥桥面板裂缝

1998 年，桥面板混凝土分层破坏面积约为桥面板面积的 0.2%，2001 年升至 0.5%，2004 年升至 1.2%。图 9-18 是该桥面板混凝土分层破坏随时间的变化曲线。

1995 年，首次发现沿人行道和护栏墙上的裂缝有一些锈斑。

1995 年和 2004 年，分别在桥面板的 21 个和 12 个代表性位置，采用线性极化法测量了钢筋的腐蚀速率。1995 年测得的平均腐蚀电流密度为 1.07μA • cm^{-2}，2004 年测得的为 2.55μA • cm^{-2}。

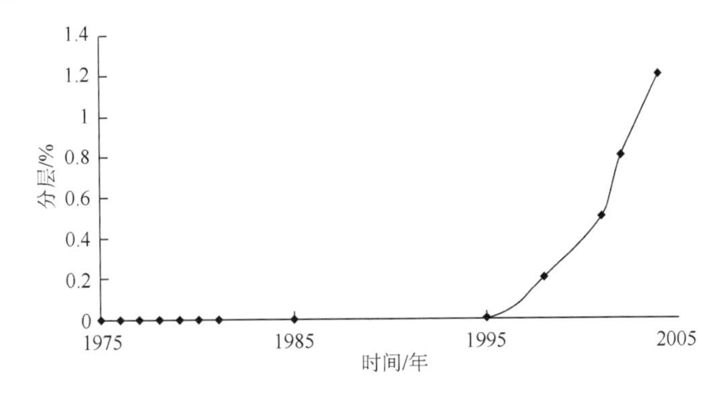

图 9-18　Victoria 街桥桥面板混凝土分层破坏

5）混凝土电阻率

2004 年，在桥面板 14 个代表性位置测量了混凝土的电阻率，平均值为 25kΩ • cm。

根据检测结果调查人员认为，热浸镀锌钢筋相比于碳钢钢筋仅延长了 3 年的使用寿命。一旦出现分层破坏，热浸镀锌钢筋腐蚀导致的混凝土分层破坏的发展进程要比碳钢钢筋慢。

2. Bridge 街桥

Bridge 街桥位于 Dorchester，建于 20 世纪 20 年代，是一座乡村桥梁。桥梁有 4 个简支主跨。1976 年更换桥面板时使用了热浸镀锌钢筋。桥面板长约 44m，宽 7m。桥面板表面是裸露的混凝土。图 9-19 是 Bridge 街桥外貌。

图 9-19　Bridge 街桥外貌

1994 年、1995 年和 2003 年对桥面板进行了调查检测。

1）1994 年调查检测结果

检测表明，桥面板有大量的混凝土分层和少量的混凝土剥落，有一些区域已进行了局部修补，见图 9-20。

图 9-20　1994 年 Bridge 街桥桥面板状况

表 9-13 是混凝土芯样氯离子浓度检测结果。

表 9-13　1994 年 Bridge 街桥混凝土芯样酸溶性氯离子含量（占混凝土质量分数）

深度/mm	测量值/%	修正值/%
0～10	0.576	0.552
20～30	0.453	0.429
40～50	0.334	0.310
60～70	0.196	0.172

调查人员发现，混凝土分层破坏与钢筋保护层厚度小以及钢筋腐蚀电位负有很大的关系。桥面板钢筋平均保护层厚度计算值为 51mm，而在出现分层破坏的区域钢筋平均保护层厚度计算值仅为 27mm。桥面板钢筋腐蚀电位平均值为 $-0.38V_{CSE}$，82%测量值负于 $-0.35V_{CSE}$。在分层破坏区域，钢筋腐蚀电位平均值为 $-0.51V_{CSE}$。

2）1995 年调查检测结果

桥面板有 10%的区域有混凝土分层或经过修补。桥面板钢筋腐蚀电位平均值为 $-0.45V_{CSE}$，90%测量值负于 $-0.35V_{CSE}$，其余为 -0.35～$-0.20V_{CSE}$，与 1994 年的检测结果相符。表 9-14 是桥面板混凝土芯样氯离子含量检测结果。

表 9-14　1995 年 Bridge 街桥混凝土芯样氯离子含量（占混凝土质量分数）

深度/mm	测量值/%	修正值/%
0～10	0.473 4	0.449 1
10～20	0.535 7	0.5114
20～30	0.398 2	0.373 9
30～40	0.280 1	0.255 8
40～50	0.174 9	0.150 6
50～60	0.109 0	0.084 7
60～70	0.043 2	0.018 9
70～80	0.024 3	0

在桥面板顶层钢筋的 20 个代表性位置采用线性极化法测量了钢筋腐蚀速率，腐蚀电流密度平均值为 2.25μA · cm^{-2}。

3）2003 年调查检测结果

2003 年检测表明，桥面板约有 15%的区域有分层破坏或经过修补，比 1995 年增加了 5%。桥面板钢筋腐蚀电位平均值为–0.47V_{CSE}，99.6%的测量值负于–0.35V_{CSE}，最负值为–0.69V_{CSE}。

4）结论

调查结论为，1995 年（施工完成后的 19 年时间），桥面板 10%的区域出现了因钢筋腐蚀导致的劣化或修补。从 1995 年到 2003 年，桥面板混凝土分层破坏的区域从 10%增加到 15%，相比于碳钢钢筋，热浸镀锌层导致的混凝土分层破坏增加的速率要小。

3. Bathurst 街桥

Bathurst 街桥位于 Toronto，是一座城市桥梁，建于 1975 年。桥梁长 143m，宽 26m，共 4 跨，桥面板下是预应力混凝土梁。桥面板、人行桥和隔离墙使用了热浸镀锌钢筋。施工时，桥面板采取了铺设沥青膜+沥青磨耗层的防水措施。图 9-21 是 Bathurst 街桥外貌。

1995 年和 2004 年对桥梁的桥面板、护栏和人行道进行了检测，结果如下。

1）桥面板

1995 年检测结果表明，桥面板沥青铺面基本完好，东侧和西侧桥梁肩部有大量的封闭处理过的横向裂缝，机动车道有一些封闭处理过的纵向裂缝。防水层与桥面板以及沥青黏结良好。调查时，去除检测区域内的沥青面层和下面的防水膜，使桥面板表面暴露在外。检测结果表明桥面板状况很好。桥面板保护层厚度测量值为 20～70mm，平均值为 49mm。混凝土抗压强度平均测量值为 63.0MPa（设计值可能是 27.5MPa）。桥面板氯离子含量较低，混凝土芯样中的钢筋完好，没有腐蚀迹象。

图 9-21　Bathurst 街桥外貌

2004 年检测结果表明，桥面板状况总体很好。钢筋腐蚀电位测量结果表明，桥面板约有 1%的区域的钢筋为活化腐蚀状态，大部分区域电位正于–0.20V_{CSE}，处于钝化状态。

从覆盖沥青的桥面板上取了 37 个混凝土芯样，测量了 C18（活化腐蚀区域）、C20（腐蚀不确定区域）和 C26（钝化区域）三个芯样的氯离子含量，结果见表 9-15。

表 9-15　2004 年 Bathurst 街桥桥面板混凝土芯样氯离子含量

深度/mm	C20		C26		C18	
	测量值/%	修正值/%	测量值/%	修正值/%	测量值/%	修正值/%
0～10	0.156	0.126	0.146	0.146	0.113	0.085
20～30	0.112	0.092	0.127	0.127	0.099	0.070
40～50	0.081	0.052	0.089	0.089	0.077	0.048
60～70	0.052	0.023	0.075	0.075	0.054	0.025
80～90	0.029	0	0.040	0.040	0.033	0.004

桥面板 37 个芯样中，有 36 个含有热浸镀锌钢筋。有 16 个芯样的热浸镀锌层已经消耗，露出碳钢基体。除了 C25 芯样在 35mm 深度有混凝土分层破坏以外，其余 36 个芯样都没有明显的破坏现象。估计桥面板混凝土分层破坏区域小于桥面板总面积的 0.5%。桥面板混凝土性能相对较好，防水膜已经失效。

2）护栏

1995 年对东侧和西侧的护栏进行了检测，结果表明状况良好，有一些中等和较宽的垂直裂缝。对应纵向钢筋位置有一些轻微的锈斑。2004 年检测表明，护栏状况良好，在护栏内侧有一些纵向的狭窄和中等宽度的裂缝。

3）人行道

1995 年对东侧和西侧的人行道进行了检测，结果表明状况良好，有大量的从狭窄到中等宽度的纵向裂缝和一些中等到较宽的横向裂缝。在对应顶层钢筋的几个位置沿着纵向裂缝有一些锈斑。

东侧人行道顶层保护层厚度测量值为 30～100mm，平均值为 61mm。人行道取出的混凝土芯样在横向钢筋位置有混凝土分层破坏，芯样中的钢筋为腐蚀到严重腐蚀状态。测量了两个芯样的氯离子含量，结果见表 9-16，钢筋位置氯离子含量较高。

表 9-16　Bathurst 街桥人行道 1995 年混凝土芯样氯离子含量

深度/mm	1#样品		2#样品	
	测量值/%	修正值/%	测量值/%	修正值/%
0～10	0.457 5	0.394 8	0.484 5	0.421 8
10～20	0.505 9	0.443 2	0.444 8	0.382 1
20～30	0.400 1	0.337 4	0.327 7	0.265 0
30～40	0.303 0	0.204 3	0.244 8	0.182 1
40～50	0.276 0	0.213 3	0.184 0	0.121 3
50～60	0.205 2	0.142 5	0.116 1	0.053 4
60～70	—	—	0.082 2	0.019 5
70～80	—	—	0.067 1	0.004 4
80～90	—	—	0.062 6	0
90～100	—	—	0.062 7	0

1995 年对人行道的分层破坏进行了检测。西侧人行道分层破坏约占整个表面积的 2.6%，东侧约占 4.7%。2004 年再次对人行道混凝土分层破坏进行检测，西侧人行道分层破坏约占整个表面积的 10.3%，东侧约占 12.3%。分层破坏增加的速率很大。

调查结论认为，在这 3 座桥梁中，Bathurst 街桥的性能最好，防水膜的作用功不可没。2004 年最早检测到桥面板有混凝土分层破坏，出现的时间明显晚于前面两座桥梁。但是，在没有使用防水膜混凝土暴露在外的人行道，1995～2004 年，东侧分层破坏从 4.7%增加到 12.3%，西侧从 2.6%增加到 10.3%。这表明热浸镀锌钢筋出现了活化腐蚀，导致混凝土破坏，导致混凝土破坏的速率与处于类似环境的碳钢钢筋相同。可以这样解释，一旦热浸镀锌层消耗，钢筋的特性就与碳钢钢筋相同。

4. 三座桥梁的调查结论

三座桥梁调查结论如下：①顶层钢筋位置氯离子含量较高时，热浸镀锌钢筋很快发生腐蚀；②热浸镀锌钢筋腐蚀造成混凝土的严重破坏，表现为分层和裂缝。在结构物破坏最严重的地方，在施工后的 20 年内，分层破坏面积达总面积的 10%或者已经经过修补；③不推荐热浸镀锌钢筋作为暴露于安大略公路环境结构物主要的或唯一的防腐蚀措施。基于本次研究认为热浸镀锌钢筋不能提供长期有效的保护；④防水膜对于防止氯化物侵入是有效的，尽管在长时间后效果会降低；⑤适当的钢筋保护层厚度和高质量的混凝土对于降低氯化物侵入速率，延长钢筋腐蚀开始时间，也起到了重要的作用。

9.2　混凝土结构热浸镀锌钢筋应用状况[1，5～10]

尽管人们对热浸镀锌钢筋在混凝土中的耐腐蚀性能还存在一些争议，热浸镀锌钢筋的工程应用有成功也有失败，但热浸镀锌钢筋至今已经在很多国家得到应用，尤其是在澳大利亚、荷兰、意大利、英国和美国。美国大约有 2%的钢筋是热浸镀锌钢筋，欧洲约为 1%。而且热浸镀锌钢筋的消耗量逐年增加，已被广泛用于各种钢筋混凝土结构以延长其使用年限，包括撒除冰盐的桥面板、海港码头、海上采油平台、地下隧道、工业建筑和楼房等。美国和加拿大在 1948～1980 年，大约有 200 多座桥梁的桥面板使用了热浸镀锌钢筋。英国百慕大是应用热浸镀锌钢筋历史最长的，有多座应用热浸镀锌钢筋的桥梁在使用 40 多年后，仍然没有出现钢筋腐蚀迹象。20 世纪 80 年代末，百慕大投资了一项价值 3 亿美元的工程项目，规定全部使用热浸镀锌钢筋，其中，最大的 2 个项目分别是 Tynes 湾垃圾处理厂和一所新的初级学校，两个项目共计使用热浸镀锌钢筋 3000t。新加坡一座位于海边的水处理设施的 3200 根钻孔桩共使用了 1200t 热浸镀锌钢筋，Changi 污水处理系统的 1300 根钢筋混凝土管道共使用了 10 000t 热浸镀锌钢筋。澳大利亚悉尼歌剧院的 2194 块预制板全部使用热浸镀锌钢筋，使用 40 年后没有出现任何腐蚀迹象。

在我国，热浸镀锌钢筋目前还没有在工程中得到应用，有关热浸镀锌钢筋的试验研究也非常少。但在中国土木工程学会标准 CCES 01—2004（2005 修订版）《混凝土结构耐久性设计与施工指南》中已经指出：“在碳化引起钢筋腐蚀的一般环境下，可选用镀锌钢筋延长结构物的使用年限，镀锌钢筋的质量应符合相关规定，并不宜用在氯盐环境中”。但规范并没有对热浸镀锌钢筋混凝土的设计和材料要求提出相应的技术条款，也没有指出热浸镀锌钢筋不宜用在氯盐环境中的理由和条件。

表 9-17 是国外使用了热浸镀锌钢筋的一些著名建筑物。图 9-22～图 9-37 是一些使用热浸镀锌钢筋的结构物的照片。

表 9-17　使用热浸镀锌钢筋的著名建筑物

序号	地点	建筑物名称
1	澳大利亚悉尼	悉尼歌剧院
2	新西兰惠灵顿	新西兰国会大厦
3	美国夏威夷州	夏威夷银行
4	英国伦敦	国家剧院
5	美国旧金山	克罗克大厦
6	英国伦敦	学校建筑物
7	英国剑桥镇	剑桥大学
8	美国纽约	史坦顿岛社区学院
9	澳大利亚堪培拉	新国会大厦
10	英国伦敦	威斯敏斯特桥
11	美国华盛顿特区	住房与城市发展部大楼
12	美国夏威夷	檀香山太平洋金融广场
13	美国伊利诺伊	里格利田径运动场
14	美国	Frontier 化学公司
15	美国	纽约、新泽西、佛罗里达、爱荷华、密歇根、明尼苏达、佛蒙特、宾夕法尼亚、康涅狄格、马萨诸塞、安大略、魁北克等州的桥面及道路设施
16	美国纽约州怀特普莱恩斯	IBM 数据处理部门总部
17	法国敦刻尔克	熄焦塔
18	美国	阿肯色市民中心
19	澳大利亚霍巴特	水电委员会大楼
20	澳大利亚墨尔本	电信展览交流中心大楼
21	澳大利亚悉尼	洲际酒店
22	阿布扎比	ANDOC（阿布扎比国家石油公司）北海石油钻塔
23	英国伊斯特本	国会剧院
24	英国伯明翰	大学体育馆
25	澳大利亚悉尼	图书馆大厦
26	澳大利亚堪培拉	高等法院和国家美术馆
27	英国伦敦	巴克莱银行
28	澳大利亚墨尔本	国家网球中心

续表

序号	地点	建筑物名称
29	美国	威斯康星大学
30	美国加利福尼亚	李维斯特劳斯大厦
31	美国	乔治敦大学法律中心
32	美国北卡罗来纳州	美国海岸警卫队军营
33	美国底特律	肯尼迪室内停车场
34	美国俄亥俄州坎顿	橄榄球名人堂体育馆
35	意大利罗马	清真寺圆顶
36	荷兰斯派克	电站冷却水管
37	法国	Toutry 高架桥、St Nazaire 桥、Pont d'Ouche 高架桥

图 9-22　百慕大 Watford 桥（1979 年建造，全部使用热浸镀锌钢筋）

图 9-23　百慕大 Tynes Bay 垃圾发电厂基础（全部使用热浸镀锌钢筋）

图 9-24　新加坡 Changi 污水处理厂管道（使用 10 000t 热浸镀锌钢筋）

图 9-25　澳大利亚 Singleton 的日晷（1988 年建造）

图 9-26　澳大利亚悉尼歌剧院（1975 年完工，混凝土预制板使用热浸镀锌钢筋）

图 9-27　英国伦敦国家剧院

图 9-28　印度莲花寺

图 9-29　美国纽约奥尔巴尼帝国广场

图 9-30　新西兰议会大厦

图 9-31　美国桥面板

图 9-32　欧洲安全护栏

图 9-33　加拿大防撞护栏

图 9-34　日本海港码头

图 9-35　荷兰海水冷却水渠道

图 9-36　芬兰浮桥

图 9-37　北海 ANDOC 采油平台

参 考 文 献

[1] Yeomans S R. Galvanized Steel Reinforcement in Concrete. Oxford，UK：Elsevier Science，2004

[2] Nagi M，Alhassan S. Long Term Performance of Galvanized Reinforcing Steel in Concrete Bridge-Case Studies. Corrosion 2005：Paper 05264

[3] Hot Dip Galvanizers Association Southern Africa. Hot dip galvanized steel reinforcement in concrete"The truth after 40 years". Case History，No.04/2005

[4] Pianca F，Schell H. The Long Term Performance of Three Ontario Bridges Constructed with Galvanized Reinforcement. http: //www.stainlessrebar.com/docs/MTOGalvanized.pdf[2012-10-31]

[5] CCES 01—2004（2005 修订版）. 混凝土结构耐久性设计与施工指南

[6] Examples of Use of Galvanized Reinforcement in Singapore. http: //www.galvanizedrebar.com/Documents/Examples_of_Use/Singapore.pdf[2015.07.28]

[7] Hot Dip Galvanizers Association Southern Africa. Hot Dip Galvanized Case Study No. 4（Revised）：Hot Dip Galvanized Reinforcement in Concrete，in Hot Dip Galvanized Case Study. http: //www.hdgasa.org.za/case_studies/1034%20CaseHistory4.pdf[2013-06-21]

[8] Yeomans S R. Galvanized Steel Reinforcement in Concrete：An Overview

[9] Yeomans S R. An Overview of the Use of Galvanized Reinforcement in Concrete Construction

[10] Yeomans S R. Using Galvanized Steel Reinforcement in Concrete-Part 4. Canberra，Australia：University of New South Wales

第三篇　锌阳极——混凝土结构阴极保护阳极材料

第10章 混凝土结构阴极保护技术

10.1 阴极保护基本概念[1~4]

10.1.1 阴极保护定义和实施方法

阴极保护是防止电解质环境中金属腐蚀的一种电化学防腐蚀技术，它通过对被保护金属表面施加阴极直流电流，使其电位向负方向偏移（即阴极极化），从而达到减小或防止金属腐蚀的目的。施加阴极电流可以通过强制电流和牺牲阳极两种方式实现，即通常所称的强制电流阴极保护和牺牲阳极阴极保护（以下简称牺牲阳极保护）。强制电流阴极保护系统由直流电源、辅助阳极和监测探头组成，通过直流电源和辅助阳极为被保护金属提供阴极电流。牺牲阳极保护则是在被保护金属上连接一个电位更负的金属（称为牺牲阳极），通过牺牲阳极的溶解消耗为被保护金属提供阴极电流。

表10-1是强制电流和牺牲阳极两种阴极保护方式的优缺点，二者的最大区别就在于强制电流阴极保护比牺牲阳极保护需要更加严格的维护和管理。因为，强制电流阴极保护由直流电源为辅助阳极提供电流，而直流电源需要监测和维护，如果在阴极保护系统寿命期间不能对直流电源进行有效的监测和维护，阴极保护系统就有可能不能持续地正常运行，腐蚀就不能得到有效控制。

表10-1 外加电流法和牺牲阳极法的优缺点

保护方式	优点	缺 点
外加电流	（1）输出电流连续可调 （2）保护范围大 （3）不受介质电阻率限制 （4）工程越大越经济	（1）需要外部电源 （2）对邻近构筑物干扰大 （3）维护管理工作量大
牺牲阳极	（1）不需要外部电源 （2）对邻近构筑物无干扰或干扰小 （3）投产调试后可不需管理 （4）保护电流分布均匀、利用率高	（1）保护电流几乎不可调 （2）一次性投资较高

10.1.2 阴极保护基本原理

阴极保护基本原理可以用阴极保护模型、$Fe\text{-}H_2O$体系的电位-pH图和极化曲线简单地加以说明。

1）阴极保护模型

图 10-1 是阴极保护模型。

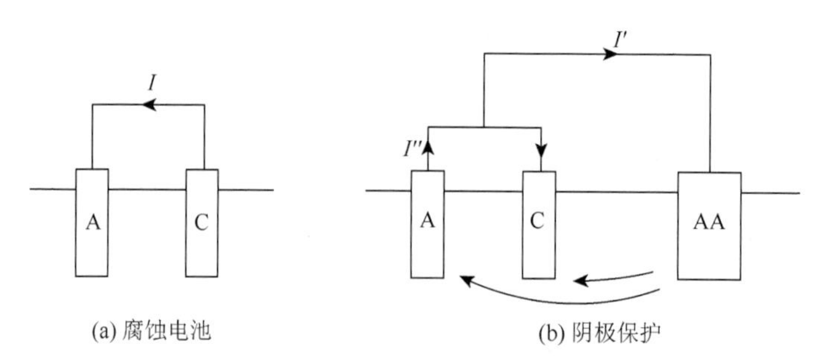

图 10-1　阴极保护示意图[4]

A 为阳极；C 为阴极；AA 为辅助阳极或牺牲阳极；
I 为腐蚀电流；I′为保护电流；I″为零或图中方向所示

电解质溶液中腐蚀着的金属表面可以看做是短路的双电极腐蚀原电池［图 10-1（a)］，当腐蚀电池工作时，就产生了腐蚀电流 I。对金属实施阴极保护［图 10-1（b)］，无论是强制电流还是牺牲阳极保护，保护电流都是经过电解质溶液进入金属，使金属阴极极化，原腐蚀电池的腐蚀电流降低，被保护金属得到保护。如果施加的保护电流 I'足够大，则被保护金属上原来的阳极不再溶解，腐蚀电流 I''为零，被保护金属得到完全的保护。

2）Fe-H_2O 体系的电位-pH 图

以图 2-1 所示的 Fe-H_2O 体系的电位-pH 图为例，将处于腐蚀区的铁进行阴极极化，使其电位向负移至稳定区，则铁由腐蚀状态进入热力学稳定状态，腐蚀停止而得到保护。

3）极化曲线

图 10-2 是说明阴极保护原理的极化图解。在未施加保护电流以前，腐蚀金属微电池的阳极极化曲线 $\varphi_{ea}M$ 与阴极极化曲线 $\varphi_{ek}N$ 相交于 S 点（忽略溶液电阻），此点相应的电位为金属的腐蚀电位 φ_c，相应的电流为金属的腐蚀电流 I_c。当施加保护电流使金属的总电位由 φ_c 极化至 φ_1 时，此时金属微电池阳极腐蚀电流为 I_{a1}（线段 $\varphi_1 b$），阴极电流为 I_{k1}（线段 $\varphi_1 d$），保护电流为 I_{K1}（线段 $\varphi_1 e$）。可以看出，$I_{a1}<I_c$，即阴极极化后，金属本身的腐蚀电流减小，即金属得到保护。

如果进一步阴极极化，使金属总电位降至腐蚀金属微电池阳极的起始电位 φ_{ea}，则阳极腐蚀电流 I_a 为零，保护电流 $I_K=I_f=I_k$，此时金属得到完全保护。

由此得出结论，要使金属得到完全保护，必须把金属阴极极化到其腐蚀微电池阳极的平衡电位。

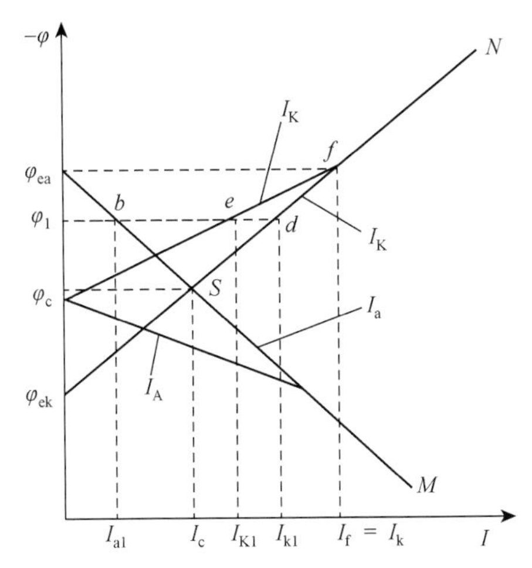

图 10-2　说明阴极保护原理的极化图解

10.1.3　阴极保护应用范围

阴极保护技术发明于 1824 年，20 世纪 50 年代开始被广泛应用于水和土壤环境中金属结构的防腐蚀保护，还被用于土壤环境中混凝土管道和储罐的防腐蚀保护。20 世纪 70 年代后，阴极保护越来越多地被用于氯化物环境混凝土结构钢筋的腐蚀控制。表 10-2 是阴极保护的主要应用范围。

表 10-2　阴极保护应用范围

金属结构		混凝土结构	
可保护的金属种类	钢铁、铸铁、低合金钢、铬钢、铬镍（钼）不锈钢、镍及镍合金、铜及铜合金、铝及铝合金、铅及铅合金	可保护的结构物种类	钢筋混凝土和预应力钢筋混凝土
适用的介质环境	淡水、咸水、海水、污水、海泥、土壤等电解质环境	适用的环境条件	氯化物污染大气、海水潮差浪溅区和腐蚀性土壤环境
可保护的结构物及设备	船舶、压载舱、钢桩、海上平台、管道、储罐、换热器、冷却器、电缆、油井套管、化工塔等	可保护的结构物	使用除冰盐的桥面板和停车场楼板、处于氯化物环境的桥梁下部结构、海洋工程上部和下部结构、跨海大桥的下部结构、沿海建筑物的阳台、海边电厂的混凝土海水冷却塔、埋地混凝土管和预应力混凝土钢筒管等

10.2　混凝土结构阴极保护实施方法[5~8]

混凝土结构阴极保护通过向混凝土中的钢筋表面持续通入足够的阴极电流，使其阴极极化以阻止钢筋腐蚀或降低钢筋腐蚀速率，达到延长混凝土结构使用年限的目的。图 10-3 是混凝土结构强制电流阴极保护和牺牲阳极保护实施方法示意图。

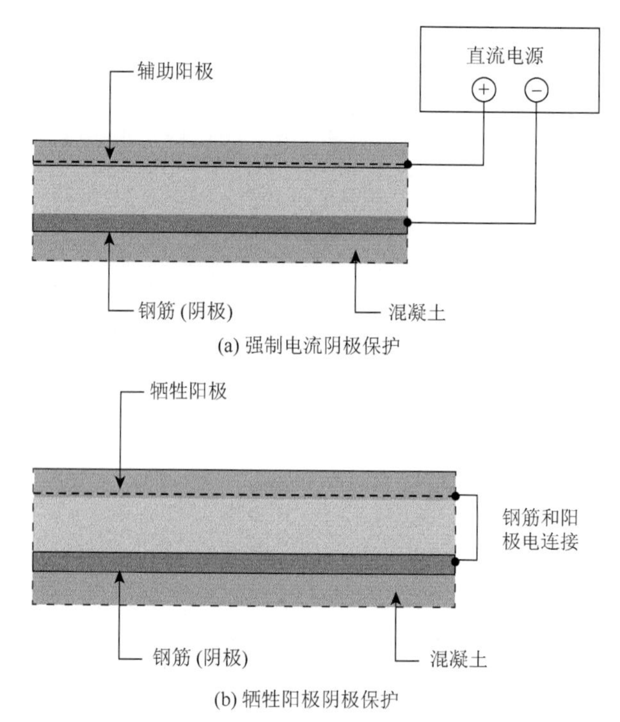

(a) 强制电流阴极保护

(b) 牺牲阳极阴极保护

图 10-3　混凝土结构阴极保护示意图

在阴极保护用于混凝土结构的早期研究和工程应用实践中，大多采用强制电流阴极保护。主要原因是混凝土的电阻率较高，而且随着混凝土湿含量和温度的变化波动较大，强制电流阴极保护不仅保护范围较大，而且受混凝土电阻率的影响较小，能够使混凝土中的钢筋得到均匀有效的保护。之后，随着适用于混凝土结构的新型牺牲阳极材料的不断研发，牺牲阳极保护逐渐得到推广应用。目前，强制电流和牺牲阳极两种阴极保护方式都已经得到了较为广泛的应用，两种方案选择的参考依据见表 10-3。

表 10-3　强制电流和牺牲阳极保护方式选择参考依据

强制电流	牺牲阳极
（1）结构物的剩余使用寿命较长（＞30 年）	（1）由于氯化物含量较低（＜1500ppm）或者钢筋密度较小，所需要的阴极保护电流密度较小
（2）有交流电	（2）无法经济地获得交流电
（3）由于氯化物含量较高（＞1500ppm）或者钢筋密度较大，所需要的阴极保护电流密度较大	（3）结构物处于潮湿或经常被湿润的环境中

续表

强制电流	牺牲阳极
（4）管理单位有能力对直流电源进行监测和维护	（4）只有一层钢筋需要保护
（5）结构物暴露于干湿交替环境	（5）管理单位缺乏对直流电源进行监测和维护的能力
（6）结构物不会经常被湿润	（6）结构物混凝土保护层厚度较小（＜10mm）或许多区域的钢筋暴露在外

10.3　混凝土结构阴极保护必要性和应用条件[6, 9]

10.3.1　混凝土结构阴极保护必要性

目前，阴极保护主要用于已建混凝土结构因钢筋腐蚀而导致的混凝土结构劣化的修复和延寿，也被用于新建构筑物混凝土结构钢筋腐蚀的预防，通常称为阴极防护。

对于已建混凝土结构的维修和修复，传统的方法是局部打补丁修补，即在混凝土破坏部位凿除胀裂、剥落处混凝土，露出其中的钢筋并进行清理，再用新的优质混凝土或聚合物改性水泥砂浆修补恢复其原貌。对氯化物环境中的混凝土结构采用局部打补丁修补往往效果很差或是无效的。因为虽然修补材料的防腐蚀性能高，渗透性和导电率较低，表面处理技术的改进使得修补混凝土与老混凝土之间的黏结良好，但是该技术没有消除氯化物环境混凝土结构钢筋产生腐蚀的根本原因——混凝土中存在氯离子、氧和湿气。在未凿除的混凝土中仍然存在高浓度的氯离子，在这些区域腐蚀仍在进行。最为主要的是采用局部修补后，形成了新的腐蚀电池，老混凝土中的钢筋成为腐蚀电池的阳极，修补混凝土中的钢筋成为腐蚀电池的阴极，加速了老混凝土中钢筋的腐蚀，结果造成修补混凝土周围的老混凝土很快被破坏。这种现象通常称为“环阳极腐蚀”或“光环效应”。

对混凝土结构局部打补丁修补后再实施阴极保护，则能够消除局部修补造成的“环阳极腐蚀”或“光环效应”，从而大大延长了氯化物环境混凝土结构修复后的使用年限。而且，对于拟采取阴极保护的混凝土结构，在局部修补时只需要凿除已受损的混凝土，而无需凿除虽被氯化物污染但尚坚固完好的混凝土，这不仅降低了维修工程成本，更重要的是减少了环境污染。因此，对氯化物环境混凝土结构采用阴极保护进行修复与延寿，经济效益和社会效益十分显著。

混凝土结构是否需要实施阴极保护，应考虑的因素主要包括：①混凝土结构所处的环境条件；②混凝土结构的腐蚀破坏状况；③混凝土结构的剩余使用年限；④阴极保护系统的设计使用寿命；⑤阴极保护系统的维护和监测要求；⑥阴极保护的初期投资；⑦阴极保护的全寿命周期成本；⑧阴极保护系统的长期耐久性；⑨阴极保护系统对结构物外观的改变。

10.3.2 混凝土结构阴极保护的应用条件

为了保证阴极保护能有效地发挥作用，被保护的混凝土结构应满足以下条件。

1）钢筋的电连续性

在保护范围内，所有需保护的钢筋均应具有良好的电连续性，以保证阴极保护时都能成为阴极。否则阴极保护时，没有电连续性的钢筋会发生杂散电流腐蚀。所以，在实施阴极保护之前，应查阅该结构的设计图纸，并对钢筋的电连续性进行必要的检测和评定。在大多数土木工程结构中，通过铁丝绑扎等连在一起的钢筋笼一般具有良好的电连续性，但在钢筋笼与钢筋笼之间，特别是结构伸缩缝处的电连续性可能较薄弱，或当钢筋发生了腐蚀，腐蚀产物也会削弱电连续性，因此在这些可疑的部位，均应通过检测钢筋之间的电阻或电位差的方法来证实其电连续性，否则应通过焊接或绑扎附加钢筋实现电连续性。

被保护混凝土结构内排水管的固定件、固定螺栓等所有其他金属埋件也必须被电连接到钢筋网上，以避免阴极保护引起的杂散电流腐蚀。

2）混凝土表面状况

混凝土结构表面如果有高阻抗的涂层或其他材料存在，会阻碍保护电流流到钢筋上，从而影响阴极保护系统的性能。因此，在安装阳极之前应进行检查，并通过喷砂或其他适当方法去除这些高阻抗覆盖层。

3）避免阴极和阳极之间短路

混凝土表面存在的任何金属件，有可能导致阴极系统和阳极系统的短路，从而使阴极保护系统失效。因此在混凝土安装阳极前，应将外露于混凝土表面的绑扎铁丝等所有金属件除去或向内弯折埋设于修补砂浆中，并保证与阳极之间存在一定的间隔，以避免彼此接近而发生短路。

为了避免阴极系统和阳极系统之间的短路，还必须保证它们之间具有一定的混凝土保护层，如果保护层厚度太小，应用修补砂浆修整，以保证阴极和阳极之间的混凝土厚度不小于 15mm。

4）混凝土破损和凿除

钢筋混凝土因钢筋腐蚀胀裂、剥落，或其他原因导致混凝土分层和破损面积之和应小于结构物总面积的50%。破损的混凝土保护层均须凿除，清除露出的钢筋上的锈层。但无需凿除虽被盐污染但尚坚固完好的混凝土。

5）局部修补

阴极保护电流是通过混凝土或砂浆中的孔隙液输送到钢筋表面的，如果阴极系统和阳极系统之间存在只有空气的间隙，保护电流将无法通过，因此在实施阴极保护之前必须对保护区域内混凝土上的任何分层部位，使用水泥基修补材料修复至原断面，必要时还应进行加固处理，保证阴极系统与阳极系统之间存在良好的离子通路。

适用于阴极保护的修补材料具有下列要求：①必须是离子导电材料，不能含有金属或碳纤维（粉末）等电子导电物质，以防止阴极系统和阳极系统的短路；②为了尽量使电流能够均匀分布，其电导率应与原混凝土处于同一数量级（一般为原混凝土的50%～200%），应考虑到原混凝土的不均匀性、混凝土被盐污染程度，以及含水率的不同，很可能使构件中各部位电导率有相当大的差异；③对于大面积的修补，建议使用掺加有抗收缩性能的修补材料，但目前具有改善结合能力和降低收缩功能的修补材料，大多数含有聚合物，而聚合物是会增加其电阻率的。因此在修补之前，应对拟用的修补材料的电阻率和机械性能进行综合评定；④不应含有任何会增加电阻率的成分，以避免增加回路中的电阻，影响电流的流入。

6）碱骨料反应

碱骨料反应是指混凝土中的碱性物质与骨料中的活性成分发生化学反应，引起混凝土内部自膨胀应力而开裂的现象。发生碱骨料反应需要具有三个条件，第一是混凝土的原材料水泥、混合材、外加剂和水中含碱量高；第二是骨料中有相当数量的活性成分；第三是潮湿环境，有充分的水分或湿空气供应。理论上，阴极保护会使钢筋周围的混凝土含碱量增加，因此，对于含活性骨料的混凝土采用阴极保护需要谨慎。

10.4　混凝土结构阴极保护阳极材料[10, 11]

阴极保护阳极材料，包括强制电流阴极保护系统的辅助阳极和牺牲阳极保护系统的牺牲阳极，是阴极保护系统中最重要的组成部件，通常决定了整个阴极保护系统的保护效果和使用年限。目前，混凝土结构阴极保护的适用环境条件主要是氯化物污染的大气（包括干湿交替）和腐蚀性土壤。

10.4.1 用于土壤环境混凝土结构阴极保护的阳极材料

土壤环境混凝土结构实施阴极保护时，与钢结构阴极保护一样，阳极材料可以埋设在距离混凝土结构一定距离的土壤环境中，因此，使用的阳极材料也与钢结构阴极保护相同。用于强制电流阴极保护的辅助阳极主要有高硅铸铁阳极、石墨阳极、钢铁阳极、柔性阳极、金属氧化物阳极等，用于牺牲阳极保护的牺牲阳极主要有镁、铝和锌及其合金。

10.4.2 用于大气环境混凝土结构阴极保护的阳极材料

大气环境混凝土结构实施阴极保护时，阳极材料只能安装在混凝土结构表面或者结构混凝土中，通常用于水和土壤环境的阳极材料不适用。因此，辅助阳极和牺牲阳极材料的研发一直是大气环境混凝土结构阴极保护领域的重要研究课题，也是制约阴极保护技术推广应用的关键问题。

1. 用于大气环境混凝土结构阴极保护的辅助阳极

迄今，开展的大气环境混凝土结构阴极保护辅助阳极的研究和工程应用有很多，这里仅介绍国际标准 ISO 12696：2012 Cathodic Protection of Steel in Concrete 给出的几种。

1）导电涂层阳极系统

导电涂层阳极是在混凝土表面敷设一层导电涂层，通过金属导体将阴极保护电流分散到整个涂层表面后再传递到混凝土中的钢筋表面。导电涂层阳极包括有机涂层和热喷涂金属涂层两大类。有机涂层是一种含有导电材料碳的溶剂型或水溶性涂层。热喷涂金属涂层包括热喷涂锌、铝-锌、铝-锌-铟或铝-锌-钛涂层。

2）活化钛阳极系统

活化钛阳极系统由活化钛阳极和水泥胶结材料组成。活化钛阳极是在基体钛金属上覆盖一层由铂族元素铂、铱、钌的氧化物以及钛、锆、钽的氧化物组成的电催化涂层制成的一种辅助阳极。活化钛阳极通常加工成网状、带状和条状。

3）钛氧化物陶瓷阳极

钛氧化物陶瓷阳极是将导电的钛氧化物陶瓷加工成管状，在混凝土保护层中钻孔，将管状钛氧化物陶瓷阳极放置在孔中间，再用水泥胶结填料填充在阳极周围。

4）导电砂浆阳极

导电砂浆阳极是一种专利产品，导电砂浆覆盖在混凝土表面，砂浆中含有的碳纤维表面覆盖有金属镍。

2. 用于大气环境混凝土结构阴极保护的牺牲阳极

大气环境混凝土结构牺牲阳极保护，主要使用的是以锌为主要原材料的牺牲阳极。其原因主要有：①锌的电流效率较高，即消耗单位质量锌阳极能够提供较高的阴极保护电流用于保护钢筋；②锌腐蚀产物体积膨胀的速率相比其他金属而言较小，因此，更加适合于埋设在混凝土中使用；③由于锌的驱动电压较低，不会产生可能造成预应力钢筋氢脆腐蚀的风险。主要的锌阳极种类包括热喷涂锌涂层、热喷涂铝锌铟涂层、锌箔、锌网、铝锌铟网、预制砂浆外壳锌以及含锌有机涂层。

10.5　混凝土结构阴极保护期间的电化学反应[9]

混凝土结构阴极保护防止或降低钢筋腐蚀的作用得以实现，是因为在电场作用下发生了以下一系列的电化学反应。

首先，在钢筋表面，造成钢筋腐蚀的铁的溶解反应［式（10-1）］受到抑制，取而代之的是发生氧的还原反应［式（10-2）］。

$$Fe \longrightarrow Fe^{2+} + 2e^- \tag{10-1}$$

$$O_2 + 2H_2O + 4e^- \longrightarrow 4OH^- \tag{10-2}$$

钢筋表面生成的OH^-有助于钢筋表面的再减化，使钢筋恢复钝化状态。同时，带负电性氯离子被驱离钢筋表面，向阳极迁移。由此，造成混凝土中钢筋腐蚀的两个主要因素，混凝土碳化和氯离子污染都被消除，钢筋的腐蚀就得到了控制。

需要注意的是，如果阴极保护电位过负，就会发生式（10-3）所示的析氢反应。

$$H_2O + e^- \longrightarrow H + OH^- \tag{10-3}$$

析氢反应可以导致预应力钢筋发生氢脆破坏，因此，对预应力混凝土结构实施阴极保护时，应按照相关标准要求严格控制钢筋的阴极保护电位。另外，对含活性骨料的混凝土结构采用阴极保护也需谨慎，因为阴极保护产生的OH^-有可能诱发含碱活性集料混凝土结构的碱集料反应，即混凝土中的碱性物质与骨料中的活性成分发生化学反应，引起混凝土内部自膨胀应力而开裂的现象。

在强制电流阴极保护时，阳极表面最常见的反应是式（10-4）所示的析氧反应或式（10-5）所示的析氯反应。

$$H_2O \longrightarrow 1/2O_2 + 2H^+ + 2e^- \quad (10\text{-}4)$$

$$2Cl^- \longrightarrow Cl_2 + 2e^- \quad (10\text{-}5)$$

Cl_2再进一步与水反应，生成次氯酸和盐酸：

$$Cl_2 + H_2O \longrightarrow HClO + HCl \quad (10\text{-}6)$$

反应过程中生成的酸降低了混凝土的高碱性，即混凝土酸化。为了减少酸的生成，应控制辅助阳极的最大输出电流密度。

在牺牲阳极保护中，阳极表面则发生阳极的自身溶解，对于锌阳极，就是锌溶解生成Zn^{2+}［式（10-7）］，不会出现混凝土的酸化。

$$Zn \longrightarrow Zn^{2+} + 2e^- \quad (10\text{-}7)$$

因此，混凝土结构实施阴极保护时，需要做到以下几个方面：①必须施加足够的阴极电流以抑制钢筋表面铁的溶解反应，从而使钢筋的腐蚀停止或大大降低；②在确保抑制腐蚀的前提下，尽量保持较低的阴极电流，以减少混凝土的酸化和消耗型阳极的消耗量；③钢筋的保护电位不能超过其析氢电位，特别是对于预应力混凝土结构；④对于含有碱活性骨料的混凝土结构，应谨慎实施阴极保护。

10.6　混凝土结构阴极保护准则[11~17]

阴极保护准则是指用于控制和判断阴极保护系统保护效果的标准，目前常用的两个准则是钢筋瞬时断电电位和极化形成/衰减。

1）钢筋瞬时断电电位

混凝土结构实施阴极保护前，钢筋处于自然状态，此时测得的钢筋电位称为自腐蚀电位或自然电位。阴极保护开始通电运行后，钢筋阴极极化，钢筋电位逐渐向负方向偏移，此时的电位称为阴极极化电位，简称极化电位。阴极保护通电条件下测得的极化电位称为通电极化电位，阴极保护断电瞬间测得的没有IR降的极化电位称为瞬时断电极化电位，通常简称为瞬时断电电位。通常瞬时断电电位在断电后的0.1～0.5s内测量，这样可以提高测量结果的准确性。阴极保护断电后，钢筋电位逐渐向正的方向偏移，钢筋去极化，此时的电位称为去极化电位。

2）极化形成/衰减

极化形成是指钢筋瞬时断电电位与自然电位之差，极化衰减是指阴极保护断电数小时后钢筋的去极化电位与瞬时断电电位之差。

图10-4是典型的钢筋极化形成/衰减曲线。

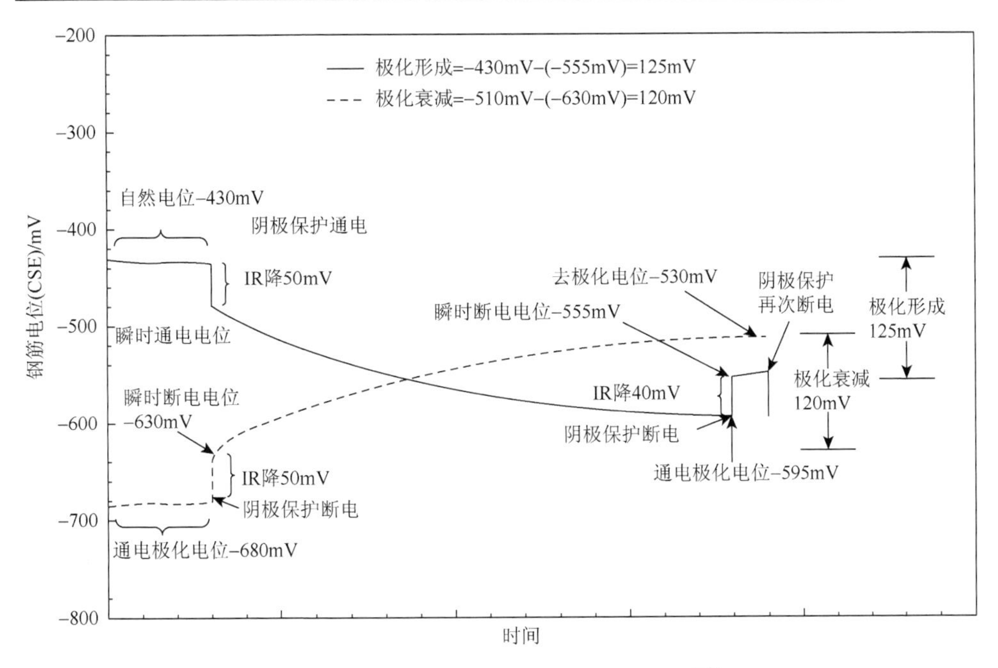

图 10-4　典型的钢筋极化形成/衰减曲线[12]

通常，极化形成/衰减准则主要用于暴露于大气环境中的混凝土结构。该准则只有在测量点的环境条件稳定时才是准确的，测量时应对电干扰、潮汐变化和其他影响因素加以说明，并对准则进行修正。瞬时断电电位准则更适用于水中和埋地混凝土结构，这时氧的进入受到限制，极化形成和衰减都非常的慢，难以进行可靠的测量。以下是国内外有关标准对于上述两个准则的具体要求。

1）美国腐蚀工程师协会标准

1990 年，美国腐蚀工程师协会制定了第一个混凝土结构阴极保护标准 NACE RP 0290 Impressed Current Cathodic Protection of Reinforcing Steel in Atmospherically Exposed Concrete Structures，现修订为 NACE SP 0290-2007。该标准适用于大气环境混凝土结构的强制电流阴极保护。标准规定：如果腐蚀电位或衰减后的断电电位负于$-200\text{mV}_{\text{CSE}}$，应获得最小 100mV 的极化形成/衰减；如果腐蚀电位或衰减后的断电电位正于$-200\text{mV}_{\text{CSE}}$，那么钢筋处于钝化状态，不需要满足最小 100mV 极化形成/衰减要求。

标准 NACE SP 0408-2008 Cathodic Protection of Reinforcing Steel in Buried or Submerged Concrete Structures 适用于地下和水中混凝土结构的阴极保护。标准规定应结合使用以下准则：①如果腐蚀电位或衰减后的断电电位负于$-200\text{mV}_{\text{CSE}}$，应获得最小 100mV 的极化形成/衰减；如果腐蚀电位或衰减后的断电电位正于$-200\text{mV}_{\text{CSE}}$，那么钢筋处于钝化状态，不需要阴极保护或不满足最小 100mV 极化形成/衰减要求；②瞬时断电电位负于或等于–850mV$_{CSE}$；③高强钢（＞690MPa）的瞬时断电电位不应负于–1000mV$_{CSE}$。

标准 NACE RP 0100-2004 Cathodic Protection of Prestressed Concrete Cylinder Pipelines 适用于埋地预应力混凝土钢筒管的阴极保护。标准提出以下指南：①极化形成/衰减至少为 100mV；②瞬时断电电位不应负于–1000mV$_{CSE}$。

2）国际标准

国际标准 ISO 12696：2012 Cathodic Protection of Steel in Concrete 由欧洲标准化技术委员会编制，取代欧洲标准 EN 12696：2000 Cathodic protection of steel in concrete，适用于大气、土壤和水环境中混凝土结构的阴极保护。标准规定，钢筋混凝土阴极保护系统应满足以下任一条件：①钢筋瞬时断电电位应负于–720mV（Ag/AgCl/0.5mol·L^{-1} KCl），但普通碳钢钢筋不应负于–1100mV（Ag/AgCl/0.5mol·L^{-1} KCl），预应力钢筋不应负于–900mV（Ag/AgCl/0.5mol·L^{-1} KCl）；②24h 内的极化衰减不小于 100mV；③超过 24h 后的极化衰减不小于 150mV。

3）中国国家标准

GB/T 28721—2012《大气环境混凝土中钢筋的阴极保护》适用于大气环境混凝土结构的阴极保护，与国际标准 ISO 12696：2012 使用相同的准则。GB/T 28725—2012《埋地预应力钢筒混凝土管道的阴极保护》适用于埋地预应力钢筒混凝土管的阴极保护，与美国腐蚀工程师协会标准 NACE RP 0100-2004 使用相同的准则。

10.7 混凝土结构阴极保护电流密度[18]

混凝土结构阴极保护电流密度是指被保护钢筋达到保护准则要求时所需要的电流密度，是阴极保护设计所必需的基本参数。混凝土结构中通常含有多层钢筋，在不同的环境条件下，各层钢筋的腐蚀状况不同，在进行阴极保护设计时，除了应正确选取保护电流密度以外，还必须对阳极的布置方式以及阳极电缆和阴极电缆的连接位置进行仔细的设计，以使保护电流有效地分布在需要保护的钢筋表面。合适的电流分布能够使混凝土中所有的钢筋都得到均匀有效的保护，不会出现局部区域达不到或大大超过保护准则要求的情况。

混凝土结构阴极保护电流密度主要取决于结构物所处的环境条件（供氧量、氯化物含量、温度、湿度）、结构物的复杂性、混凝土的质量、保护层厚度、钢筋的腐蚀程度等。例如，如果钢筋周围的混凝土是碱性的、不存在氯化物、扩散速率很低、钢筋还没有被腐蚀，那么很低的电流密度就足以防止可能出现的任何腐蚀。相反，如果混凝土保护层厚度很小，混凝土结构处在温暖、潮湿、氧含量和氯化物含量高的环境条件下，就需要很大的电流密度。

阴极保护电流密度可以参照有关标准规范和类似工程经验数值选取，或进行必要的现场试验确定。

表 10-4 为国外一些规范中的阴极保护和阴极防护电流密度取值[18]。

表 10-4　有关标准阴极保护电流密度

标准名称	保护电流密度/(mA·m^{-2})	
	阴极保护	阴极防护
欧洲标准 EN 12696-2000	2～20	0.2～2
澳大利亚标准 AS 2832-5-2002	2～20	0.2～2
英国标准 BS 7361-1991	5～20	—
阿美石油公司标准 SAES-X-800	20	—
英国皇家专门调查委员会	—	2
沙特阿拉伯标准 B01-E04	20	5

10.8　混凝土结构阴极保护监控系统[11]

为了确定混凝土结构阴极保护系统的运行状况，应安装监控系统对阴极保护参数进行监测和控制，监控系统由监控探头和仪器组成。监控探头通常包括参比电极、电位衰减探头、电流密度和宏电池探头、鲁金探头。监控仪器主要有数字万用表、零电阻安培仪和数据记录仪。

10.8.1　参比电极

参比电极用于测量钢筋电位的绝对值，包括固定式和便携式两种。固定式参比电极是指永久安装在结构混凝土中或混凝土结构所处环境介质中的长寿命参比电极，便携式参比电极也称手持式参比电极，是指临时放置在混凝土结构表面或混凝土结构所处环境中使用的参比电极。国际标准 ISO 12696：2012 Cathodic Protection of Steel in Concrete 要求，参比电极的电极电位应是其理论值的±10mV。

表 10-5 列举了一些常用参比电极的电极电位。由于单个电极的电位无法确定，故规定任何温度下标准状态的氢电极的电位为零，任何电极的电位就是该电极与标准氢电极所组成的电池的电位差，这样就得到了相对于标准氢电极的电极电位。标准状态是指氢电极的电解液中的氢离子活度为 1，氢气的压强为 0.1MPa（约 1atm）的状态，温度为 298.15K。这只是一种假定的理想状态，通常是将镀有一层海绵状铂黑的铂片，浸入到 H^+浓度为 1.0mol·L^{-1} 的酸溶液中，不断通入压力为 100kPa 的纯氢气，使铂黑吸附 H_2 至饱和，这时铂片就好像是

用氢制成的电极一样。由于氢电极制作困难，通常使用饱和甘汞电极来效验其他参比电极的准确性。

表 10-5 常用参比电极的电极电位[11] （单位：V）

电极名称	电极结构	电极电位（25℃）	
		相对于标准氢电极	相对于饱和甘汞电极
饱和甘汞电极	Hg/HgCl/饱和 KCl	0.25	—
银/氯化银电极	Ag/AgCl/KCl（0.1mol · L^{-1}）	0.2881	0.047
	Ag/AgCl/KCl（3mol · L^{-1}）	0.210	−0.032
	Ag/AgCl/KCl（3.5mol · L^{-1}）	0.205	−0.039
	Ag/AgCl/KCl（饱和）	0.197	−0.045
		0.199	−0.045
		0.1988	−0.042
	Ag/AgCl/NaCl（3mol · L^{-1}）	0.209	−0.035
	Ag/AgCl/NaCl（饱和）	0.197	−0.047
	Ag/AgCl/海水	0.25	0.01
锰电极	Mn/MnO_2/NaOH（0.5mol · L^{-1}）	0.190	0.434
铜/饱和硫酸铜电极	Cu/饱和 $CuSO_4$	0.32	0.07
锌及锌合金电极	Zn、Zn 合金	−0.78	−1.03

国际标准 ISO 12696：2012 Cathodic Protection of Steel in Concrete 指出，Ag/AgCl/KCl 和 Mn/MnO_2/0.5mol · L^{-1} NaOH 电极适合于作为埋设在结构混凝土中的固定式参比电极。填充凝胶的 Ag/AgCl/0.5mol · L^{-1} KCl 和非玻璃管制作的饱和甘汞电极适用于作为便携式参比电极，但由于含有水银，对健康和安全不利，可能不适用于现场条件。不推荐使用铜/饱和硫酸铜参比电极作为便携式参比电极，因为如果硫酸铜泄漏到混凝土表面，会造成较大的测量误差。

水和土壤环境混凝土结构阴极保护常用的参比电极是饱和硫酸铜、Ag/AgCl/海水、锌及锌合金。铜/饱和硫酸铜参比电极适用于土壤和淡水环境，Ag/AgCl/海水适用于海水环境，锌及锌合金电极适用于海水和土壤环境。

10.8.2 电位衰减探头

电位衰减探头用于测量一段时间内（通常为 24h）钢筋电位的极化形成和衰减值，不能用于钢筋电位绝对值的测量。国际标准 ISO 12696：2012 Cathodic Protection of Steel in Concrete 指出，石墨和活化钛是适用于永久埋设在混凝土中的电位衰减探头。

10.8.3　电流密度探头和宏电池探头

电流密度探头和宏电池探头可用于监测局部区域钢筋的保护电流密度，宏电池探头还可用于判断局部活化区域是否得到有效保护。

电流密度探头和宏电池探头是由与结构钢筋相同成分的一小段钢筋制成。电流密度探头直接埋设在混凝土中。宏电池探头周围包裹富含氯离子的砂浆后埋设在混凝土中。包裹砂浆的氯离子含量（相对于水泥质量）至少是结构混凝土氯离子含量（相对于水泥质量）的 5 倍，并且超过钢筋位置最大氯离子含量。

10.8.4　鲁金探头

鲁金探头是一小段由坚硬的绝缘材料制成的管子，里面装有离子导电的介质。鲁金探头埋设在凝土中，一段靠近钢筋，另一端暴露在混凝土表面。将便携式参比电极放置在鲁金探头中可以测量较深处钢筋的电位。

10.8.5　数字万用表

数字万用表用于测量钢筋电位和直流电源的输出电压。万用表最小分辨率为 1mV。精度为±1mV 或更高，内阻大于等于 10MΩ。

10.8.6　零电阻安培仪

零电阻安培仪用于测量电流密度探头和宏电池探头的电流。

10.8.7　数据记录仪

数据记录仪用于记录监控探头的监测数据。有便携式和固定式两种。数据记录仪最小内阻为 10MΩ，在量程至少为 2000mV 测量范围的最小分辨率至少为 1mV，精度为±5mV 或更高。

参 考 文 献

[1]　胡士信. 阴极保护工程手册. 北京：化学工业出版社，1999

[2]　魏宝明. 金属腐蚀理论及应用. 北京：化学工业出版社，2004

[3]　俞蓉蓉，蔡志章. 地下金属管道的腐蚀与防护. 北京：石油工业出版社，1998

[4] 火时中. 电化学保护. 北京：化学工业出版社，1998
[5] Bertolini L，Elsener B，Pedeferri P，et al. Corrosion of Steel in Concrete：Prevention，Diagnosis，Repair. Germany：Wiley-VCH，2004
[6] Callon R，Funahashi M. Selection Guidelines for Using Cathodic Protection Systems on Reinforced and Prestressed Concrete Structures，Medina：Corrpro Companies，2004
[7] Young W T，Firlotte C，Funahashi M. Evaluation of Al-Zn-In Alloy for Galvanic Cathodic Protection of Bridge Decks，No. Highway IDEA Project 100，2009
[8] Etcheverry L，Fowler D W，Wheat H G，et al. Evaluation of Cathodic Protection Systems for Marine Bridge Substructures，Work 2945（1998）：1
[9] 葛燕，朱锡昶，朱雅仙，等. 混凝土中钢筋的腐蚀与阴极保护. 北京：化学工业出版社，2007
[10] Whitmore D W，Ball J C. Galvanic Protection for Reinforced Concrete Structures. https：//www.icri.org/publications/2005/PDFs/CRBSeptOct05_WhitmoreBall.pdf[2013-06-21]
[11] ISO 12696：2012. Cathodic Protection of Steel in Concrete
[12] NACE SP 0408-2008. Cathodic Protection of Reinforcing Steel in Buried or Submerged Concrete Structures
[13] Chess P M，Broomfield J P. Cathodic Protection of Steel in Concrete and Masonry. England：Taylor and Francis Ltd，2009
[14] NACE SP 0290-2007. Impressed Current Cathodic Protection of Reinforcing Steel in Atmospherically Exposed Concrete Structures
[15] NACE RP 0100-2004. Cathodic Protection of Prestressed Concrete Cylinder Pipelines
[16] GB/T 28721—2012. 大气环境混凝土中钢筋的阴极保护
[17] GB/T 28725—2012. 埋地预应力钢筒混凝土管道的阴极保护
[18] 葛燕，朱锡昶，李岩. 桥梁钢筋混凝土结构防腐蚀——耐腐蚀钢筋及阴极保护. 北京：化学工业出版社，2011

第 11 章　热喷涂锌阳极

11.1　概　　述[1~4]

热喷涂锌阳极是通过金属热喷涂技术将锌喷涂在混凝土表面形成的一层锌涂层阳极，它既可以作为强制电流阴极保护的辅助阳极，又可以作为牺牲阳极保护的牺牲阳极。热喷涂锌阳极具有以下特点：

（1）施工方便，可用于各种形状复杂的混凝土构件。

（2）锌涂层为灰色，与混凝土颜色接近，因此，热喷涂锌阳极特别适用于对颜色要求较高的构筑物，如一些历史悠久的建筑物，不允许改变外观颜色。

（3）热喷涂锌阳极的电阻率较低，可以均匀分布阴极保护电流。

（4）热喷涂锌阳极不增加荷载。

1982 年，美国加利福尼亚运输部率先在已建的混凝土结构上使用热喷涂锌阳极，1984 年，在一座混凝土桥的桥墩与桥面板上，首次试用热喷涂锌阳极进行了强制电流阴极保护，3.5 年后表明有保护效果。尽管保护系统的槽压由初期的 3V 增加到 6.5V，但预期使用寿命可以达到 10 年。在加利福尼亚州运输局早期开展的研究工作之后，热喷涂锌阳极得到了越来越广泛的应用，美国许多的州包括佛罗里达、加利福尼亚、俄勒冈、得克萨斯、阿拉斯加、纽约、弗吉尼亚等，完成的热喷涂锌阳极阴极保护面积超过了 14 万 m^2。

俄勒冈州位于美国西北海岸，西临太平洋、北接华盛顿州、东面是爱德荷州、南面是加利福尼亚州和内华达州。俄勒冈州沿海公路有 120 多座桥梁，大部分是钢筋混凝土桥梁，至今已有 40～70 年的历史。俄勒冈州运输部对其中一些受到氯化物污染造成腐蚀破坏的桥梁特别是历史上著名的一些桥梁都采用热喷涂锌阳极实施了阴极保护（表 11-1 和图 11-1～图 11-5），其中一个重要的原因就是这些采用热喷涂锌阳极不会对桥梁的外观产生变化。

表 11-1　俄勒冈州运输部使用热喷涂锌阳极阴极保护的桥梁[2]

桥梁	桥梁建造时间	保护系统运行时间	保护面积/m^2	图号
Cape Creek 桥	1932 年	1991 年	9 530	11-1
Yaquina Bay 桥-拱门	1936 年	1994 年	18 170	11-2
Yaquina Bay 桥-南跨	1936 年	1997 年	6 041	—

续表

桥梁	桥梁建造时间	保护系统运行时间	保护面积/m^2	图号
Depoe Bay 桥	1927 年（1940 年加宽）	1995 年	5 940	11-3
Cape Perpetua 半高架桥	1931 年	1997 年	57	11-4
Big Creek 桥	1931 年	1998 年	1 865	11-5
Rocky Creek（Ben Jones）桥	—	2001 年	3 700	—
Cummins Creek	—	2001 年	1 865	—
Rogue River（Patterson）桥	—	2003 年	33 000	—

(a) 晨雾造成盐在桥面聚集

(b)1991年阴极保护

图 11-1　Cape Creek 桥，建于 1932 年[1]

(a) 拱门，1994年阴极保护

(b) 南跨，1997年阴极保护

图 11-2　Yaquina Bay 桥，建于 1936 年[1]

图 11-3　Depoe Bay 桥，建于 1927 年，1940 年加宽，1995 年阴极保护[1]

图 11-4　Cape Perpetua 半高架桥，建于 1931 年，1997 年阴极保护[1]

(a) 修复前桥梁破损状况

(b) 1998年阴极保护

图 11-5　Big Creek 桥，建于 1931 年，1998 年阴极保护[1]

11.2　金属热喷涂技术概述[3, 5, 6]

国家标准 GB/T 18719—2002《热喷涂　术语、分类》中定义：热喷涂是在喷涂枪内或外将喷涂材料加热到塑性或熔化状态，然后喷射于经余热处理的基体表面上，基本保持未熔状态形成涂层的方法。表 11-2 是热喷涂工艺种类。

表 11-2　热喷涂工艺种类

分类方法	类型	
按热喷涂材料类型分类	线材喷涂	
	棒材喷涂	
	芯材喷涂	
	溶液喷涂	
按操作方法分类	手工喷涂	
	机械化喷涂	
	自动化喷涂	
按热源分类	熔液喷涂	
	火焰喷涂	线材火焰喷涂
		粉末火焰喷涂
		高速火焰喷涂
	爆炸喷涂	
	电弧喷涂	
	等离子喷涂	大气等离子喷涂
		可控气氛等离子喷涂
		液稳等离子喷涂
	激光喷涂	

图 11-6 是热喷涂技术涂层形成原理。无论何种工艺方法，热喷涂形成涂层的过程一般经历四个阶段：喷涂材料加热溶化阶段、雾化阶段、飞行阶段、碰撞沉积阶段。

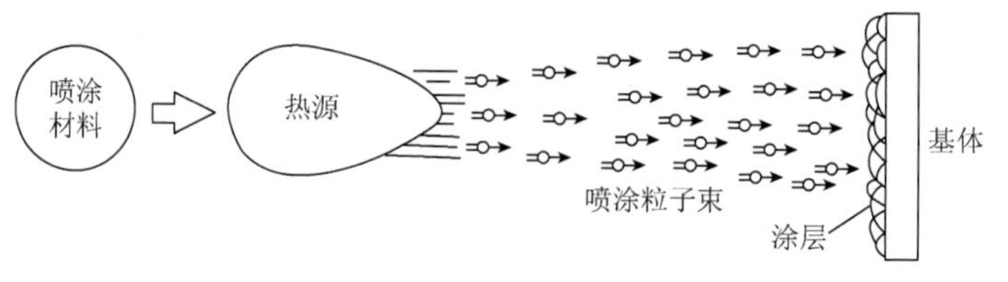

图 11-6　热喷涂技术涂层形成原理[6]

1）加热溶化阶段

当喷涂材料为线（棒）材时，喷涂过程中，线材的端部连续不断地进入热源高温区被加热溶化，形成溶滴；当喷涂材料为粉末时，粉末材料直接进入热源高温区，在行进的过程中被加热至溶化或半溶化状态。

2）雾化阶段

当喷涂材料为线（棒）材时，线（棒）材的端部溶滴被雾化成微细溶粒，并加速粒子的飞行速率；当喷涂材料为粉末时，粉末材料被加热到足够高温度，超过材料的熔点形成液滴时，在高速气流的作用下，雾化破碎成更细微粒，并加速粒子的飞行速率。

3）飞行阶段

加热溶化或半溶化状态的粒子在外加压缩气流或热源自身气流动力的作用下被加速飞行。粒子飞行过程中喷涂粒子先被加速，随着飞行距离的增加再减速。

4）碰撞沉积阶段

具有一定温度和速率的喷涂粒子在接触基体材料的瞬间，以一定的动能冲击基体材料表面，产生强烈的碰撞。在碰撞基体材料的瞬间，喷涂粒子的动能转化为热能并传递给基体材料，在凹凸不平的基材表面上产生形变。由于热传递的作用，变形粒子迅速冷凝并伴随着体积收缩，其中大部分粒子呈扁平状牢固地黏结在基体材料表面上，而另一小部分碰撞后经基体反弹而离开基体表面。随着喷涂粒子束不断地冲击碰撞基体表面，碰撞—变形—冷凝收缩—填充连续进行。变形粒子在基体材料表面上，以颗粒与颗粒之间相互交错叠加地黏结在一起，最终沉积形成涂层。如图 11-7 所示是涂层形成过程的示意图。

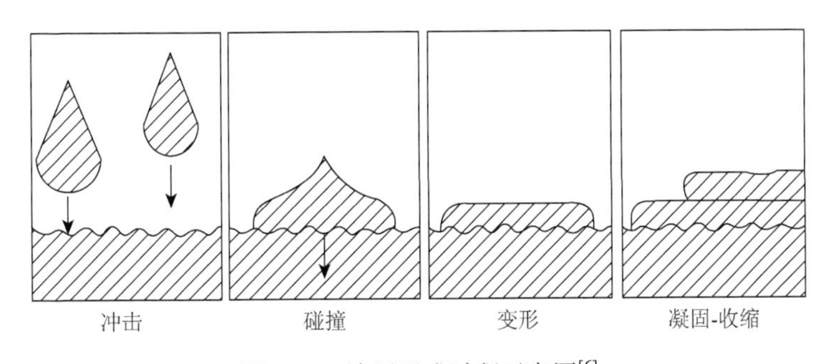

图 11-7　涂层形成过程示意图[6]

金属热喷涂技术用于金属基体表面的防腐蚀已有多年的历史，在钢结构防腐蚀保护中，主要使用的是热喷涂锌、铝、锌铝合金和铝镁合金等，应用领域十分广阔，包括桥梁、铁塔、水利设施、海洋设施、地下设施和钢储罐等。迄今，金属热喷涂用于混凝土结构仅限于作为混凝土结构阴极保护的阳极材料使用，使用最多的是热喷涂锌阳极。表 11-3 是国内外有关金属热喷涂的一些技术标准。目前，只有美国焊接协会专门针对混凝土表面热喷涂锌阳极，制定了标准 AWS C2.20/C2.20M：2002 Specification for Thermal Spraying Zinc Anodes on Steel Reinforced Concrete。

表 11-3　热喷涂技术标准

国家和组织	标准号	标准名称
国际标准化组织	ISO 2063-2005	Thermal Spraying
美国焊接协会	AWS C2.25/C2.25M：2002	Specification for the Thermal Spray Feedstock-Solid and Composite Wire And Ceramic Rods
	AWS C2.21/C2.21M：2003	Specification for Thermal Spray Equipment Acceptance Inspection
	AWS C2.16/C2.16M：2002	Guide for Thermal-Spray Operator Qualification
	AWS C2.20/C2.20M：2002	Specification for Thermal Spraying Zinc Anodes on Steel Reinforced Concrete
美国混凝土协会	ACI 345.1R-06	Guide For Maintenance of Concrete Bridge Members
美国材料试验协会	ASTM B833-09	Standard Specification for Zinc and Zinc Alloy Wire for Thermal Spraying（Metallizing）for the Corrosion Protection of Steel
中国	GB/T 12608—2003	热喷涂　火焰和电弧喷涂用线材、棒材和芯材　分类和供货技术条件
	GB/T 19352.1—2003	热喷涂　热喷涂结构的质量要求　第 1 部分：选择和使用指南
	GB/T 19352.2—2003	热喷涂　热喷涂结构的质量要求　第 2 部分：全面的质量要求
	GB/T 19352.3—2003	热喷涂　热喷涂结构的质量要求　第 3 部分：标准的质量要求
	GB/T 19352.4—2003	热喷涂　热喷涂结构的质量要求　第 4 部分：基本的质量要求
	GB/T 8642—2002	热喷涂　抗拉结合强度的测定

11.3　混凝土表面热喷涂锌方法[2, 7~9]

迄今，在混凝土表面热喷涂锌大多使用的是线材火焰喷涂和电弧喷涂。线材火焰喷涂是采用氧乙炔燃烧火焰作热源，喷涂材料为线材的热喷涂方法。线材火焰喷涂是将要沉积的线状材料不断输送给喷涂枪，利用氧-燃气焰将其加热到熔化状态，并借助于雾化气体（如压缩空气）喷射到经预处理的基体表面的喷涂方法。电弧喷涂是利用两根金属丝之间产生的电弧熔化丝的顶端，两根金属丝的成分可以相同，也可以不同，经一束或多束气体射流（一般为压缩空气）雾化将已熔化的金属熔滴喷射到经预处理的基体表面上形成涂层的工艺方法。

混凝土表面热喷涂锌主要包括混凝土表面清理、热喷涂设备参数设置、热喷涂和热喷涂层质量检查等几道主要工序。

Covino 和 Bullard 等在进行热喷涂锌阳极作为混凝土桥梁和其他混凝土结构阴极保护阳极材料的试验研究中，采用双丝电弧法喷涂施工，喷涂参数为：直流电流 265A，直流电压 25V，空气压力 0.65MPa，喷射距离 150～230mm，喷射角度与表面垂直，锌丝直径为 4.8mm，喷涂速率为 14.5kg • h^{-1}，喷锌层厚度为 500μm。

Cramer 和 Covino 等在对美国俄勒冈州沿海钢筋混凝土桥梁实施热喷涂锌阳极强制电流阴极保护时，也使用双丝电弧法喷锌，空气压力为 0.62～0.79MPa，喷射距离为 150～230mm，喷射角度与表面垂直，喷锌层厚度为 250～500μm。

表 11-4 是热喷涂锌有关施工参数对锌沉积效率影响的一些试验研究成果。

表 11-4　热喷涂锌施工参数对锌沉积效率的影响[2]

锌丝直径/mm	电流/A	电压/V	喷射速率/(kg • h^{-1})	沉积效率/%
3.2	250	27	25.9	58.0
3.2	350	27	37.6	58.0
3.2	400	27	41.2	58.0
3.2	450	27	46.2	53.6
3.2	600	27	58.4	50.0
4.8	250	27	38.4	61.8
4.8	350	27	51.2	64.8
4.8	400	27	56.2	64.0
4.8	450	27	61.2	64.7
4.8	600	27	75.2	68.0

11.4　混凝土表面热喷涂锌质量要求和检测[2, 3, 10～15]

11.4.1　锌的性能要求和检测

对于热喷涂线材，主要进行化学成分和物理性能分析，检验线材直径及均匀性和表面清洁情况，对线材的力学性能通常不作特殊的检测。

美国焊接协会标准 AWS C2.20/C2.20M：2002 Specification for Thermal Spraying Zinc Anodes on Steel Reinforced Concrete 规定，热喷涂锌阳极的锌材料应满足要求 AWS C2.25/C2.25M：2002 Specification for the Thermal Spray

Feedstock-Solid and Composite Wire and Ceramic Rods（表 11-5）或美国材料试验协会标准 ASTM B833-09 Standard Specification for Zinc and Zinc Alloy Wire for Thermal Spraying（Metallizing）for the Corrosion Protection of Steel（表 11-6）的要求。

表 11-5 AWS C2.25/C2.25M：2002 规定的锌丝化学成分[11]

标记	元素质量分数/%							
	Al	Cu	Fe	Pb	Sn	Zn	其他	总量
99.99 Zinc	≤0.002	≤0.005	≤0.003	≤0.003	≤0.001	≥99.99	Cd	0.003
99.9 Zinc	≤0.01	≤0.02	≤0.02	≤0.03	—	≥99.9	Cd	0.02

表 11-6 ASTM B833-09 规定的锌丝化学成分[12]

名称	元素质量分数/%									
	Al	Cd	Cu	Fe	Pb	Sn	Mg	Mo	Ti	Zn	其他合计
99.995 Zinc	≤0.001	≤0.003	≤0.001	≤0.002	≤0.003	≤0.001	—	—	—	≥99.995	≤0.005
99.99 Zinc	≤0.002	≤0.003	≤0.005	≤0.003	≤0.003	≤0.001	—	—	—	≥99.99	—
99.95 Zinc	≤0.01	≤0.02	≤0.001	≤0.02	≤0.03	≤0.001	—	—	—	≥99.95	≤0.050
99.9 Zinc	≤0.01	≤0.02	≤0.02	≤0.02	≤0.03	—	—	—	—	≥99.9	≤0.10
99 Zinc	≤0.01	≤0.005	≤0.7	≤0.01	≤0.005	≤0.001	≤0.01	≤0.01	≤0.18	≥99	≤1.0

中国国家标准 GB/T 12608—2003《热喷涂 火焰和电弧喷涂用线材、棒材和芯材分类和供货技术条件》规定了用于钢结构热喷涂锌的锌线材的化学成分（表 11-7）。

热喷涂线材的表面一定要光滑、没有腐蚀产物、毛刺和开裂、缩孔、搭接和鳞片以及颈缩、焊缝和卷边等缺陷。此外，应除去影响热喷涂材料性能或热喷涂涂层性能的异物。

线材的供货形式为线盘、线卷、线轴或桶装。

表 11-7 GB/T 12608—2003 规定的热喷涂用锌的化学成分[13]

标记	合金元素质量分数/%	其他元素质量分数/%
Zn99.99	Zn≥99.99	总量≤0.010 Pb≤0.005 Cd≤0.005 Pb+Cd≤0.006 Sn≤0.001 Fe≤0.003 Cu≤0.002 其他： 总量≤0.12

续表

标记	合金元素质量分数/%	其他元素质量分数/%
Zn99	Zn≥99	总量≤1.0 Pb≤0.005 Cd≤0.005 Pb+Cd≤0.006 Sn≤0.001 Fe≤0.01 Cu≤0.7 Mo≤0.01 Ti≤0.16 Mg≤0.01 Al≤0.01 其他： 总量≤0.12

11.4.2 锌涂层要求和检测

1. 锌涂层厚度要求和检测

锌涂层厚度对于热喷涂施工和阴极保护系统的运行都是非常重要的。锌涂层太薄不能满足锌阳极的设计使用年限要求，太厚不仅浪费材料而且可能会由于涂层内的热应力使锌阳极过早破坏。

美国焊接协会标准 AWS C2.20/C2.20M：2002 Specification for Thermal Spraying Zinc Anodes on Steel Reinforced Concrete 规定，锌涂层厚度为 250～500μm 或符合合同要求。美国混凝土协会标准 ACI 345.1R-06 Guide for Maintenance of Concrete Bridge Members 将热喷涂锌牺牲阳极作为桥梁钢筋混凝土结构有潜在希望的一种防腐蚀技术，推荐的锌涂层厚度为 0.4mm。表 11-8 是俄勒冈州运输部在对桥梁混凝土结构实施阴极保护时使用的热喷涂锌阳极的锌涂层厚度。

表 11-8 俄勒冈州运输部桥梁阴极保护锌涂层厚度[2]

桥梁名称	锌涂层厚度/mm
Cape Creek 桥	0.51
Yaquina Bay 桥-拱门	0.57
Depoe Bay 桥	0.55
Yaquina Bay 桥-南跨	0.51
Cape Perpetua 高架桥	0.50

续表

桥梁名称	锌涂层厚度/mm
Big Creek 桥	0.38
Rocky Creek（Ben Jones）桥	0.38
Cummins Creek 桥	0.38
Rogue River（Patterson）桥	0.38

混凝土表面热喷涂锌涂层厚度可以采用以下三种方法进行测量。

1）在混凝土表面直接测量

使用便携式涡流测试仪直接测量混凝土表面锌涂层的厚度。

2）在胶带上测量

在胶带上热喷涂锌，取下锌涂层，用卡尺或千分尺测量锌涂层的厚度。

3）在金属试样上测量

在金属试样表面热喷涂锌，用磁性测厚仪测量锌涂层的厚度。

2. 锌涂层黏结强度要求及检测方法

美国焊接协会标准 AWS C2.20/C2.20M：2002 Specification for Thermal Spraying Zinc Anodes on Steel Reinforced Concrete 规定，热喷涂锌涂层黏结强度为 1.0MPa 或符合合同要求。美国混凝土协会标准 ACI 345.1R-06 推荐锌涂层与混凝土的黏结强度大于 1MPa。

锌涂层与混凝土黏结强度可以按照美国材料试验协会标准 ASTM D7234 Standard Test Method for Pull-off Adhesion Strength of Coatings on Concrete Using Portable Pull-off Adhesion Testers 进行测量。该标准规定了使用便携式测试仪测量混凝土基体表面涂层黏结强度的方法。图 11-8 是使用机械式和液压式两种类型便携式测试仪在现场测量涂层黏结强度的照片。

(a) 机械式测试仪

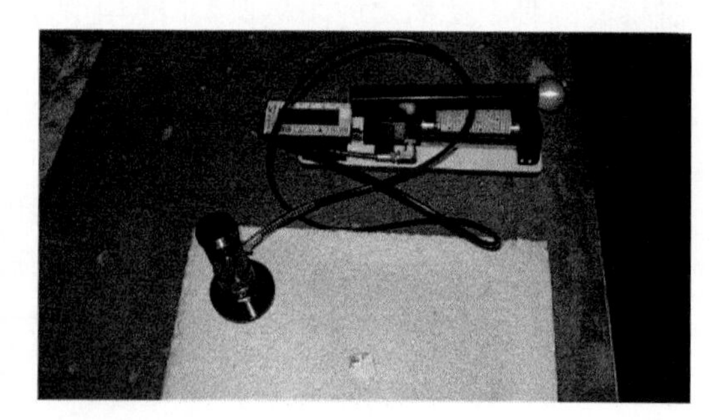

(b) 液压式测试仪

图 11-8　锌涂层黏结强度现场测试照片[2]

表 11-9 是俄勒冈几座实施热喷涂锌阳极阴极保护的桥梁实测的锌涂层的黏结强度值。

表 11-9　锌涂层黏结强度实测结果[2]

桥梁名称	黏结强度±标准偏差/MPa
Yaquina Bay 桥-拱门	1.46±0.44
Depoe Bay 桥	1.44±0.41
Big Creek 桥	1.47±0.7
Richmond-San Rafael 桥	1.93

11.5　混凝土表面热喷涂锌阳极的电化学老化[2，3，16~18]

热喷涂锌作为混凝土结构阴极保护阳极材料使用时，热喷涂锌/混凝土界面会发生一系列的化学反应，从而导致其物理和化学性质的改变，这种现象通常称为热喷涂锌阳极的电化学老化。虽然热喷涂锌阳极在使用过程中会因自身腐蚀而消耗，但是热喷涂锌阳极的失效并不取决于阳极的消耗量，而主要与锌涂层的电化学老化有关。因为，锌涂层电化学老化会对阴极保护系统产生不良影响，主要包括以下几个方面。

（1）电化学老化使锌涂层与混凝土之间增加了一层脆弱的反应产物层，造成锌涂层与混凝土之间的黏结强度降低。

（2）电化学老化生成的反应产物层使得锌涂层与混凝土之间的电阻增加，导致保护系统的回路电阻增加。对于强制电流阴极保护而言，阴极保护电流是通过直流电源施加的，回路电阻增加后为了达到设计保护电流的要求，就必须增加直流电源的输出功率，如果超出仪器的输出功率，阴极保护电流就不能满足设计要求。对于牺牲阳极保护而言，阴极保护电流来自于牺牲阳极的自身消耗。由于牺牲阳极的驱动电压较低，回路电阻增加会导致阴极保护电流的显著降低，可能不能满足设计的阴极保护电流要求。

（3）电化学老化生成的反应产物聚集在热喷涂锌与混凝土之间的界面中，反应产物的体积大于锌时，有可能出现由于体积膨胀导致的锌涂层的开裂甚至分层破坏。

位于美国俄勒冈州奥尔巴尼的国家能源技术实验室进行了热喷涂锌阳极电化学加速老化试验，通电电流密度为 0.032mA·m^{-2}［大约是俄勒冈州运输部在沿海桥梁实施阴极保护时使用电流密度（0.0022mA·m^{-2}）的 15 倍］，发现在锌涂层和水泥浆之间形成了两个反应区，1 区是锌涂层，2 区是水泥浆（图 11-9）。锌涂层已经氧化，主要产物为 ZnO，还有一些 $Zn(OH)_2$、$Zn_5(OH)_8Cl_2 \cdot H_2O$ 和

$Zn_4SO_4(OH)_6 \cdot xH_2O$。水泥浆已经发生二次矿化反应，Ca 被 Zn 取代。

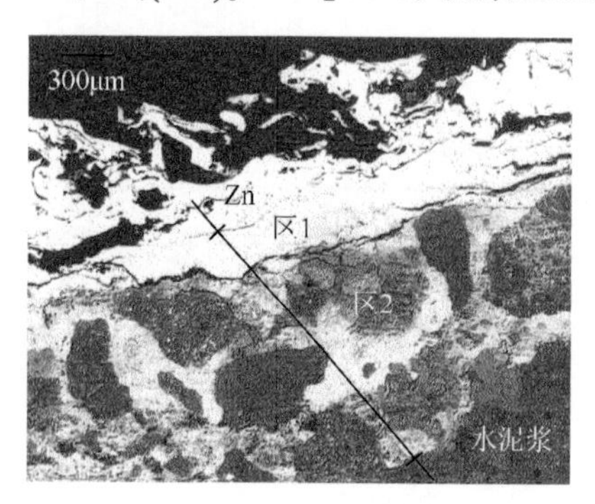

图 11-9 扫描电镜[3]

在对俄勒冈州 Cape Creek 桥阴极保护进行检查时，也发现热喷涂锌阳极/混凝土界面有上述两个区。

为了降低热喷涂锌阳极电化学老化对阴极保护系统产生的不良影响，美国国家能源部奥尔巴尼研究中心与俄勒冈运输部等部门联合开展了锌阳极湿润剂的研究工作，湿润剂的作用是增加热喷涂锌阳极/混凝土界面湿度，从而确保锌阳极的长期有效性。通过对溴化锂（LiBr）、硝酸锂（$LiNO_3$）和乙酸钾（$KC_2H_3O_2$）三种湿润剂进行的筛选试验，得出结论为溴化锂和硝酸锂可以改善热喷涂锌阳极的性能，而乙酸钾没有效果。在强制电流阴极保护中，硝酸锂比溴化锂有效，在牺牲阳极保护中，溴化锂比硝酸锂有效。湿润剂可以采用喷涂的方法施工，可以在热喷涂锌阳极施工完成后即进行喷涂，也可以在阴极保护系统运行期间定期喷涂。除此之外，还可以在热喷涂锌阳极表面涂刷涂料，以进一步延长热喷涂锌阳极的使用寿命。

俄勒冈运输部的研究表明，作为强制电流阴极保护的辅助阳极使用时，基于黏结强度考虑的热喷涂锌阳极的使用寿命为 27 年(按俄勒冈桥梁阴极保护典型电流密度值 $0.0022A \cdot m^{-2}$ 考虑)。

11.6 工 程 案 例

11.6.1 美国得克萨斯州 Queen Isabella 堤道桥强制电流阴极保护[19]

Queen Isabella 堤道桥在 Park Road(PR)100 上，在 Port Isabel 将南 Padre Island 与得克萨斯陆地连接，横跨 Laguna Madre。

堤道桥长 4.0km，有四条东西向车道。桥梁共 150 跨，3 个连续钢板跨和 147 个预应力混凝土简支梁跨。桥跨由 150 个排架支撑，从西向东编号为 1～150。这些结构于 1973 年完成施工。

1997 年，对 17#和 24#排架的横梁和基础进行了腐蚀状况调查。基础混凝土存在裂缝和剥落，大部分是在南侧的基础上，混凝土剥落主要是在基础的侧面上，裂缝是横梁的主要破坏形式。横梁的混凝土保护层厚度为 71～121mm，基础的混凝土保护层厚度为 58～108mm。在构件靠近裂缝和施工结合处的一些区域，钢筋电位负于$-350mV_{CSE}$。

对 19#排架的横梁和基础实施热喷涂锌强制电流阴极保护，除基础的底面外，横梁和基础的所有表面均热喷涂锌，保护面积约为 127m^2。监测设备包括 3 个 Ag/AgCl 参比电极和 2 个零电阻探头。横梁中埋设 1 个 Ag/AgCl 参比电极和 1 个零电阻探头，基础中埋设 2 个 Ag/AgCl 参比电极和 1 个零电阻探头。

热喷涂锌以前，对混凝土存在裂缝和剥落的区域进行修补，之后对混凝土表面进行喷砂处理。1997 年 10 月，阴极保护系统开始运行。随后，在保护系统运行 2 个月至 13 个月的时间内，对保护系统进行了 5 次检测和评价。

结果表明，除一个参比电极外，系统所有部件均处于良好的工作状态。在基础侧面的底部，热喷锌阳极出现了大约有 0.1m 宽的白色腐蚀产物带，表明在这个区域热喷锌消耗加速。以混凝土表面积计的保护电流密度平均值为 15.15mA • m^{-2}。由处于正常工作状态的 2 个参比电极测得的 4h 钢筋极化衰减平均值为 152mV，大于规范规定的 100mV 标准要求。零电阻探头测量结果表明保护系统提供的阴极保护电流能够抑制被保护区域的钢筋腐蚀。基础底面的锌阳极出现白色腐蚀产物带是由于在高潮位时，该区域浸泡在海水中导致阴极保护电流泄漏，从而牺牲阳极消耗增大而造成的。

11.6.2 加拿大蒙特利尔 Yves Prevost 高架桥牺牲阳极保护[20]

Yves Prevost 高架桥位于加拿大蒙特利尔 25 号公路上，为了交通畅通，经常需要在桥梁上喷撒除冰盐，含盐的融化雪水和雨水对桥梁的柱子造成了腐蚀破坏。1993 年 10 月，对桥梁南侧的 13 根柱子中的 7 根实施了热喷涂锌牺牲阳极保护。锌涂层采用火焰喷涂法施工，锌涂层厚度为 0.3～0.4mm。

图 11-10 是桥梁南侧 13 根柱子示意图。在 1#和 11#柱子中各安装了 6 个石墨参比电极用于测量钢筋的去极化，为了便于断开阴极保护电流，这两根柱子的喷金属涂层分为上、中、下三个独立的区域，见图 11-11。在 2#和 7#柱子上各安装了 4 个用于测量锌阳极输出电流的“锌阳极窗”，尺寸为 60cm×60cm。图 11-12 是“锌阳极窗”位置示意图。

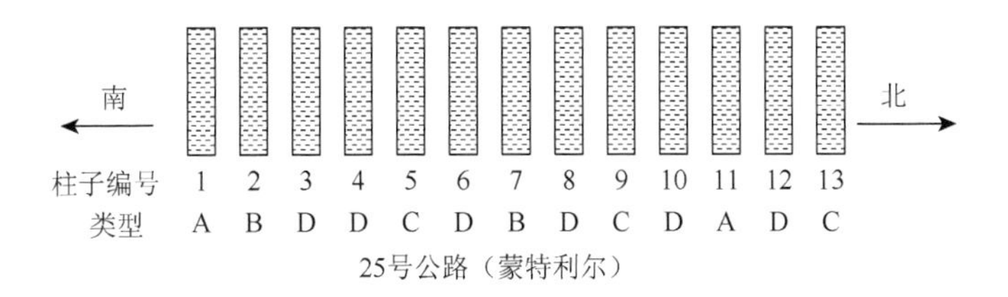

图 11-10 桥梁南侧 13 根柱子示意图

A 为热喷涂锌，埋设石墨参比电极，测量 4h 极化衰减；B 为热喷涂锌，安装 60cm×60cm “锌阳极窗”，测量锌阳极输出电流；C 为热喷涂锌；D 为没有热喷涂锌

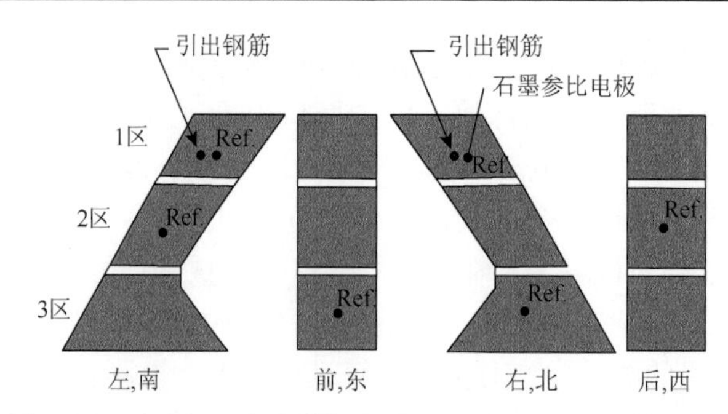

图 11-11　1#和 11#柱子锌阳极分区和参比电极位置示意图

图中 Ref.是石墨参比电极

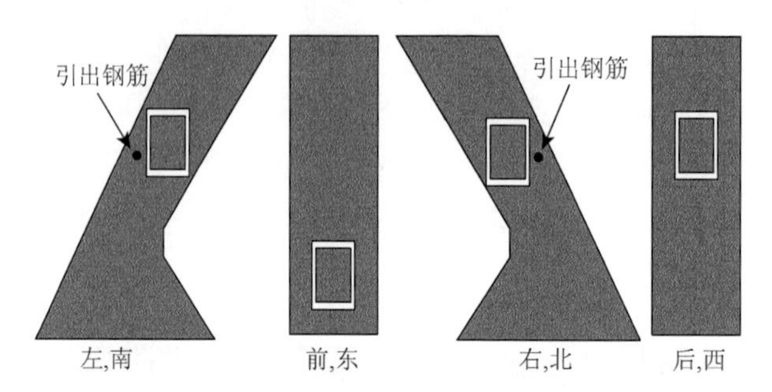

图 11-12　2#和 7#柱子“锌阳极窗”位置示意图

1994 年 5 月开始测量。图 11-13 和图 11-14 分别是 2#和 7#柱子锌阳极涂层输出电流密度测量结果。图 11-15 是 1#和 11#柱子 3 个区域牺牲阳极的平均输出电流密度。图 11-16 是 1#和 11#柱子 4h 极化衰减测量结果。

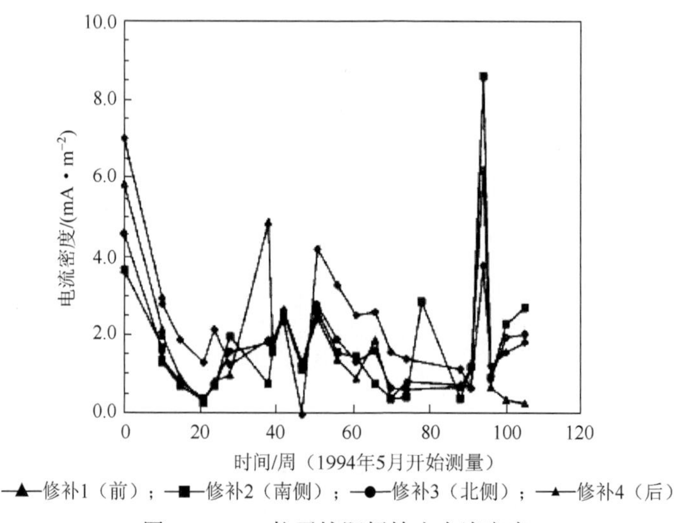

图 11-13　2#柱子锌阳极输出电流密度

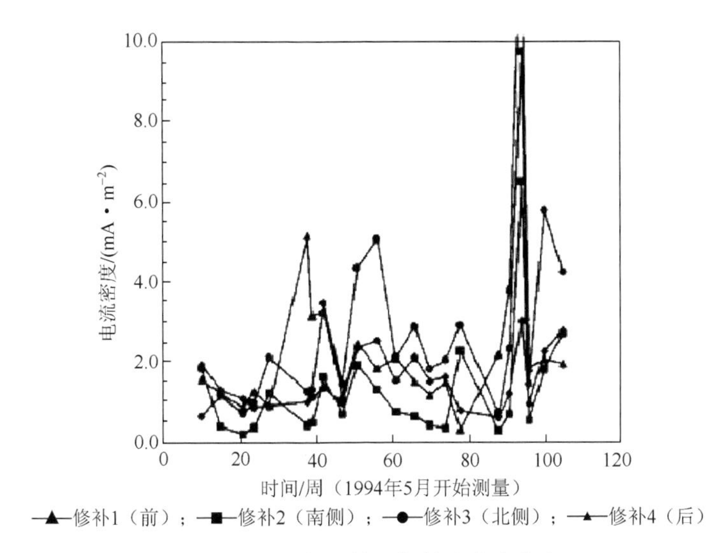

图 11-14 7#柱子锌阳极输出电流密度

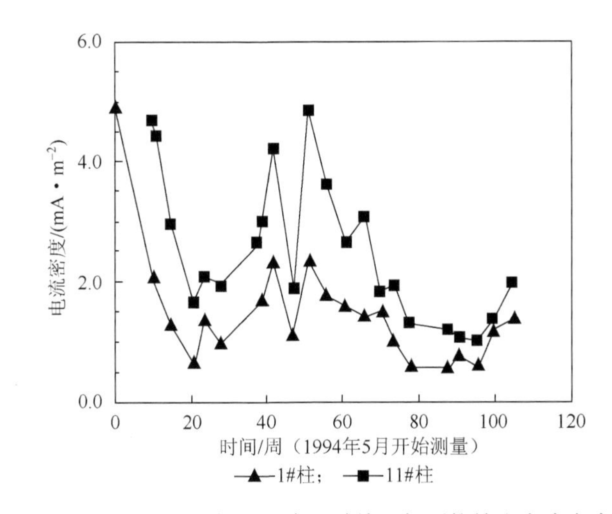

图 11-15 1#和 11#柱子 3 个区域锌阳极平均输出电流密度

从图 11-13 和 11-14 可以看出，锌阳极的输出电流波动较大。作者认为，这是因为在干燥的夏季，混凝土电阻率较高，锌阳极的输出电流降低。而到了冬季，雪的融化和雨水使得混凝土含水量增加，电阻率降低，锌阳极输出电流增加。

从图 11-16 可以看出，不是所有测量时间测得的 4h 极化衰减都能满足 100mV 准则要求。

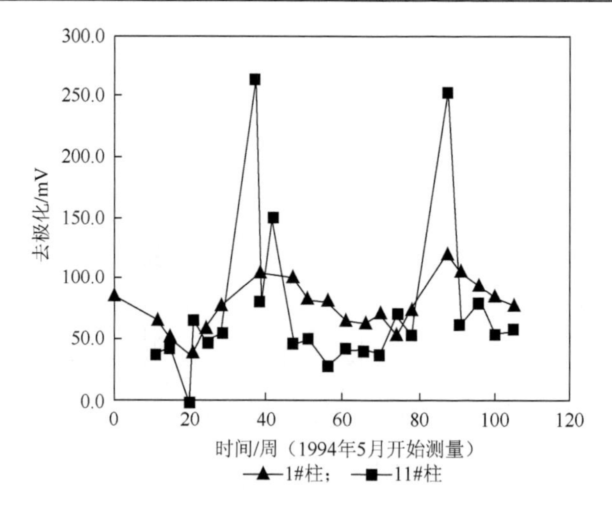

图 11-16　1#和 11#柱子 4h 极化衰减平均值

参 考 文 献

[1] 葛燕，朱锡昶，朱雅仙，等. 混凝土中钢筋的腐蚀与阴极保护. 北京：化学工业出版社，2007

[2] Covino B S，Cramer S D，Bullard S J，et al. Performance of Zinc Anodes for Cathodic Protection of Reinforced Concrete Bridges.SRP 364，2002

[3] Shi X M，Cross J D，Ewan L，et al. Replacing Thermal Sprayed Zinc Anodes on Cathodically Protected Steel Reinforced Concrete Bridges. SRP 682，2011

[4] NACE 01105-2005. Sacrificial Cathodic Protection of Reinforced Concrete Elements——A State-of-the-Art Report

[5] GB/T 18719—2002. 热喷涂 术语、分类

[6] 高荣发. 热喷涂技术涂层形成原理. 北京：化学工业出版社，1992

[7] Spriestersbach J，Melzer A，Wisniewski J，et al. Lifetime Extension of Thermally Sprayed Zinc Anodes for corrosion Protection of Reinforced Concrete Structures by Using Organic Topcoatings.Proceedings Eurcoor’99. Aachen，Germany：1999

[8] Covino Jr B S，Bullard S J，Holcomb G R，et al. Bond strength of electrochemical aged arc-sprayed zinc coating on concrete. Corrosion，1997，53（5）：399-411

[9] Cramer S D，Covino Jr B S，Bullard S J，et al. Corrosion prevention and remediation strategies for reinforced concrete coastal bridges. Cement and Concrete Composites，2002，24：101-117

[10] AWS C2.20/C2.20M：2002. Specification for Thermal Spraying Zinc Anodes on Steel Reinforced Concrete

[11] AWS C2.25/C2.25M：2002. Specification for the Thermal Spray Feedstock-Solid and Composite Wire and Ceramic Rods

[12] ASTM B833-09. Standard Specification for Zinc and Zinc Alloy Wire for Thermal Spraying（Metallizing）for the Corrosion Protection of Steel

[13] GB/T 12608—2003. 热喷涂 火焰和电弧喷涂用线材、棒材和芯材和分类和供货技术条件

[14] ACI 345.1R-06. Guide for Maintenance of Concrete Bridge Members

[15] ASTM D7234. Standard Test Method for Pull-off Adhesion Strength of Coatings on Concrete Using Portable Pull-off Adhesion Testers

[16] Vector Corrosion Technologies（Cape Canaveral，Florida）.Port of Canaveral North Cargo Piers Concrete Repair and Cathodic Protection. Concrete repair Bulletin，2007

[17] Cryer C B. Using Cathodic Protection to Preserve Historic Concrete Bridges. Concrete Bridge Conference，Oregon Dot，2006

[18] Bullard S J，Cramer S，Covino B. Effectiveness of cathodic protection. SPR 345，2009

[19] U.S. Department of Transportation. Long-Term Effectiveness of Cathodic Protection Systems on Highway Structures. Publication No. FHWA-RD-01-096，2001

[20] Brousseau R，Baldock B，Pye G，et al. Sacrificial Cathodic Protection of a Concrete Overpass. Corrosion，1997：239

第12章 锌网阳极

12.1 概 述

锌网阳极是将金属锌加工成扁平的网状，浇筑在专用的水泥胶结材料中。水泥胶结材料的作用是防止锌网阳极的钝化，使其能够在牺牲阳极保护系统使用寿命期间内，持续不断的输出稳定的阴极保护电流。锌阳极加工成网状，阳极的表面积增加，减少了腐蚀产物在局部区域的聚集，避免了水泥胶结材料的胀裂破坏。阳极材料和水泥胶结材料的共同作用，确保了锌网阳极保护系统的长期有效。

1994年，美国佛罗里达运输部率先开展了锌网阳极试验研究，并在佛罗里达克逊维尔的Broward河桥的钢筋混凝土桩上进行了现场试验，获得成功。目前，国外已将锌网阳极广泛应用于桥梁的混凝土桩和面板以及海水冷却塔等混凝土结构的维修。2006年，南京水利科学研究院开展了锌网阳极的研发，并在某海港码头预应力混凝土桩上进行了现场应用试验。

12.2 美国切萨皮克海湾桥隧工程混凝土桩牺牲阳极保护[1]

切萨皮克(Chesapeake)海湾桥隧工程位于美国国道主干线13号高速公路上，处于美国弗吉尼亚州东南部。工程全长37km，其中大桥长27.4km。一期工程建于1964年，二期工程建于1999年。该工程被誉为当今世界七大工程奇迹，1965年被美国土木工程师协会授予杰出土木工程奖。1987年工程还被命名为Jr.Bridge-Tunnel，以奖励Lucius J.Kellam先生为大桥作出的杰出贡献。

整个工程由21km长的混凝土T梁与钢桁架梁、两座长为1.6km的隧道以及四座人工岛、2.423km长填土路堤与8.8km引道构成，见图12-1。其中海燕岛上设有旅游休闲购物餐饮区，每年商店零售额数百万美元。大桥原先为两车道，二期扩至四车道；项目策划于1956年，八年后建成首期工程，主要是桥梁与隧道通道。桥位区域水深从25ft到100ft，北线桥宽28ft，南线桥宽36ft；北线桥施工从1960年9月至1963年4月，共计42个月，总造价为2亿美元；南线桥从1995年6月至1999年4月，共计46个月，总造价为2.5亿美元；采用发行债券筹集资金。

北线桥与南线桥共计 5189 根混凝土预制桩。桩采用离心浇注混凝土制作，混凝土相当密实，渗透性低。桩装配时，混凝土截面用环氧树脂密封。管桩直径 1.37m，厚 127mm，有 12～16 根预应力束（每束由 12 根单股直钢丝组成），螺旋筋为直径 6.3mm 的 ASTM A82 圆钢。桩内部填充砂子，以抵抗小船或冰块的撞击。桩长 42.6～54.8m，打入长度为 24.3～45.7m。

图 12-1　切萨皮克海湾桥隧工程

1986 年检测发现，施工中存在细小破裂的桩中出现钢筋腐蚀引起的混凝土开裂和剥落。在裂缝中灌注环氧材料对裂缝进行封闭，提高结构强度是当时标准的维修方法。然而，由于受到环氧材料性能的限制，不能使钢筋避免暴露于氯化物环境中而得到保护。2000 年，对桥梁最早施工的桩进行了检测，发现由于钢筋腐蚀又出现裂缝，缝隙中氯化物的含量很高。腐蚀破坏一般发生在水线以上，认为是由于最初施工造成的细小破裂引起的。

为了解决腐蚀问题和减缓混凝土桩的开裂和剥落，桥梁-隧道委员会决定进行维修。共有 623 根桩需要维修。对有明显裂缝（裂缝宽度大于 1.5mm）的桩实施锌网/玻璃钢护套阴极保护系统，对裂缝宽度小于 1.5mm 的裂缝，则凿开裂缝用胶结材料填充。剥落的部分用胶结材料局部修补。

共有 215 根桩实施阴极保护。护套中使用了 272kg 的锌网阳极。

保护系统于 2007 年开始施工。系统运行几周或几个月后，保护电流密度降为 $10.8mA \cdot m^{-2}$ 或以下，4h 极化衰减超过 100mV 要求。保护系统设计使用寿命为 25 年。工程造价为 1250 万美元。由于在桥梁下部施工，故对交通没有影响。

图 12-2 和图 12-3 是牺牲阳极保护系统安装过程和安装完成以后的状况。

图 12-2　牺牲阳极保护系统安装过程状况

图 12-3　牺牲阳极保护系统安装完成后状况

12.3　墨西哥 La Unidad 桥混凝土桩牺牲阳极保护[2]

La Unidad 桥位于墨西哥边远地区，长约 3.2km。该桥对于两岸以及整个尤卡坦半岛人们的生活和经济发展都是至关重要的。桥梁处于海洋环境中，使用 30 年后，混凝土出现了钢筋腐蚀引起的混凝土劣化。90 年代，采用局部修补的方法进行维修，2002 年，对混凝土桩采用包覆玻璃钢护套，护套中灌注环氧填充料的方法进行维修。二次维修的效果都不能令人满意，使用年限非常短。拆除玻璃钢护套后发现钢筋腐蚀非常严重，需要采取有效的防腐蚀措施。

2004 年 11 月，在 La Unidad 桥 20 号排架的 14 根混凝土桩安装了锌网/玻璃钢护套，进行牺牲阳极保护应用试验，并跟踪监测了 2.5 年。结果表明，混凝土桩中钢筋腐蚀得到有效控制。之后，业主决定对该桥梁的 1400 多根混凝土桩全部实施锌网/玻璃钢护套牺牲阳极保护。

图 12-4 是 La Unidad 桥外观，图 12-5 是 20 号排架锌网/玻璃钢护套安装完成以后的照片。

图 12-4 墨西哥 La Unidad 桥

图 12-5 墨西哥 La Unidad 桥 20 号排架混凝土桩锌网牺牲阳极保护

12.4 奥地利 Apline 公路桥牺牲阳极保护试验[3~5]

Apline 公路桥位于奥地利 Styria 的高寒地区。该地区海拔高度为 1000m，气候特征是夏季干湿变化非常快，温差很大，冬季冻融循环频繁。图 12-6 是该桥梁的外观照片。

桥梁暴露于除冰盐环境。桥台"Birkfeld"附近出现了明显的混凝土破坏，包括开裂、剥落和腐蚀。混凝土破坏一部分从桥面板开始，然后向下一直到梁的支撑部件，这是由于桥面板撞击梁的支撑部件引起的，见图 12-7。另一部分是由于悬臂和桥面板底部浸泡在除冰盐中导致钢筋腐蚀而引起的，见图 12-8。

为了评价桥梁的状况，采用铜/饱和硫酸铜参比电极测量了钢筋的腐蚀电位图，采用钻取水泥粉样和混凝土芯样的方法测量了混凝土中的氯离子含量，还测量了混凝土的碳化深度。腐蚀电位图测量结果表明，桥台、悬臂和桥台“Birkfeld”附近桥面板的底部，钢筋腐蚀的风险非常高。在经常潮湿的部位，保护层深度为2cm处的氯化物浓度为4.0%～5.6%（占水泥质量分数）。在不是经常潮湿的部位，保护层深度为2cm处的氯化物浓度为0.5%～0.9%（占水泥质量分数），但碳化深度大于等于4cm。检测结果表明，混凝土结构的钢筋腐蚀活性很大，将会造成钢筋截面的严重减小，从而导致结构安全性降低。

图 12-6　奥地利 Apline 公路桥外观状况[3]

图 12-7　桥面板撞击梁支撑构件引起桥面板开裂[4]

2007年9月，对Apline公路桥进行了锌网牺牲阳极保护试验，被保护构件为桥台“Birkfeld”、桥台附近的桥面板底部以及相邻的悬臂，混凝土保护面积为50m^2。为了评价天气、氯离子以及混凝土结构形式对牺牲阳极保护系统保护效果的影响，分为Z1～Z4四个不同的保护区域。为了监控牺牲阳极保护系统，安装了7个参比电极（两个Ag/AgCl，用A表示，5个Mn/MnO_2，用M表示）、一个混凝土电阻率探头和两个宏电池传感器（每个传感器有三个宏电池探头）。

图 12-8 桥台“Birkfeld”钢筋腐蚀引起混凝土破坏[4]

图 12-9 和图 12-10 分别是牺牲阳极保护系统安装过程中以及安装完成后的照片。2007 年 11 月 1 号保护系统投入运行。

图 12-9 牺牲阳极保护系统安装过程[4]

图 12-10 牺牲阳极保护系统安装完成[3]

2007 年 10 月～2011 年 6 月测量了四个阴极保护区域的牺牲阳极输出电流密

度。在保护系统开始运行的前三个月，输出电流密度持续降低，大约在 6 个月后稳定，表 12-1 是稳定后测得的电流密度值。

表 12-1 稳定的牺牲阳极电流密度（2009 年 2 月～2010 年 6 月）[4]

区域	保护电流密度/(mA・m^{-2})				RH/%	$T_{空气}$/℃	$T_{混凝土}$/℃
	Z1	Z2	Z3	Z4			
平均值	3.80	2.17	3.69	0.77	80.3	4	6.1
最小值	0.66	0.00	0.00	0.00	29.2	–14	–11.6
最大值	9.04	9.70	16.66	5.82	98.3	25	23.9

四个保护区域中，Z1 区牺牲阳极最活泼，输出电流密度平均值最大，Z2 和 Z3 区次之，Z4 区最不活泼。Z1 区在桥面板底面，Z4 区混凝土经过修补。

温度和湿度对牺牲阳极输出电流密度的影响，温度在 0℃以上时，相对湿度是牺牲阳极输出电流的主要控制因素，温度在 0℃以下时，温度是牺牲阳极输出电流的主要控制因素。当空气干燥（RH＜50%）和温度在冰点以下时，一些区域的输出电流降至零，但是湿度和温度升高，输出电流会立即增加。

表 12-2 是 2007 年 12 月～2011 年 6 月进行的去极化试验测试结果。

表 12-2 瞬时断电电位、24h 去极化电位和极化衰减[4]

时间	项目	Z1 R1M	Z1 R2A	Z1 R3A	Z2 R1M	Z3 R2A	Z3 R3A	RH/%	CT/℃
2007.12.06	瞬时断电电位/(–mV)	–484	–622	–675	–740	–813	–761	89	–0.8
	24h 去极化电位/(–mV)	–321	–408	–413	–601	–678	–645	95	0.2
	24h 极化衰减/mV	163	214	262	139	135	116	—	—
2009.02.26	瞬时断电电位/(–mV)	–310	–49	–395	–385	–476	–489	67	–2.2
	24h 去极化电位/(–mV)	–146	274	–113	–278	–349	–347	93	–1.9
	24h 极化衰减/mV	164	323	282	107	127	142	—	—
2010.08.12	瞬时断电电位/(–mV)	–246	–138	–330	–479	–591	–553	72	18.4
	24h 去极化电位/(–mV)	–138	90	–113	–385	–445	–477	89	8.1
	24h 极化衰减/mV	108	228	217	121	146	76	—	—
2010.12.30	瞬时断电电位/(–mV)	–345	49	–450	–364	–420	6	81	–5.9
	24h 去极化电位/(–mV)	–203	264	–294	–319	–328	100	98	–5.5
	24h 极化衰减/mV	142	215	156	45	92	94	—	—
2011.04.21	瞬时断电电位/(–mV)	–243	–187	–332	–386	–255	25	50	11.7
	24h 去极化电位/(–mV)	–164	–109	–285	–323	–221	151	45	13.1
	24h 极化衰减/mV	79	78	47	63	34	126	—	—
2011.06.17	瞬时断电电位/(–mV)	–283	–39	–383	–482	129	67	81	15.9
	24h 去极化电位/(–mV)	–143	186	–266	–377	373	307	81	15.8
	24h 极化衰减/mV	140	225	117	105	244	240	—	—

Apline公路桥牺牲阳极保护系统持续运行了5年，经历了4个严寒的冬季，多次的干湿循环和冻融循环没有对保护系统的长期性能产生影响。一些在冬季完全浸泡在除冰盐溶液中的阳极胶结材料出现了分层破坏，但是锌网阳极没有露出，阳极胶结材料与老混凝土仍然完全结合在一起。因此，在安装锌网阳极的地方，都能得到有效的牺牲阳极保护。

12.5 美国两座自然通风海水冷却塔牺牲阳极保护[6~16]

12.5.1 概述

海水循环冷却技术是沿海地区节约淡水资源与减少海洋热污染的有效途径。海水循环冷却技术，是以原海水为冷却介质，经换热设备完成一次冷却后，再经冷却塔冷却，并循环使用的冷却水处理技术。海水冷却塔是海水循环冷却系统中的重要构筑物。

国际上对海水冷却塔已有50多年的研究和近40年的应用实例，尤其在美国、英国、法国、德国、南非等国家已经有比较多的应用，初步统计国际上已有60多个电厂采用海水冷却塔。我国从20世纪80年代后期，逐步开展了海水冷却塔试验研究。2009年竣工投产的浙江国华宁海电厂二期工程采用了两座海水冷却塔，三期规划同样采用两座双海水冷却塔。2010年竣工投产的天津北疆电厂一期工程采用了两座海水冷却塔。

二次循环供水系统中的海水冷却塔分为机械通风型和自然通风型两种。浙江国华宁海电厂二期工程和三期规划以及天津北疆电厂一期工程均为自然通风海水冷却塔。自然通风型即常见的风筒式冷却塔，结构示意图如图12-11所示。

自然通风海水冷却塔由集水池、斜支柱、塔身和淋水装置组成。集水池多为在地面下约2m深的圆形水池。塔身为有利于自然通风的双曲线形无肋无梁柱的薄壁空间结构，多用钢筋混凝土制造。冷却塔通风筒包括下环梁、筒壁、塔顶刚性环三个部分。下环梁位于通风筒壳体的下端，风筒的自重及所承受的其他荷载都通过下环梁传递给斜支柱，再传到基础。筒壁是冷却塔通风筒的主体部分，它是承受以风荷载为主的高耸薄壳结构，对风十分敏感。塔顶刚性环位于壳体顶端，是筒壳在顶部的加强箍，它加强了壳体顶部的刚度和稳定性。斜支柱为通风筒的支撑结构，主要承受自重、风荷载和温度应力。斜支柱在空间是双向倾斜的，按其几何形状有“人”字形、“V”字形和“X”字形柱，截面通常有圆形、矩形、八边形等。一般按双抛物线设计，基础主要承受斜支柱传来的全部荷载，按其结构形式分有环形基础（包括倒“T”型基础）和单独基础。塔内上部为风筒，筒壁第一节（下环梁）以下为配水槽和淋水装置，统制为淋水构架，多用PE或PVC材料制成。塔底有一个蓄水池，但需根据蒸发量连续补水。淋水装置是使水蒸发散热的主要设备。运行时，水从配水槽向下流淋滴溅，空气从塔底侧面进入，与水充分接触后带着热量向上排出。冷却过程以蒸发散热为主，一小部分为对流散热。

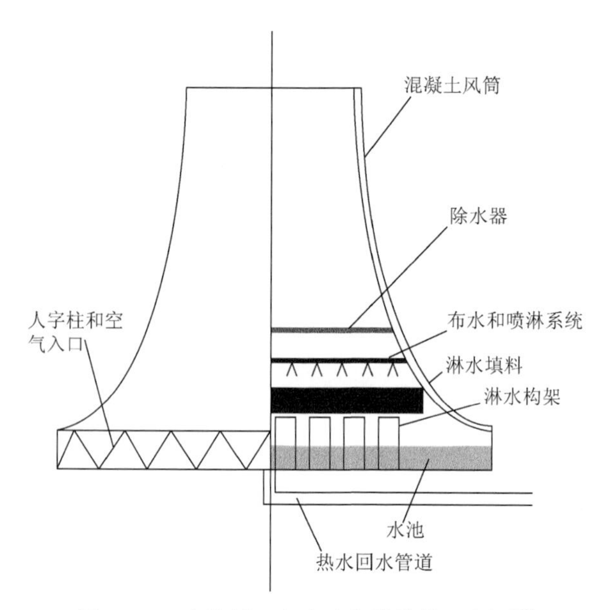

图 12-11 自然通风海水冷却塔结构示意图[6]

自然通风海水冷却塔结构内部处于高温、高湿的浓缩海水及蒸汽环境，外部受到海洋大气的盐雾侵蚀，腐蚀环境恶劣，不同于一般海洋环境。各部分所处环境具体如下所述。

1）风筒

风筒内壁除水器以上处于高温（40℃）、高湿（近饱和）蒸汽环境中，除水器以下处于浓缩海水的飞溅区；风筒外壁处于海洋大气环境，主要受到盐雾的侵蚀和二氧化碳腐蚀，还受到日光照射和紫外线作用。

2）淋水构架和人字柱

淋水构架长期处于浓缩海水的冲刷和飞溅环境。人字柱内侧会受到浓缩海水的飞溅影响，处于干湿交替状态，特别是在海风吹拂下。

3）水池及环基

水池及环基的内表面与浓缩海水直接接触，外表面与土壤接触，其腐蚀性主要与土壤环境的腐蚀性有关，一般来讲，处于中或弱腐蚀环境中。

在如此恶劣的环境中，混凝土中钢筋将会发生严重的腐蚀，是影响冷却塔长期耐久性的一个重要因素。美国目前正在使用的自然通风双曲线冷却塔都是建于 20 世纪 80 年代初期到中期，都将达到设计使用年限。由于冷却塔新建费用巨大，而且更换冷却塔需要停产，这也会带来很大的经济损失，因此，采取有效的方法对冷却塔进行维修，对于保持结构物的完整性，延长结构物的使用寿命是非常经济的选择。

12.5.2 美国佛罗里达 St. John's 电厂海水冷却塔牺牲阳极保护[13~15]

St. John's 电厂位于美国佛罗里达州杰克逊维尔市（Jacksonville）（图 12-12），2 号双曲线自然通风海水冷却塔高 137m，直径 110m，1987 年开始运行。90 年代初期，冷却塔的环梁和斜支柱出现了混凝土劣化，包括混凝土裂缝、胀裂、锈迹和脱落（图 12-13）。所有测量深度位置的氯化物浓度都超过了 1.3kg • m^{-3}。试验采取了涂层、环氧树脂和火焰喷锌等多种防腐蚀措施对腐蚀破坏的钢筋混凝土进行维修，但效果都很短暂，最后决定在对环梁和斜支柱进行常规的修补恢复至原构件断面后，再安装锌网/玻璃钢护套牺牲阳极保护系统，以控制混凝土中钢筋的进一步腐蚀。环梁共安装了 120 个护套，斜支柱共安装了 240 个护套，护套总面积为 3160m^2。这个项目是迄今北美在双曲线钢筋混凝土冷却塔实施的最大的阴极保护工程。图 12-14 是锌网阳极照片，图 12-15 是斜支柱安装锌网/玻璃钢护套，图 12-16 是施工完成后冷却塔的外观状况。

图 12-12 St. John's 电厂[14]

图 12-13 冷却塔钢筋腐蚀、混凝土剥落[13]

图 12-14　锌网阳极[14]

图 12-15　冷却塔斜支柱安装牺牲阳极保护系统[15]

图 12-16 牺牲阳极保护系统安装完成后冷却塔外观状况[15]

12.5.3 美国佛罗里达 Crystal River 自然通风海水冷却塔牺牲阳极保护[16]

2007 年，美国 Structural Group，Inc（SG）对佛罗里达两座自然通风海水冷却塔进行了调查和检测，此时冷却塔已使用了超过 25 年。冷却塔高约 137m，水池直径约 116m，支柱为 40 组混凝土方桩。

开展调查一方面是因为有混凝土碎块从冷却塔上掉落，另一方面是因为维护计划的需要。调查结果显示，混凝土中的钢筋处于腐蚀状态，混凝土表面出现了裂缝、分层和剥落（见图 12-17）。2007 年第一次检查时，混凝土分层破坏面积约为 2972m^2，2008 年第二次检查时增加到约 6874m^2，混凝土分层破坏面积增加很快。

图 12-17 风筒表面混凝土剥落，钢筋腐蚀[16]

经过研究认为，对冷却塔采取局部凿除修补和阴极保护联合维修措施，是经济有效的解决办法，预计可延长结构物使用年限 20 年。所有斜支柱和帽梁采用 LifeJacket®即锌网/玻璃钢护套牺牲阳极保护。工程始于 2008 年 9 月，计划 2010 年 11 月完工。混凝土凿除和修补面积约 6874m^2。图 12-18 是 LifeJacket®阳极的照片，根据支柱和帽梁的尺寸，玻璃钢加工成两个半片，锌网固定在玻璃钢上。LifeJacket®阳极在支柱或帽梁上安装好以后，在阳极与混凝土之间浇筑胶结材料。图 12-19 是斜支柱锌网/护套安装完成后的照片。

图 12-18　锌网/玻璃钢护套[16]

图 12-19　斜支柱锌网/护套安装完成[16]

12.6　我国某海港码头预应力混凝土桩牺牲阳极保护应用试验[1]

12.6.1　概述

锌网/电化学活性砂浆是将锌网阳极浇注在电化学活性砂浆中。该系统是南京水利科学研究院在 2006 年研发的一项新技术，可以用于桥梁潮差浪溅区钢筋混凝土桩的修复，也可用于潮湿的大气环境钢筋混凝土构件的修复。本项技术已获实用新型专利“大气环境中钢筋混凝土牺牲阳极阴极保护装置”。

锌网阳极为扁平的菱形网格状，锌阳极的厚度和网格丝的宽度均为 2mm，菱形网格的长节距和短节距分别为 15mm 和 8mm。

配制电化学活性砂浆使用的材料主要有水泥、砂、纤维和保湿活性盐，其 28d 抗压强度约为 40MPa，电阻率小于 11 000Ω · cm。锌网阳极在电化学活性砂浆中的开路电位负于$-1.0V_{CSE}$。

2009 年 5 月，在国内沿海某预应力钢筋混凝土方桩码头进行了现场应用试验。码头所属区域为半日潮，平均高潮位为 4.79m，平均低潮位为 1.24m。

试验在一根预应力钢筋混凝土方桩上进行。方桩截面尺寸为 50cm×50cm，有直径 25mm 钢筋 4 根和直径 22mm 钢筋 4 根。

试验在桩帽底向下约 1.5m 长的部位进行。该区段为潮差区，高潮时全部浸入海水中，低潮时全部露出水面。

12.6.2 试验概况

使用锌网阳极，尺寸为 50cm×210cm，平铺面积约为 10 500cm^2。

将方桩试验段表面清理干净，在钢筋上焊接一根阴极电缆。将锌网阳极固定在桩的周围，立模后灌注活性砂浆，养护 14d 后拆除模板。28d 后进行通电试验。通电前测量钢筋的自然电位和锌网阳极的开路电位，通电期间测量钢筋的极化电位和锌网阳极的输出电流。参比电极为饱和甘汞电极。

图 12-20 是方桩锌网阳极安装位置和电位测点布置示意图，图 12-21 是阳极系统安装完成以后的情况。

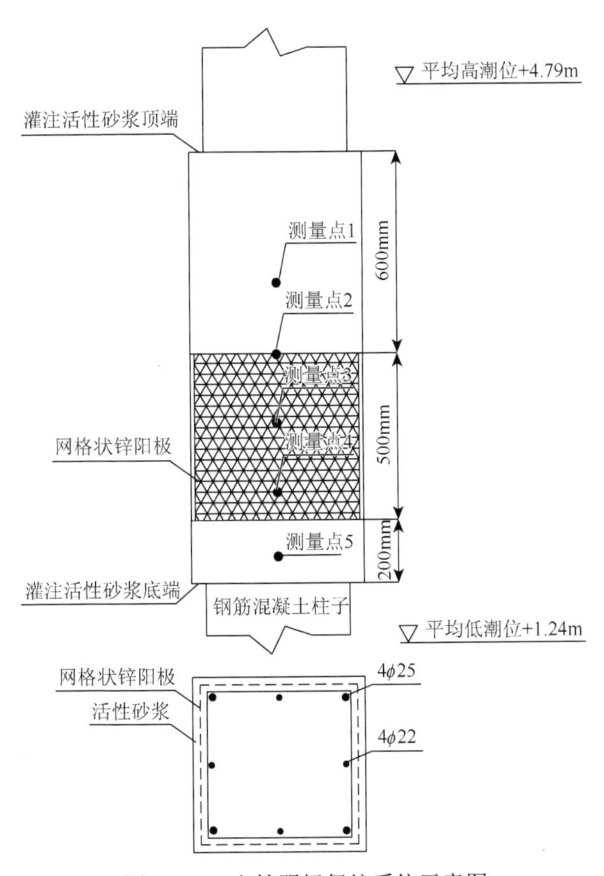

图 12-20 方桩阴极保护系统示意图

图 12-21　阳极系统安装以后的情况

12.6.3　测量结果与分析

在锌网阳极覆盖范围内的 3 个测量点测量锌网阳极开路电位，测量结果见表 12-3。锌网阳极开路电位为–1180～–1138mV$_{SCE}$。

表 12-3　锌网阳极开路电位电位测量结果

测点编号	电位/(–mV)			
	东面	南面	西面	北面
2	1 141	1 148	1 143	1 138
3	1 178	1 156	1 180	1 164
4	1 169	1 163	1 142	1 166

通电 1d 和 96d 时，锌网阳极的输出电流分别为 14.4mA 和 3.2mA。按照通电 96d 时输出电流计算得出的锌网阳极电流密度为 3.2mA・m^{-2}。

表 12-4 和表 12-5 是通电 1d 和 96d 时钢筋极化电位测量结果（锌网阳极与钢筋接通），表 12-6 是通电 96d 时，将锌网阳极与钢筋断开连接之后测量的钢筋电位。

表 12-4 通电时测量的钢筋极化（通电 1d）

测点编号	电位/(–mV)			
	东面	南面	西面	北面
1	865	905	878	873
2	927	979	948	943
3	987	989	987	988
4	980	938	953	920
5	824	770	768	732

表 12-5 通电时测量的钢筋极化（通电 96d）

测点编号	电位/(–mV)			
	东面	南面	西面	北面
1	832	865	870	855
2	932	940	922	957
3	972	970	976	962
4	968	956	971	864
5	762	836	820	769

表 12-6 断电时测量的钢筋极化（通电 96d）

测点编号	电位/(–mV)			
	东面	南面	西面	北面
1	786	837	813	810
2	828	860	850	841
3	845	858	863	830
4	842	844	852	816
5	794	730	731	692

通电 1d 和 96d 时，锌网阳极覆盖范围内的测点 2～测点 4，在通电时测量的钢筋极化电位分别为–989～–920mV_{SCE}和–976～–864mV_{SCE}，通电 96d 断电时测量的钢筋电位为–863～–816mV。锌网阳极上方的测点 1 和下方的测点 5，在通电时测量的钢筋极化电位分别为–905～–732mV_{SCE}和–870～–762mV，通电 96d 断电时测量的钢筋电位为–837～–692mV_{SCE}。

欧洲标准 EN12696：2009 对预应力钢筋混凝土阴极保护准则要求为：任何具有代表性点的瞬时断电电位（断开保护电流 0.1s 到 1s 之间测定）应负于–700mV_{SCE}，为避免“氢脆”的发生，不应负于–880mV_{SCE}。

根据通电 96d 断电时测量的钢筋电位和上述标准，锌网阳极覆盖范围内的钢筋电位全部满足要求。另外，在锌网阳极上方和下方，只有方桩北面测点 5 的钢筋电位略低于$-700mV_{SCE}$，其余测点全部满足规范要求。

试验结果表明，本次示范工程采用锌网/电化学活性砂浆成功地对潮差浪溅区的预应力混凝土方桩实施了修复。

参考文献

[1] Kathy R L，Staff W. Jackets Wrap Bridge Piles with Cathodic Protection. Material Performance，2008，(1)：30-33

[2] Costa J，Restly M，León C. Controlling Corrosion on the la Unidad Bridge in CampeChe，MexiCo. ConCrete repair Bulletin，January/February 2009

[3] Schwarz W，Müllner F，and van den Hondel A. Galvanic Corrosion Protection of Steel in Concrete with a Zinc Mesh Anode Embedded into a Solid Electrolyte（EZA）. Concrete Solutions，4th International Conference on Concrete Repair，Dresden，Germany：2011，9（26-28）163-176

[4] Grantham M，Mechtcherine V，Schneck U. Concrete Solutions. Technology and Engineering，CRC Press，September 2011. http: //books.google.com.hk/books?id=yVSIJ4S1pFEC&pg=PA164&lpg=PA164&dq=EZA+galvanic+zinc+anode&source=bl&ots=A5gscPdsHY&sig=J1H9c6jxNc37C72RuQIFteZqjH0&hl=zh-CN&sa=X&ei=c2kAUpGZC4SolQXatoCwDA&ved=0CEAQ6AEwAw#v=onepage&q=EZA%20galvanic%20zinc%20anode&f=false] [2015.07.29]

[5] Schwarz W，Müllner F，Van den Hondel A. Galvanic Corrosion Protection of Steel in Concrete with a Zinc Mesh Anode Embedded into a Solid Electrolyte（EZA）：Operational Data and Service Time Expectations. 3rd International Conference on Concrete Repair，Rehabilitation and Retrofitting Repair，Cape Town，South Africa：2012，9（3-5）：1-7

[6] 同刚，姚友成，王普育，等. 海水冷却塔结构防腐蚀研究. 电力勘测设计，2009，(6)：40-45

[7] 李模军，李绍仲. 自然通风海水冷却塔结构材料耐久性研究. http: //www.doc88.com/p-695139675011.html [2015-07-15]

[8] 彭德刚. 宁海电厂二期特大型海水冷却塔结构设计. http: //www.doc88.com/p-209931152301.html[2015-07-15]

[9] 薛芳斌，吴红卫，蔡宏庆，等. 海水冷却塔重防腐保护技术及应用. http: //info.pf.hc360.com/2012/01/051121366315.shtml[2015-07-15]

[10] 李绍仲，罗书祥. 自然通风海水冷却塔结构防腐蚀研究. http: //www.doc88.com/p-270338339463.html [2015-07-15]

[11] 曲政. 自然通风海水冷却塔结构耐久性研究. http: //www.docin.com/p-123450951.html[2015-07-15]

[12] 双曲线型冷却塔. http: //baike.baidu.com/view/295845.htm?fromTaglist[2013-07-15]

[13] Tarou K，Boshart S. Hyperbolic cooling tower column and lintel beam protection. Structure Magazine，2007，9：15-19

[14] Schwarzenegger A. Performance，Cost，and Environmental Effects of Saltwater Cooling Towers Pier Final Project Report. PIER Final Project Report，2010

[15] Jacksonville. Hyperbolic cooling tower column and lintel beam cathodic protection. Concrete Repair Bulletin，2006

[16] Nowell N，Blennerhassett B. Natural Draft Hyperbolic Cooling Towers Concrete Rehabilitation and Cathodic Protection. 2011 Cooling Technology Institute Annual Conference，San Antonio，Texas：2011

第 13 章　锌 箔 阳 极[1]

13.1　概　　述

锌箔阳极是用离子导电的水凝胶将 0.25mm 厚的锌箔粘贴在混凝土表面，用于大气环境混凝土结构钢筋的腐蚀控制。水凝胶是离子导电的压敏胶，用丙烯酸酯水凝胶的聚合物制成，具有长期的耐老化性能。加速试验表明，该阳极系统的使用寿命为 12 年。但在现场应用试验中发现有阳极剥落失效的问题。

锌箔阳极安装十分简单，不需要专门的设备和专业的技术人员。图 13-1 是一座桥梁底部构件新敷设好的锌箔阳极保护系统。

图 13-1　桥梁底部构件锌箔阳极系统

13.2　美国俄勒冈州高架桥桥面板牺牲阳极保护试验

1997 年，美国联邦公路管理局对俄勒冈州 Cape Perpetua 高架桥桥面板底部实施了锌箔阳极和热喷涂锌阳极保护试验，锌箔阳极保护面积约为 $57m^2$。图 13-2

是 1997～2003 年测得的热喷涂锌阳极和锌箔阳极的输出电流密度，可以看出热喷涂锌阳极输出电流波动较大，锌箔阳极输出电流基本稳定，电流密度约为 $3.5mA\cdot m^{-2}$。图 13-3 是 1998～2003 年间测得的钢筋极化衰减值，4h 极化衰减值全部满足 100mV 准则要求。

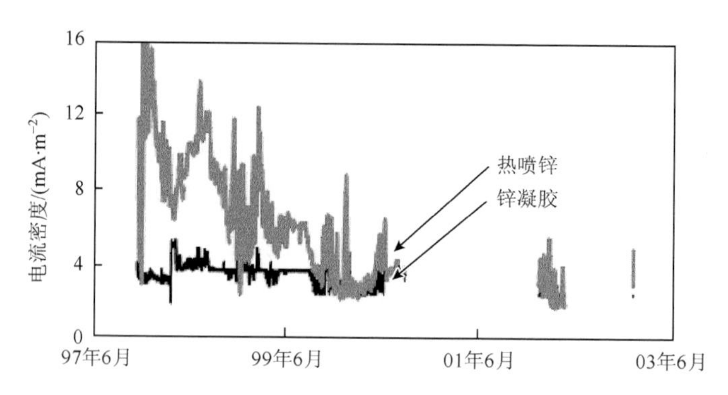

图 13-2　Cape Perpetua 高架桥锌阳极输出电流

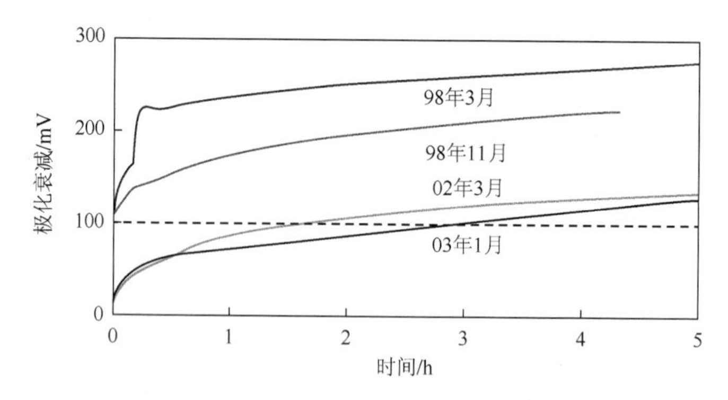

图 13-3　Cape Perpetua 高架桥钢筋极化衰减

13.3　美国弗吉尼亚桥梁下部结构牺牲阳极保护试验

美国弗吉尼亚有 3 座桥梁的下部结构安装了锌箔阳极保护系统。图 13-4 是位于里士满（Richmond）的一座桥梁下部结构安装的锌箔阳极系统，调查发现，虽然大部分锌箔还在，但某些区域金属消耗和剥落的现象非常明显。

Route 58 桥位于马丁斯维尔（Martinsville）的一个镇上，建于 1963 年。桥梁有 4 跨，总长度为 77.3m。有 2 条宽度为 4.6m 的东西向车道。下部结构包括 3 个墩帽，从东向西依次编为 1#、2#和 3#。1#墩帽的桩位于小河中，2#和 3#墩帽的桩位于河边。每个墩帽由 3 个钢筋混凝土圆桩支撑。每个墩帽的表面积为 $40.4m^2$。

(a) 结构柱子

(b) 柱子和排架

(c) 金属消耗和锌箔剥落

图 13-4　桥梁下部结构锌箔阳极保护系统

1996 年 12 月，在 3 个墩帽上安装了锌箔阳极保护系统，锌箔厚度为 0.25mm，总面积为 $121m^2$。每个墩帽安装两个 Ag/AgCl 参比电极。1997 年 1 月 22 日系统开始运行。1997～1998 年在保护系统分别运行约 8 个月、1 年和 14 个月，以及 2006 年 12 月系统运行约 10 年时对保护系统进行了检查。

由于水凝胶是水溶性的，渗透到阳极和混凝土之间的水会导致水凝胶的溶解，使阳极与混凝土之间的附着力丧失。沿桥面板接缝处渗漏下来的水使得在墩帽端头的牺牲阳极在刚刚安装完之后不久就失效了，随后对该处阳极进行了更换，并采用了垂直方向安装的方法，以减少水渗透到阳极和混凝土之间。保护系统运行期间，发现阳极表面有鼓泡现象。这些区域的阳极可能已经与混凝土不接触了。1997～1998 年的第一次检查时，发现在一些墩帽的端头有阳极与混凝土分离的现象，1#墩帽南侧有一小块（约 0.3m 长）阳极已经剥落，第 3 次检查时，该处阳极剥落长度已经增加到 1.2m。1997～1998 年 3 次检查时测量的牺牲阳极输出电流密度为 1.66～4.45mA · m^{-2}，4h 极化衰减平均值分别为 107mV、102mV 和 92mV，有两次检查时还进行了 22h 的去极化试验，所有参比电极的极化衰减都超过 100mV，阴极保护效果良好，预计阳极寿命在 7～10 年。

2006 年 12 月检查时发现，墩帽上约有 10m^2 的阳极已经没有了。尽管水凝胶仍然覆盖着墩帽的一些区域，但很可能已经不能对整个墩帽起到保护作用了。图 13-5 是桥梁下部结构阳极状况。

图 13-5 桥梁下部结构阳极状况

参考文献

[1] 葛燕，朱锡昶，李岩. 桥梁钢筋混凝土结构防腐蚀——耐腐蚀钢筋及阴极保护. 北京：化学工业出版社，2011

第 14 章　预制砂浆活化锌阳极

14.1　概　　述[1~8]

预制砂浆活化锌阳极是将锌或锌合金阳极芯浇筑在活性砂浆中制成的锌阳极，主要用于混凝土结构的局部修补和小型构件的牺牲阳极保护。图 14-1 是目前市售的不同形状的预制砂浆活化锌阳极的图片。

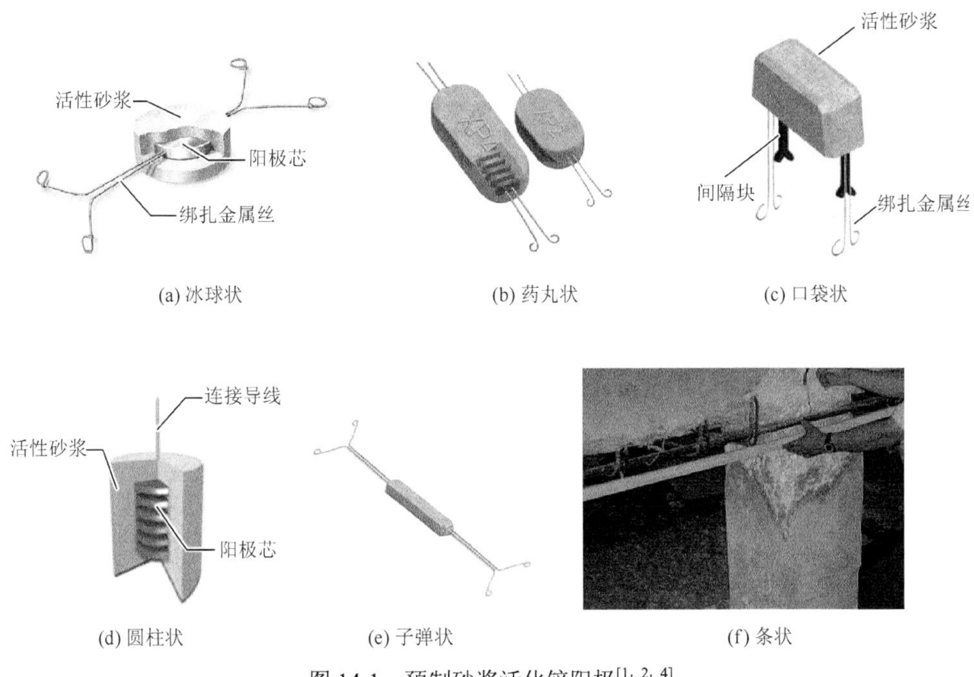

(a) 冰球状　(b) 药丸状　(c) 口袋状

(d) 圆柱状　(e) 子弹状　(f) 条状

图 14-1　预制砂浆活化锌阳极[1, 2, 4]

锌阳极作为牺牲阳极在混凝土中使用时，最重要的就是要使锌阳极长期处于活化状态，持续不断地输出电流，并防止锌阳极腐蚀产物在阳极表面的聚集，否则就会影响牺牲阳极保护系统的使用寿命。预制砂浆活化锌阳极就是通过添加了化学活性剂的砂浆将锌阳极包裹起来，达到防止锌阳极钝化和腐蚀产物聚集的目的。碱活化和卤化物活化是目前使用的两种砂浆活化方式。碱活化使用的活化剂是碱，如 LiOH 和 NaOH。碱活化能够使锌阳极周围砂浆的 pH 在 14

至 14.5 以上，在这样的环境中锌阳极腐蚀产物是可溶性的，不会在锌阳极表面形成氧化物膜。卤化物活化使用的是含卤族元素的盐，如氯盐或溴盐，其中的阴离子，如 Cl^-和 Br^-，能够防止在锌表面形成稳定的氧化物膜。随着锌的腐蚀，Zn^{2+}与这些阴离子反应生成可溶性的腐蚀产物，如 $ZnCl_2$。有研究表明，LiOH 碱活化时，不会引起锌阳极周围混凝土的碱骨料反应，而 NaOH 碱活化则存在碱骨料反应的风险。卤化物活化时，卤素元素离子会对钢筋造成腐蚀，因此，锌阳极应与混凝土中的钢筋保持一定的距离，以延长卤素元素离子到达钢筋表面的时间，延缓其腐蚀作用。

上述预制砂浆活化锌阳极中，除了口袋状锌阳极是卤化物活化以外，其余都是碱活化，分别适用于以下条件。

（1）冰球状、药丸状和口袋状阳极用于新老混凝土交界处钢筋的腐蚀控制。表 14-1 是这几种锌阳极的规格。

表 14-1　冰球状、药丸状和口袋状锌阳极规格[3]

锌阳极形状	规格	锌质量/g
冰球状	65（直径）mm×30mm	60
	60（直径）mm×30mm	60
药丸状	25mm×125mm×25mm	60
	65mm×80mm×30mm	100
	65mm×120mm×30mm	160
口袋状	35mm×80mm×40mm	55

在局部修补时安装这种牺牲阳极，锌阳极与混凝土中的钢筋形成新的腐蚀电池，抑制了环阳极腐蚀的发生，这样就大大延长了混凝土结构修补以后的使用寿命。这种锌阳极的安装十分简便，不仅适用于普通的钢筋混凝土结构，而且适用于预应力和后张应力钢筋混凝土结构。存在新老混凝土交界的情况有：①混凝土结构局部修补，即凿除胀裂、剥落处混凝土，露出其中的钢筋并进行清理，再用新的优质混凝土或聚合物乳胶改型水泥砂浆修补恢复其原貌；②桥梁加宽；③新建混凝土构件与老混凝土构件的接头；④桥面板更换。

图 14-2～图 14-5 是现场埋设预制砂浆活化锌阳极的照片。

近年来，这种锌阳极在国外的应用日益广泛，包括美国、加拿大、英国、法国、泰国、墨西哥、巴林等国及中美洲、西印度群岛、迪拜等地。估计至今保护面积有 50 000m^2，构筑物包括桥梁、公寓楼、停车场和沿海建筑，表 14-2 是一些工程应用情况。而这种锌阳极在我国则很少使用。

图 14-2　桥面板局部修补[3]

图 14-3　桥面板维修[3]

图 14-4　桥面板加宽[3]

图 14-5 隧道洞口局部修补[3]

表 14-2 工程应用情况[8]

项目名称	地点	保护面积/m^2
Houndshill MSCP	英国布莱克浦	490
Rice Lane Flyover	英国利物浦	150
Stuart Tower	英国伦敦	300
Port Man Bridge	加拿大不列颠哥伦比亚	5000
Parking Garage	加拿大明尼苏达	300
Parking Garage	美国威斯康星	300
Regency Hotel	美国佛罗里达	1000

（2）圆柱状阳极用于混凝土已受到污染但尚未出现破坏的混凝土结构的钢筋腐蚀控制。根据混凝土结构保护层厚度以及钢筋密度的不同，市售已有多种规格的圆柱状锌阳极，见表 14-3。

表 14-3 圆柱状锌阳极规格[2]

锌阳极种类	规格（直径×长度）	最小钻孔尺寸（直径×长度）
CC45	46mm×45mm	50mm×75mm
CC65	46mm×62mm	50mm×95mm
CC100	46mm×100mm	50mm×130mm
CC135	29mm×135mm	32mm×165mm

图 14-6～图 14-8 分别是柱子、桥梁的边梁和停车场地面安装圆柱状锌阳极的照片。

（3）子弹状阳极用于新建混凝土结构的钢筋腐蚀预防，目前常用规格为 25mm×125mm×25mm，60g 锌。

图 14-6　柱子钻孔安装阳极[3]

(a) 混凝土钻孔

(b) 阳极安装完成

图 14-7　桥梁边梁维修[3]

图 14-8　车库底板更换[3]

（4）条状阳极用于钢筋腐蚀引起破坏的混凝土小构件的大面积维修，表 14-4 是几种条状锌阳极的规格。阳极长度可以根据构件尺寸加工，最长可达 2.3m。

表 14-4 锌阳极规格[5]

锌阳极体积	锌质量/(kg · m^{-1})
小	0.37
中	0.89
大	1.80
最大	3.0

图 14-9 是桥面板安装条状锌阳极的照片。

图 14-9 桥面板安装条状锌阳极[3]

14.2 美国弗吉尼亚 Route 29/Route 250 桥梁柱子牺牲阳极保护[9]

该桥位于美国弗吉尼亚州夏洛茨维尔市（Charlottesville）的 Route 29/Route 250 公路，尽管是陆上结构，但由于桥梁在冬季使用除冰盐，使得桥梁的柱子暴露于氯化物环境中。2004 年 5 月，对腐蚀破坏的 3 个柱子（编号分别为 P1、P2 和 P12）进行了枪喷混凝土维修，并在 P1 和 P12 的枪喷混凝土中埋设了冰球状锌阳极。

柱子直径为 101.6cm，每根柱子有 10 根 No.10 的垂直钢筋和间距为 15.2cm

的箍筋，钢筋/混凝土面积比约为 0.43。图 14-10 是牺牲阳极埋设位置，阳极间距为 30.5～61.0cm。

图 14-10　牺牲阳极埋设位置

2004 年 5 月～9 月对柱子进行了检测，内容包括枪喷混凝土外观、氯离子含量分析、温度和湿度、混凝土电阻率、钢筋半电池电位和钢筋腐蚀电流。2007 年，由于柱子 P12 需要进行更大范围的维修，再次测量了钢筋的半电池电位，检查了混凝土的分层破坏情况。

1）枪喷混凝土外观

P12 柱子的枪喷混凝土出现了大范围的间隔相等的的细小裂缝，横向裂缝之间有一些纵向裂缝（图 14-11），裂缝的宽度小于 0.25mm。根据裂缝的形式以及裂缝在修补后很短的时间就出现，作者分析认为裂缝是修补材料干缩造成的，而不是由钢筋腐蚀引起的。

2）氯离子浓度

表 14-5 是 P1 和 P2 两根柱子在枪喷前修补混凝土附近老混凝土中氯离子含量分析结果。

图 14-11　P12 柱子枪喷混凝土裂缝

表 14-5　柱子 P1 和 P2 氯离子含量

样品位置	样品深度/cm	氯离子含量/(kg・m^{-3})
柱子 P1 右侧	1.27	3.493
	2.54	2.474
	3.81	1.221
	5.08	0.490
柱子 P1 左侧	1.27	0.771
	2.54	0.594
	3.81	0.243
	5.08	0.043
柱子 P2	1.27	3.131
	2.54	2.372
	3.81	0.821
	5.08	0.050

3）温度和湿度

图 14-12 是当地的温度和湿度以及测得的桥梁的温度和湿度。可以看出当地温度和测得的桥梁的温度变化不大，平均值约为 70F，但桥梁的湿度变化较大，为 40%～80%。

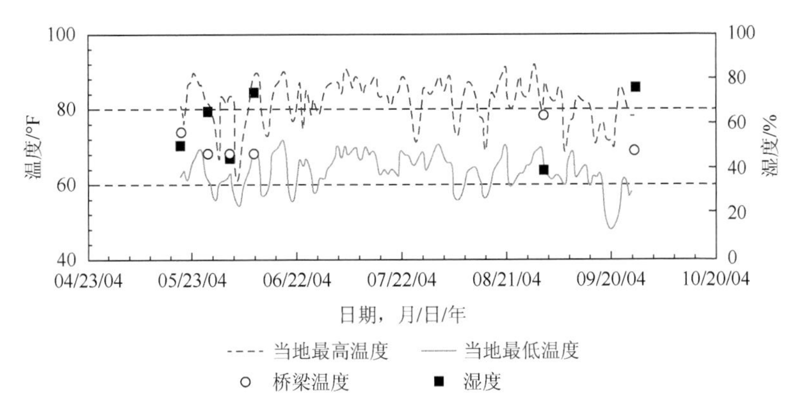

图 14-12　当地以及桥梁温度和湿度测量结果

4）混凝土电阻率

修补完成之后，在柱子表面用 Nilsson 电阻率仪（四电极法）测量了老混凝土和修补材料的电阻率。图 14-13 是在柱子周围的 10 个测点位置测得的电阻率，图 14-14 是各测点电阻率的平均值。

从图 14-13 可以看出，修补材料的电阻率比老混凝土要小。图 14-14 可以看出，老混凝土和修补材料的电阻率随时间增加都有所波动，老混凝土的电阻率始终要比修补材料大，修补材料的电阻率随时间增加而增加，与预期的结果相同。水泥的水化、桥梁温度和湿度的变化等都会对电阻率产生影响。

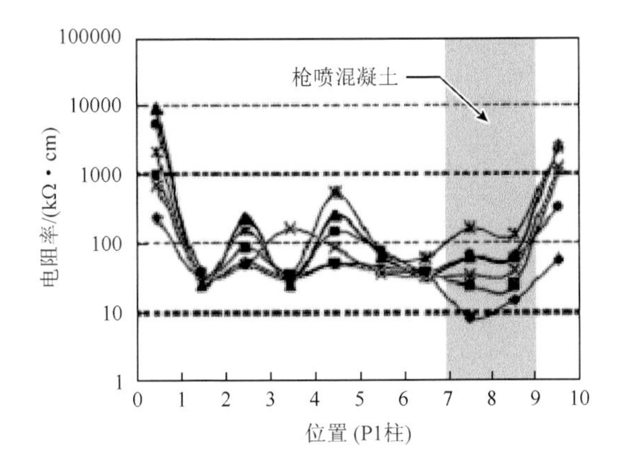

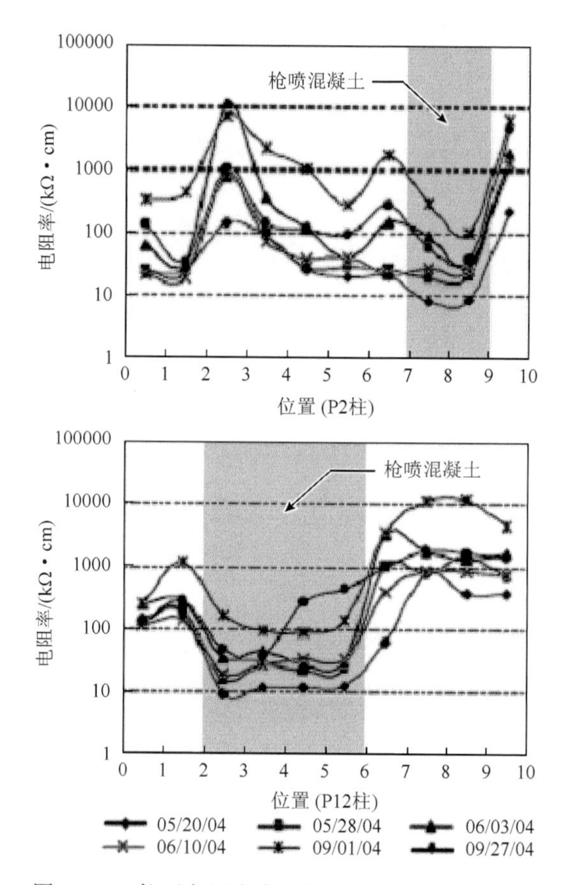

图 14-13　柱子各测点老混凝土和修补材料电阻率

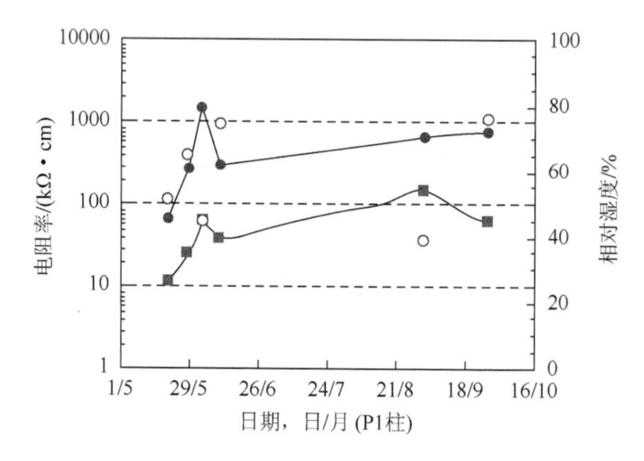

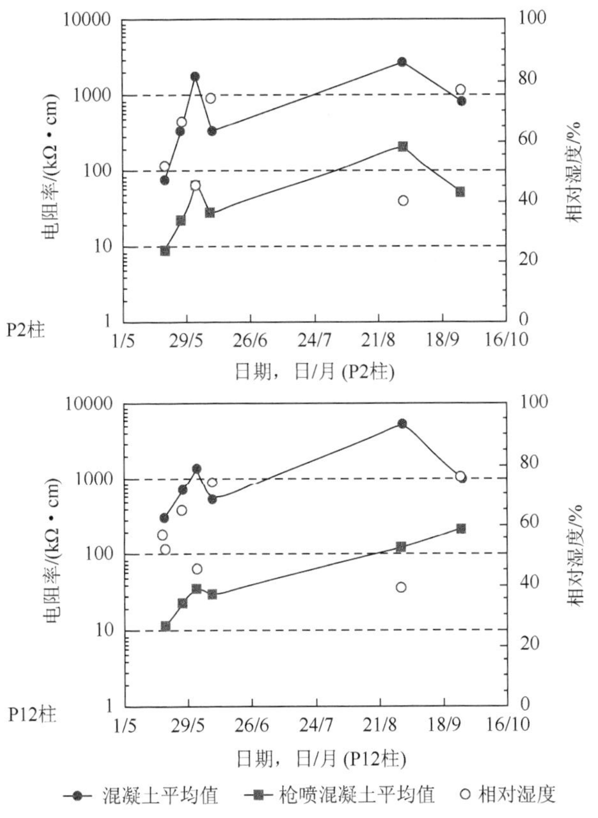

图 14-14　柱子老混凝土和修补材料电阻率平均值

5）钢筋半电池电位

将柱子圆周等分为 10 个部分，图 14-15 是枪喷混凝土修补位置示意图。

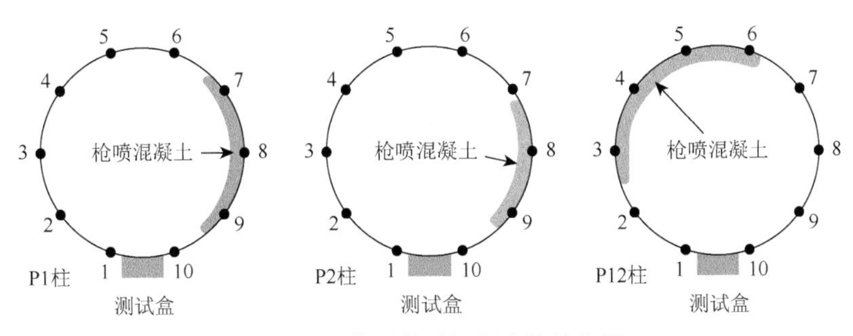

图 14-15　柱子枪喷混凝土修补位置

图 14-16 是柱子 P1 钢筋半电池电位测量结果，枪喷修补区域为 7～9，埋设有冰球状锌阳极。可以看出，在修补区域内，钢筋电位明显偏负，修补区域附近位置钢筋电位慢慢正移，修补区域以外钢筋电位没有大的变化。

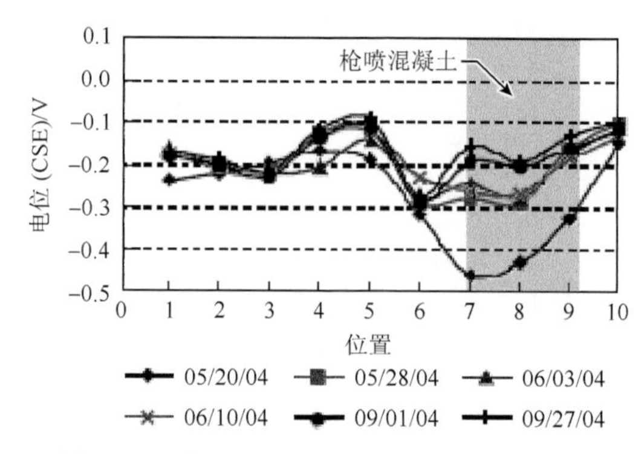

图 14-16　柱子 P1 钢筋半电池电位测量结果

图 14-17 是柱子 P2 钢筋半电池电位测量结果，枪喷修补区域为 8～9，没有埋设阳极。修补区域钢筋半电池电位明显没有变负的趋势。

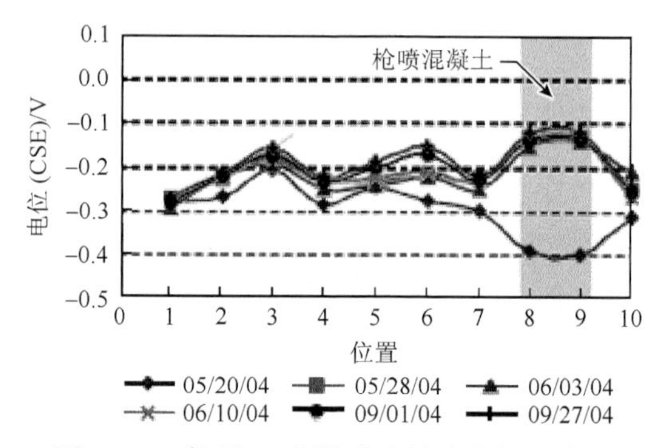

图 14-17　柱子 P2 钢筋半电池电位测量结果

图 14-18 是柱子 P12 钢筋半电池电位测量结果，枪喷修补区域为 3～6，埋设有冰球状锌阳极。一开始，修补区域钢筋半电池电位明显比老混凝土中的负，但在接下来的时间内，电位变化很小，没有达到预期的效果。作者认为原因之一是参比电极没有放在阳极的上方。

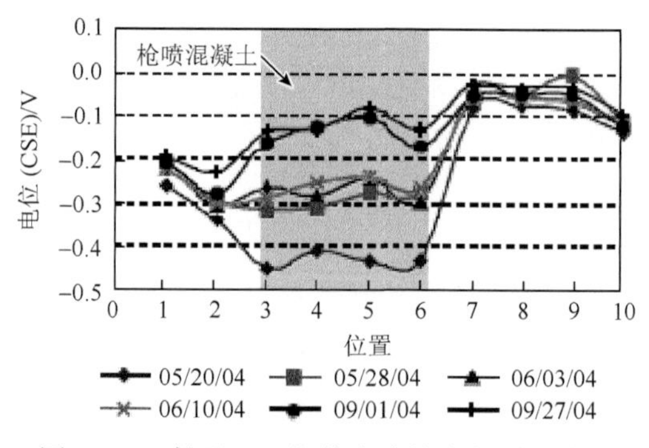

图 14-18　柱子 P12 钢筋半电池电位测量结果

6）牺牲阳极输出电流

用于测量输出电流的两个牺牲阳极和电流探头在枪喷混凝土时与钢筋是绝缘的，施工结束后一周，将牺牲阳极与电流探头电连接在一起。图 14-19 是在柱子 P1 的顶端和 P12 的底部测得的牺牲阳极的输出电流。

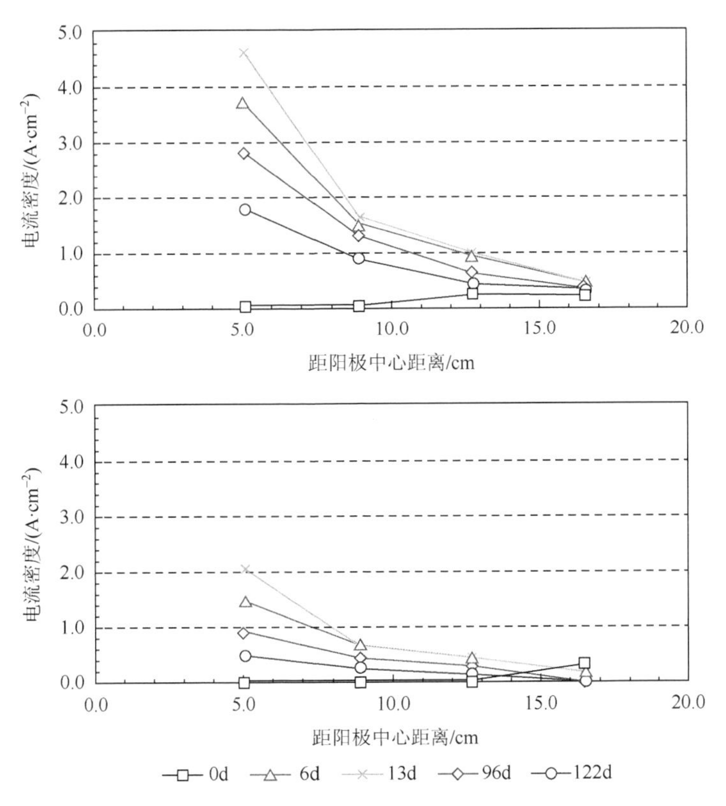

图 14-19　柱子 P1（顶端）和柱子 P12（底部）牺牲阳极输出电流

所有探头电流密度相对于距离和时间的变化趋势都是相同的，起初，电流密度很小，在接下来的两周开始变大，之后又降低。牺牲阳极与钢筋之间的距离对牺牲阳极的输出电流影响很大。在同一时间测量时，柱子 P1 中牺牲阳极的输出电流大约是柱子 P12 中的 2 倍。

7）2007 年测量结果

图 14-20 是在 2004 年测量的半电池电位图上增加的 2007 年的测量结果。可以看出，2007 年的测量结果与 2004 年基本一致。

用小锤敲击检查混凝土的分层情况，发现在柱子 P1 的底部有一块面积约为 929cm^2 的混凝土出现分层破坏（图 14-21）。显然，在这个位置钢筋没有接受到足够的阴极保护电流，虽然该区域保持了一定的湿度，而且距离阳极较近。柱子 P12 没有出现混凝土分层破坏现象。

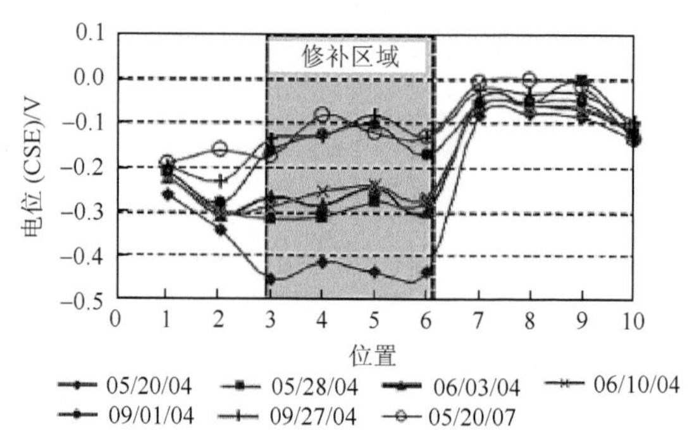

图 14-20　柱子 P12 钢筋半电池电位测量结果

(a) 枪喷前

(b) 混凝土分层（黄色范围）

图 14-21　柱子 P1 混凝土分层破坏

14.3　英国 Leicester 桥梁现场试验[10]

该桥位于英国莱斯特（Leicester），桥梁有两个桥台和两个桥墩，每个桥台和桥墩包含 8 根柱子。在对桥梁进行局部修补时，选取 6#和 7#柱子之间的横梁进行牺牲阳极保护试验。该梁底的左右两端均出现了混凝土剥落和裂缝，进行修补时凿除破坏的混凝土露出钢筋，已经受到氯化物污染但没有破坏的混凝土保留。该横梁共安装了 12 个冰球状锌阳极，在左侧修补区域边缘安装 8 个，右侧修补区域边缘安装 4 个，阳极间距为 600～700mm。每个阳极连接一根导线至接线盒，用于与钢筋的电连接以及钢筋电位和锌阳极输出电流的测量。其他地方安装的锌阳极则直接与钢筋相连。如图 14-22 和图 14-23 所示。

试验共进行了 10 年的时间，阳极的最小设计使用寿命是 10 年。

图 14-22　横梁照片

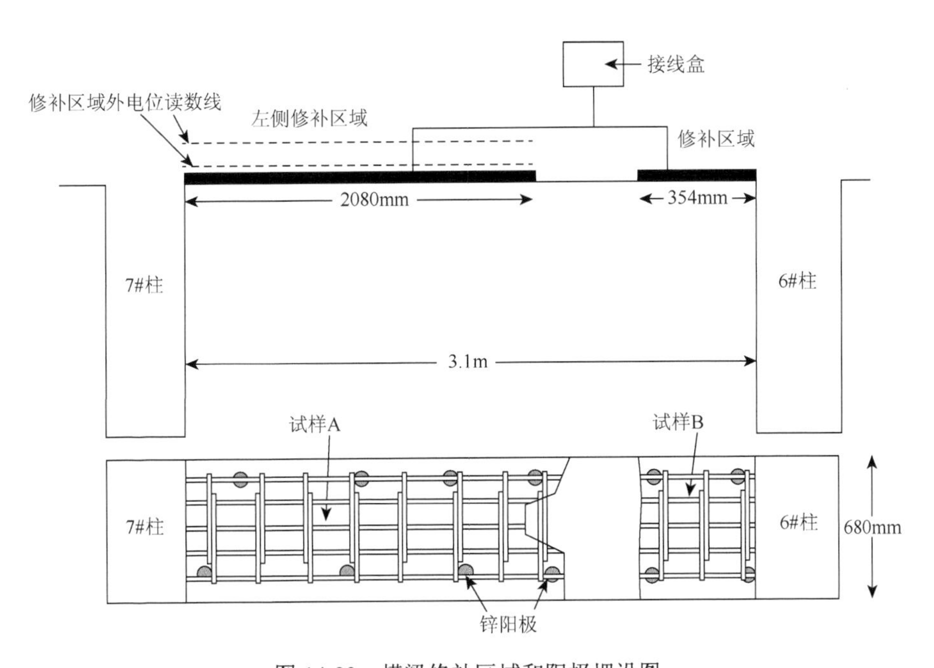

图 14-23　横梁修补区域和阳极埋设图

图 14-24 是在混凝土局部修补前测量的混凝土中的氯离子浓度。在修补区域内电位最负位置附近的测点 A，钢筋深度位置的氯离子含量超过 2%（占水泥质量分数，以下同），修补区域内测点 A，钢筋深度位置的氯化物含量低于 1%。测点 A 和测点 B 的氯离子含量远超过该桥墩修补区域以外混凝土中

的氯离子含量，也远超过西侧所有桥墩混凝土氯离子含量的平均值，但小于其最大值。

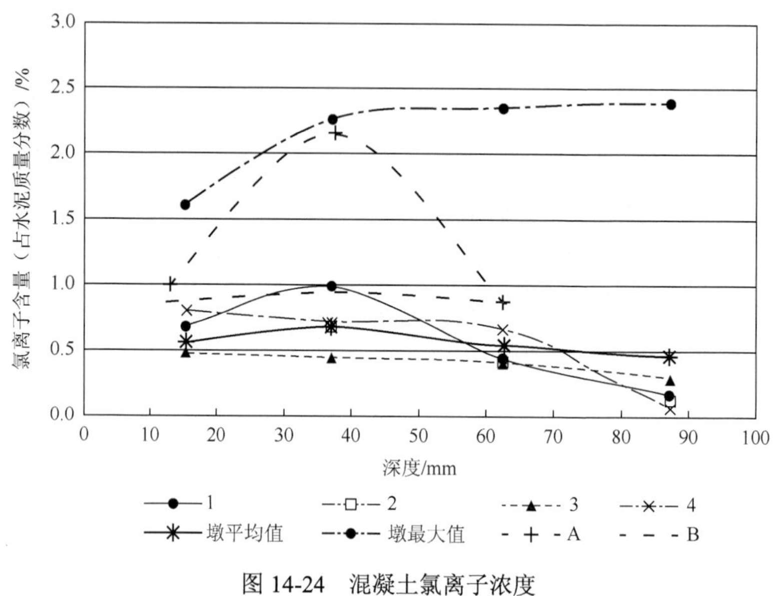

图 14-24　混凝土氯离子浓度

图 14-25 是局部修补前测量的横梁底面左侧修补区域内的钢筋半电池电位。表明钢筋存在腐蚀活性，同时有混凝土裂缝和分层破坏。测试区域内的半电池电位与所有西侧桥墩基本相同（图 14-26），数据表明钢筋存在腐蚀活性的比例很大。

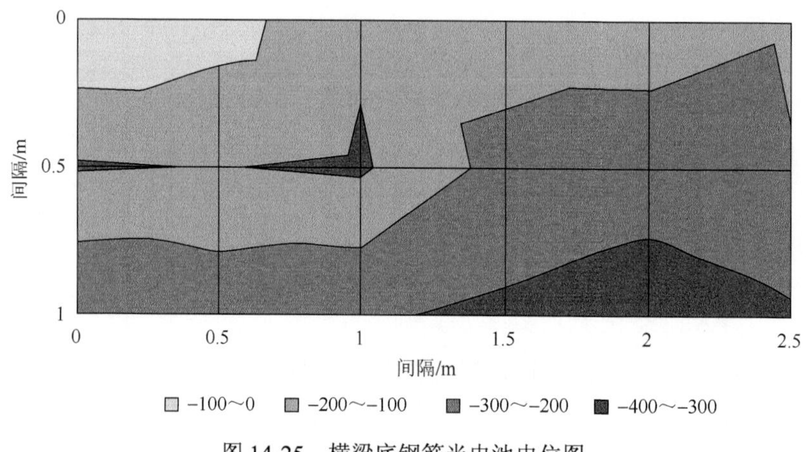

图 14-25　横梁底钢筋半电池电位图

图 14-27 是 12 个锌阳极在 10 年间的输出电流测量结果。输出电流的变化与混凝土湿含量有关，但主要取决于温度。例如，同一个锌阳极温度高与低时的输出电流分别为 400～600μA 和 100μA。温度变化时，钢筋腐蚀速率也会变化，因此，锌阳极输出电流的变化可以认为是自调节作用，腐蚀严重时输出电流就大。

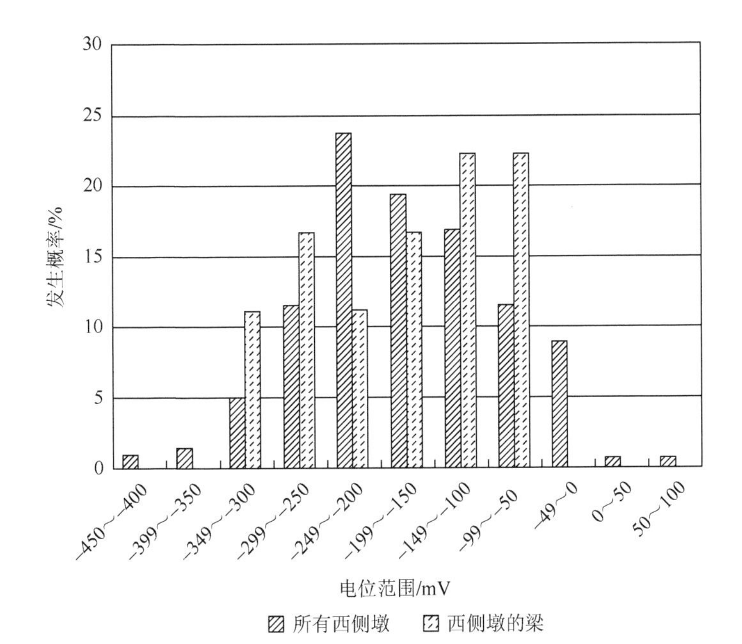

图 14-26　所有西侧桥墩钢筋半电池电位

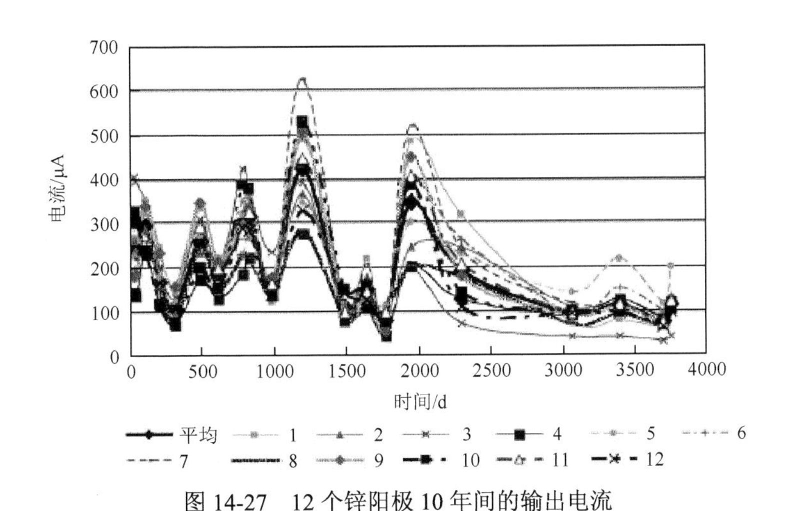

图 14-27　12 个锌阳极 10 年间的输出电流

表 14-6 是根据输出电流得出的每个锌阳极产生的电量，图 14-28 是按照 85%阳极效率估算得出的阳极消耗量。按照此消耗量简单地外推得出 60g 锌阳极的使用寿命为 24～37 年。

表 14-6　10 年间每个锌阳极产生的电量

阳极编号	电量/库仑	阳极编号	电量/库仑
1	63 141	8	43 619
2	55 696	9	59 459
3	46 621	10	56 333
4	41 135	11	57 205
5	61 228	12	48 989
6	60 825	平均	54 954
7	65 194		

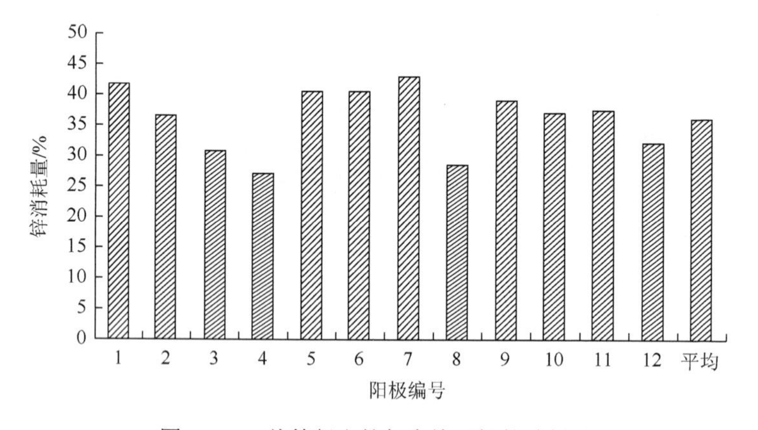

图 14-28　估算得出的每个锌阳极的消耗量

图 14-29 是在西侧桥墩取出的一个锌阳极，可以看出在锌和砂浆界面有很厚的富含锌的不规则形状腐蚀产物，锌的消耗量不到原始重量的 30%。因此，前面假设效率为 85%可能是不对的。还发现在离开锌阳极/砂浆界面几毫米的砂浆的孔隙中有一些含有氧化锌和氢氧化锌腐蚀产物。

表 14-7 是去极化试验结果。在修补区域布置 12 个测点，修补区域外布置 8 个测点。极化衰减为通电电位和所有阳极断电 4h（3400d 为 24h）后的电位差。可以看出，试验开始的一段时间，4h 极化衰减很低，但 9 年（3400d）后达到或超过 100mV。有趣的是在修补区域外的极化衰减更大，距修补区域达 300mm 的位置仍有明显的去极化。

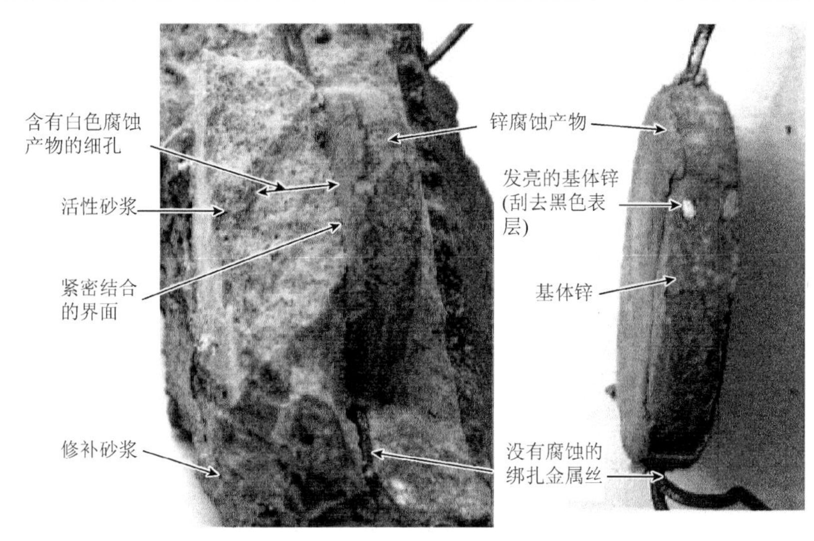

(a) 在锌和砂浆周围有腐蚀产物　　(b) 去除腐蚀产物露出锌

图 14-29　使用 10 年后的锌阳极

表 14-7　极化衰减平均值

通电时间/d	梁底修补区域内阳极中间/mV	横梁西垂直面/mV	
		距修补边缘 50mm	距修补边缘 300mm
21	56	58	56
41	27	47	31
50	22	55	28
112	24	48	11
3400	95	184	—

局部修补时安装这种阳极的目的是防止环阳极腐蚀，而不是像阴极保护那样控制正在进行的腐蚀，所需要的阴极防护电流密度很低。本次试验按照修补区域以及受影响区域钢筋表面积估算得出的电流密度为 0.6～3mA・m^{-2}，平均值为 1.4mA・m^{-2}。

考虑到监测区域内的极化衰减随时间增加，表明钢筋得到了较好的保护，而且 10 年后局部修补处仍然完好，作者认为 100mV 极化衰减标准不适用于这种阴极防护系统，特别是系统运行的初期，可能需要研究适合于确定阴极防护效果的标准。监测修补区域附近钢筋的去极化电位或许是确定这种阴极防护系统更加有效的方法。图 14-30 给出的修补区域内外钢筋去极化电位的平均值就说明了这一点。很明显随时间延长，去极化电位平均值不断地向正方向偏移，表明钢筋钝化增加。

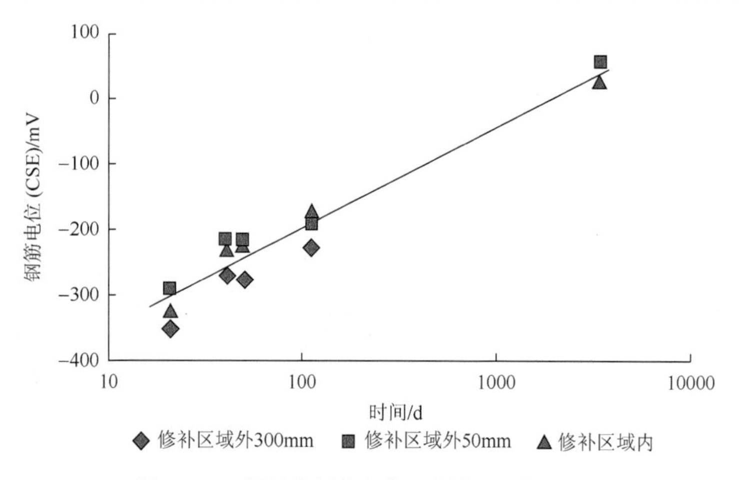

图 14-30 钢筋去极化电位（断电 4h 或 24h）

14.4 美国俄亥俄州混凝土桥梁桥台牺牲阳极保护[11]

美国俄亥俄州有 7600 座板式桥梁在役。桥梁的面板一般都比较完好，破坏通常出现在主路周围的桥台，原因是除冰盐渗漏造成氯化物污染。以往都是采用混凝土局部修补的方法对桥台进行维修。局部维修的维修周期一般在 4～7 年。2005 年，在对俄亥俄州悉尼（Sidney）附近 Ⅰ-75 公路上的 10 个桥台进行维修时，采取了牺牲阳极保护。使用的牺牲阳极为碱活化的高纯锌，每根阳极长 2.3m，质量为 $0.9kg \cdot m^{-1}$。图 14-31 是桥台凿除受损或氯化物污染的混凝土后牺牲阳极安装完成的图片，浅色为环氧涂层钢筋，深色为牺牲阳极。

图 14-31 桥台牺牲阳极安装（深色为牺牲阳极）

对保护系统进行了 3 年多的监测。图 14-32 是牺牲阳极输出电流测量结果。牺牲阳极的输出电流随温度变化而变化，温度越高输出电流越大。输出电流稳定后，最大值约为 27mA，最小值约为 2mA。

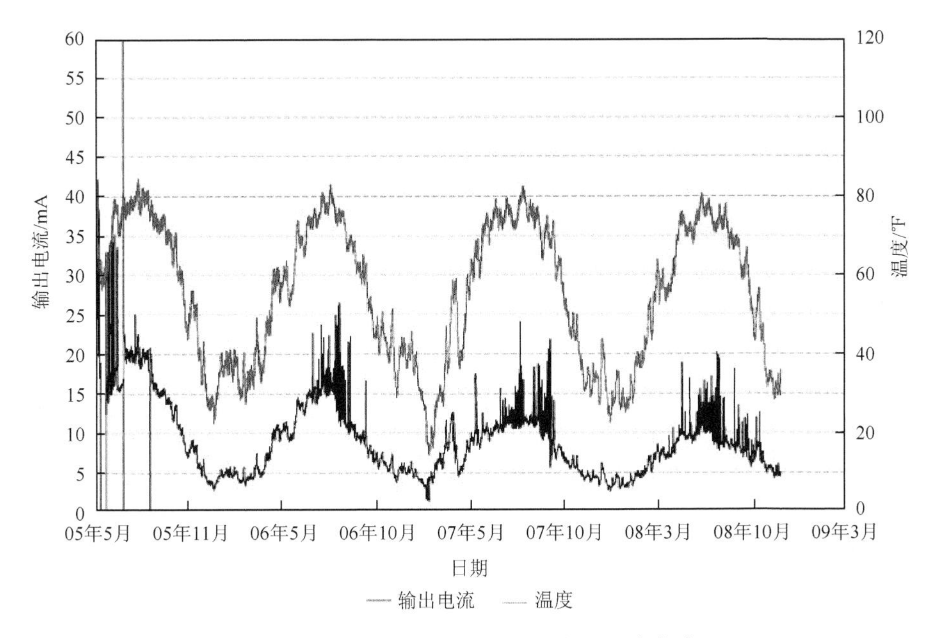

图 14-32　桥台牺牲阳极输出电流和温度曲线

表 14-8 是保护电流密度、瞬时断电电位和极化发展监测结果。可以看出，钢筋瞬时断电电位为−1154～−987mV（Ag/AgCl 参比电极），极化发展为 333～500mV，完全满足阴极保护准则要求。

表 14-8　保护电流密度、瞬时断电电位和极化发展监测结果

时间	温度/℃	电流密度/(mA·m^{-2})	瞬时断电电位(Ag/AgCl 参比电极)/mV	极化发展/mV
—	—	37.7	−654	—
2005.05.06	—	13.9	−1 000	346
2005.07.20	31	12.9	−987	333
2005.08.16	12	5.4	−1 048	394
2005.10.26	11	3.2	−993	339
2005.12.07	14	7.5	−989	335
2006.12.20	4	4.3	−1 154	500
2007.05.30	26	7.5	−1 100	446

续表

时间	温度/℃	电流密度/(mA·m^{-2})	瞬时断电电位(Ag/AgCl 参比电极)/mV	极化发展/mV
2007.09.20	24	9.7	−1 138	484
2008.12.19	4	3.2	−1 124	470
2009.07.09	23	3.2	−1 129	475

14.5　美国纽约州 Robert Moses 堤道混凝土方桩牺牲阳极保护[11]

Robert Moses 堤道是从 King Park 里的 Sunken Meadow State Park 到 Fire Island 西边 Robert Moses State Park 这一条南北运输中的一部分，于 1954 年至 1964 年施工，花费了 10 年的时间。2005 年，纽约州运输部（NYSDOT）对堤道的上部结构进行维修，对预制混凝土方桩进行牺牲阳极保护。

预制混凝土方桩的边长为 61cm。实施牺牲阳极保护前，首先去除方桩原有的钢护套。在桩表面安装碱活化的条状锌阳极，每边安装两只锌阳极，一根桩共安装 8 只牺牲阳极，见图 14-33。阳极长 1.67m，质量为 3.0kg·m^{-1}。在锌阳极外再安装一个长度为 1.8m 的玻璃钢护套，然后浇筑标准的具有流动性的混凝土。图 14-34 是施工完成的方桩的照片。

2006 年，一共对 764 根预制混凝土方桩的潮差区实施了牺牲阳极保护。保护系统设计使用寿命为 35 年。对系统进行了一年的监测，图 14-35 是 4#方桩锌阳极输出电流随时间和温度的变化曲线，表 14-9 是钢筋电位测量结果和极化衰减计算结果。一年内的温度变化范围为−9～27℃，锌阳极输出电流变化范围为 16～100mA。监测结果表明牺牲阳极保护系统对桩提供了全面的保护，预计锌阳极的平均寿命为 50 年，远远超出 35 年设计使用年限。

图 14-33　安装锌阳极照片

图 14-34　玻璃钢护套安装完成后的照片

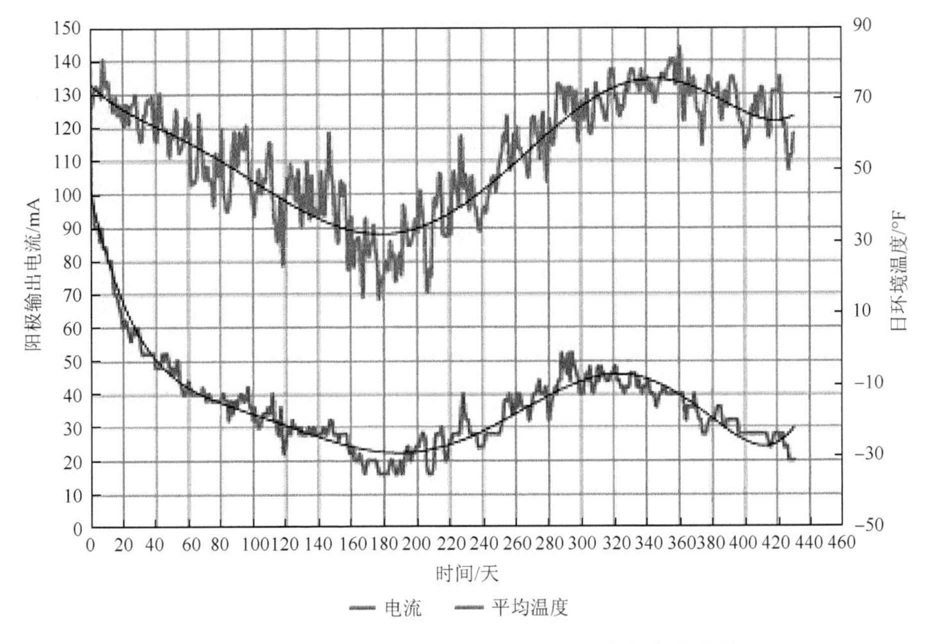

图 14-35　4#墩阳极输出电流随时间和温度的变化曲线

表 14-9　钢筋电位和极化衰减（mV，相对于 Ag/AgCl 参比电极）

时间	通电电位	瞬时断电电位	去极化电位	极化衰减
2006.09.06	−1 260	−1 174	−1 046（3h）	128
2007.04.10	−1 335	−1 167	−869（20h）	297
2007.10.16	−1 135	−1 012	−820（4h）	192

参 考 文 献

[1] Cathodic Protection Systems，Use of Sacrificial or Galvanic Anodes on in-Service Bridges. https: //www.dot.ny.gov/divisions/operating/oom/transportation-maintenance/repository/CathodicProtectionSystems.pdf[2015.07.28]

[2] Galvashield® CC. Products & Sevices，Vector Corrosion Technologies. http: //zaxa-bg.com/images/products/8-3 Galvashield_CC.pdf[2015.07.28]

[3] Whitmore D W，Ball J C. Galvanic Protection for Reinforced Concrete Structures. https：//www.icri.org/publications/2005/PDFs/CRBSeptOct05_WhitmoreBall.pdf[2015.07.28]

[4] Galvashield® XP Products For Concrete Repair. Products & Services，Vector Corrosion Technologies. http: //www.vector-corrosion. com/systemsservices/galvanic/galvashield%C2%AE-xp-anodes/[2015.07.28]

[5] Galvanode® DAS. Products & Sevices，Vector Corrosion Technologies. http: //www.vector-corrosion.com/systemsservices/galvanic/galvanode-das/[2015.07.28]

[6] Ball J C，Whitmore D W. Embedded galvanic anodes for targeted protection in reinforced concrete. Structures Concrete Repair Bulletin，2009

[7] Ball J C，Whitmore D W. Corrosion mitigation systems for concrete structures. Concrete Repair Bulletin，2003，16（4）：6-11

[8] NACE 01105-2005. Sacrificial Cathodic Protection of Reinforced Concrete Elements——A State-of-the-Art Report

[9] 葛燕，朱锡昶，李岩. 桥梁钢筋混凝土结构防腐蚀——耐腐蚀钢筋及阴极保护. 北京：化学工业出版社，2011

[10] Sergi G. Ten-year results of galvanic sacrificial anodes in steel reinforced concrete. Materials and Corrosion，2011，62（2）：98-104

[11] Ball J C，Whitmore D W，Eng P. Galvanic Protection for Reinforced Concrete Structures：Case Studies and Performance Assessment，Vector Corrosion Technologies

第 15 章　涂料涂层阳极[1~4]

15.1　概　　述

近年来，美国航空航天局肯尼迪航天中心研发了一种含有锌和其他金属元素的牺牲阳极涂料（galvanic liquid applied coating system），并于 2003 年获得美国国家专利。之后，美国航空航天局向 Cortec 公司颁布了使用和销售该涂料的非独家证书，涂料的商品名称为 Cortec GalvaCorr。

Cortec GalvaCorr 是三组分涂料，可以采用喷涂、辊涂和刷涂的方法涂覆在混凝土表面，为混凝土中的钢筋提供牺牲阳极保护。该涂料具有以下特点：①VOC 含量低；②不含磷酸锌；③可以低温施工；④黏结性能优异；⑤高固体含量；⑥施工简单；⑦价格便宜，Cortec GalvaCorr 涂料比 3M 公司的锌/水凝胶阳极系统便宜 30%～50%；⑧保护作用迅速；⑨主要用于结构物的底面和侧面，不可用于道路桥梁等结构物的表面，因为涂料不耐磨。

Cortec 公司于 2003 年和 2005 年分别在明尼苏达州的两座桥梁上对该涂料进行了现场应用试验。

15.2　美国明尼苏达州圣保罗一座桥梁桥面板现场应用试验[4]

该桥梁现有四车道，东向的二车道建于 1954 年，1974 年桥梁翻修时增加了西向的二车道。现场应用试验在西向车道桥面板的底面进行。以前曾对桥面板进行过局部修补，但由于氯化物含量高，局部修补混凝土的使用寿命只有 3 年。本次在对桥面板进行局部修补后，再涂刷该涂料，目的是延长局部修补混凝土的使用寿命。保护面积为 340ft^2，涂料用量为 2.6kg。

试验期间测量了钢筋的自腐蚀电位和极化电位，2004 年 5 月 25 日进行了去极化试验。表 15-1 是钢筋的自腐蚀电位和极化电位测量结果，表 15-2 是去极化试验结果。4h 极化衰减值为 230mV，满足阴极保护准则要求。

随时间延长，涂层表面会有白色的氧化物生成，但未出现涂层剥落现象。图 15-1 是 2007 年（实施保护后 4 年）时的涂层外观状况。除了潮湿的含盐混凝土条件，涂层与混凝土附着良好，与刚施工完成时一样。预计该涂层有 10 年的使用寿命。4 年后局部修补的混凝土没有出现破坏。

表 15-1 钢筋自腐蚀电位和极化电位测量结果

时间	自腐蚀电位/(–mV)	极化电位/(–mV)
2003/10/20	500	—
2003/11/18	—	486
2004/04/21	—	662
2004/05/21	—	722
2004/05/25	—	719
2007/05/09	—	700～900

表 15-2 去极化试验结果

去极化时间	去极化电位/(–mV)	极化衰减/mV
瞬时断电	665	—
断电 1min	495	170
断电 1h	445	220
断电 4h	430	230
断电 24h	476	185

图 15-1 2007 年涂层状况[4]

15.3 美国明尼苏达州乔丹一座桥梁现场试验[4]

2005 年，美国明尼苏达州运输部在 9123#桥梁进行了牺牲阳极涂层现场应用试验。在该桥梁的两个桥墩上涂刷牺牲阳极涂层，用于防止混凝土中钢筋的腐蚀和延长局部修补混凝土的使用寿命。另外两个桥墩不涂刷涂料，作为对比。

测量发现，桥面板钢筋的自腐蚀电位为$-420mV_{CSE}$，而桥墩钢筋电位非常负，达到$-660mV_{CSE}$。研究人员认为原因是桥面板撒盐除冰后，大量的盐溶液流到了桥面板下面的墩子上。雨水能够冲洗掉桥面板的盐，但不能有效冲洗桥墩上的盐，导致桥墩混凝土盐含量较高，混凝土中的钢筋腐蚀严重。

试验期间，采用脉冲法测量了混凝土中钢筋的腐蚀速率。采用涂层保护的桥墩中钢筋的腐蚀速率为 $1.7\sim3.7\mu A \cdot cm^{-2}$，平均值为 $2.7\mu A \cdot cm^{-2}$。未采用涂层保护的桥墩中钢筋的腐蚀速率为 $3.5\sim19.6\mu A \cdot cm^{-2}$，平均值为 $8.3\mu A \cdot cm^{-2}$。

外观检查结果表明，涂层表面有白色腐蚀产物生成。未采用涂层保护的桥墩混凝土表面有锈迹，表明钢筋处于腐蚀状态。见图 15-2 和图 15-3。

试验结果表明牺牲阳极涂层对混凝土中的钢筋提供了有效的阴极保护作用。

图 15-2　2007 年 4 月有涂层的桥墩[4]

图 15-3　2007 年 4 月没有涂层的桥墩[4]

参 考 文 献

[1] Joseph J C，Marlin H H. History of the Development of Liquid-Applied Coatings for Protection of Reinforced Concrete. Eurocorr®Corrosion Conference. 2005，9（4-8）：KSC-2005-090

[2] Louis G，et al. Liquid Galvanic Coatings for Protection of Imbedded Meatals. United States Patent 6627065 B1. 2001

[3] Galvacorr®，Patent Pending Galvanic Coating for Concrete

[4] Hansen A，Fuman A，Hansen M，et al. Galvanic Liquid Applied Coating for the Protection of Concrete Reinforcement. NACE Corrosion 2008，Paper 08315

第 16 章　棒状和带状锌阳极

16.1　概　　述[1, 2]

在钢结构牺牲阳极保护中，镁及其合金、锌及其合金和铝合金是目前工程常用的三大类牺牲阳极材料。镁阳极的优点是密度小、理论电容量大、电位负、极化率低、对钢铁的驱动电位大，适用于电阻率较高的土壤和淡水环境，不足之处是它的电流效率不高，通常低于 50%。锌阳极自腐蚀速率小，电流效率高，使用寿命长，使用时没有过保护的危险，主要适用于海水、盐水及低电阻率土壤环境。铝阳极具有电容量大、寿命长、质量轻、易安装等优点，在海水和含有氯离子的介质中性能良好，主要用于海水环境。牺牲阳极可以加工成各种形状，如棒状、带状、手镯状和半球状等，以满足不同形式被保护结构物和不同环境的使用要求。棒状和带状锌阳极是土壤环境钢结构牺牲阳极保护常用的阳极，也是埋地预应力混凝土钢筒管牺牲阳极保护最常用的牺牲阳极。

16.2　预应力钢筒混凝土管的基本概念[3~7]

预应力钢筒混凝土管（简称 PCCP 管）指在带有钢筒的混凝土管芯外侧缠绕环向预应力钢丝并制作水泥砂浆保护层而制成的管子，按其结构分为内衬式预应力钢筒混凝土管（简称 PCCPL 管）和埋置式预应力钢筒混凝土管（简称 PCCPE 管）；按管子的接头密封类型又分为单胶圈预应力钢筒混凝土管（简称 PCCPSL 管或 PCCPSE 管）和双胶圈预应力钢筒混凝土管（简称 PCCPDL 管或 PCCPDE 管）。PCCPL 管是由钢筒和混凝土内衬组成管芯并在钢管外侧缠绕环向预应力钢丝，然后制作水泥砂浆保护层而制成的管子。PCCPE 管是由钢筒和钢筒内、外两侧混凝土层组成管芯并在混凝土外侧缠绕环向预应力钢丝，然后制作水泥砂浆保护层而制成的管子。图 16-1 和图 16-2 分别是 PCCPL 管和 PCCPE 管示意图。

(a) PCCPL 管子外形图

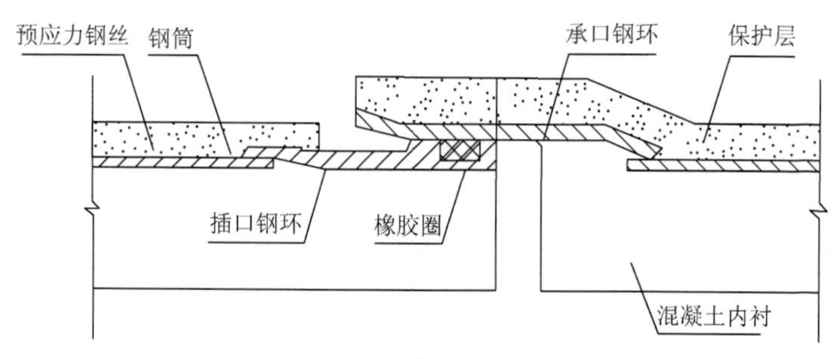

(b) PCCPSL 管子接头图

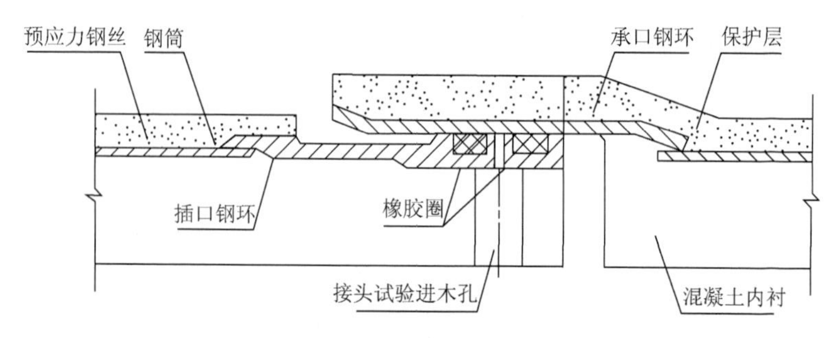

(c) PCCPDL 管子接头图

图 16-1　内衬式预应力钢筒混凝土管（PCCPL 管）示意图[3]

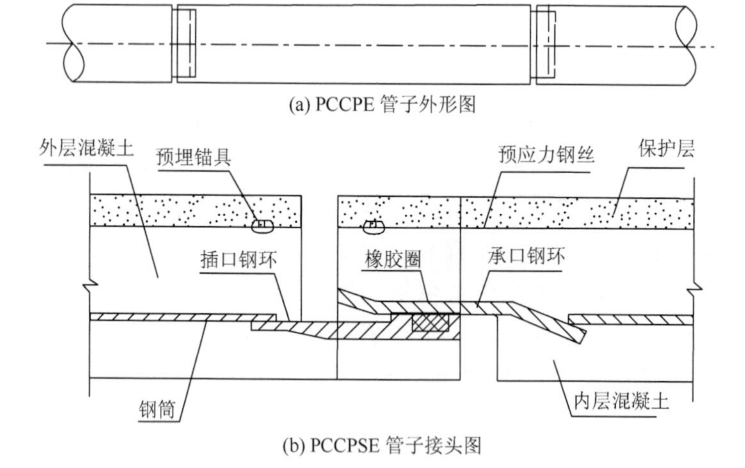

(a) PCCPE 管子外形图

(b) PCCPSE 管子接头图

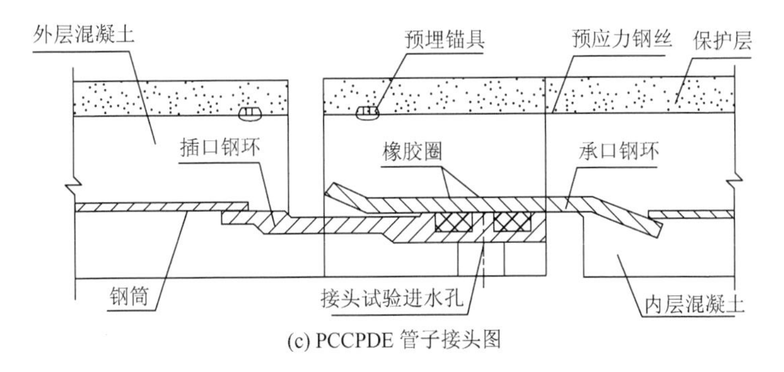

(c) PCCPDE 管子接头图

图 16-2 埋置式预应力钢筒混凝土管（PCCPE 管）示意图[3]

PCCP 管的开发应用已有半个多世纪，这一技术是法国 Bonna 公司最先研制的。到 20 世纪 40 年代，欧、美竞相开发，目前美、法等国的年产量达数十万公里，其中美国、加拿大是世界上推广使用 PCCP 管最多的国家。PCCP 管具有承受内外压高、接头密封性好、抗震能力强、施工方便快捷、防腐性能好、维护方便等特性，主要应用于长距离输水干线、压力倒虹吸、城市供水工程、有压输水管线、电厂循环水工程管道、压力排污干管等。20 世纪 80 年代末期以后，PCCP 管在我国的应用日益增多，特别是在埋地输水管线中的应用，如中国核工业甘肃四零四厂引水工程、北京张坊水源应急输水工程、大伙房水库输水工程（二期）、大连应急输水工程、浙江宁波汤浦水库输水工程、江苏常州武进引长江水工程、山西禹门口东扩引水工程、山西万家寨引黄工程、深圳东部引水工程、哈尔滨磨盘山引水工程和南水北调工程等。1996 年我国颁布了建材行业标准 JC 625—1996《预应力钢筒混凝土管》，2005 年颁布了国家标准 GB/T 19685—2005《预应力钢筒混凝土管》。

16.3 埋地 PCCP 管的失效破坏和阴极保护必要性[8, 9]

迄今，PCCP 管在工程应用过程中出现失效破坏的事故时有发生，如管道穿孔泄露，甚至爆管等，直接威胁管道系统的可靠运行。美国 1942～2006 年的 65 年中共发生了 399 次爆管事故。利比亚大人工河工程一期投入运行后的 6 年时间爆管 5 次。我国尚没有这方面的统计，但管道因发生钢筋腐蚀而报废以及管道爆裂的事故也有报道。

图 16-3 是 PCCP 管砂浆保护层出现劣化的照片，图 16-4 是 PCCP 管预应力钢筋腐蚀的照片，图 16-5 是 PCCP 管爆管的照片。

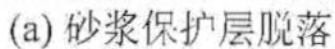

(a) 砂浆保护层脱落

(b) 砂浆保护层开裂

图 16-3　PCCP 管砂浆保护层劣化[8]

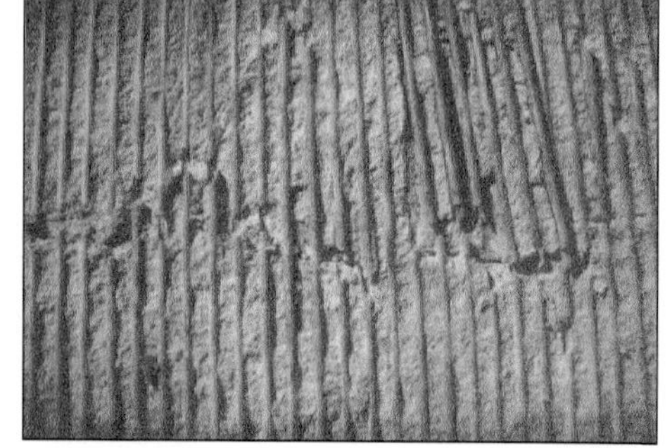

图 16-4　PCCP 管预应力钢筋腐蚀[8]

图 16-5　PCCP 管爆管[8]

对于埋地 PCCP 管，预应力钢筋的腐蚀是造成管道失效破坏的重要因素之一。这是因为土壤中的侵蚀性介质会逐步侵入管道中的砂浆保护层并到达预应力表面，钢筋就可能发生电化学腐蚀和应力腐蚀，导致砂浆保护层出现开裂、剥落等劣化现象，腐蚀严重时将造成管道穿孔泄露，甚至可能造成爆管，直接威胁管道系统的可靠运行。特别是当管道外部的砂浆保护层受到机械破坏时，侵蚀性介质就能长驱直入到达钢丝表面，加速钢筋的腐蚀。机械破坏可以是管道施工过程造成的破坏，也可以是水锤压力造成的砂浆开裂或剥落。

研究和工程应用实践表明，对埋地 PCCP 管实施阴极保护，能够经济有效地抑制由于预应力钢筋腐蚀引起的失效破坏，大大增强其使用安全性，并延长其使用年限。中国国家标准 GB/T 28725—2012《埋地预应力钢筒混凝土管道的阴极保护》规定，按照国家标准 GB 50021—2001《岩土工程勘察规范》对管道进行腐蚀性评价，环境对混凝土中的钢筋和钢结构的腐蚀性为中和强腐蚀等级时（表 16-1 和表 16-2），新建或已建 PCCP 管道均应采用阴极保护，并在管道运行期间始终维持。腐蚀性为弱腐蚀等级时，宜采用阴极保护。已建的 PCCP 管道如果没有采取阴极保护，经检测、确认需要加阴极保护时，应及时补加阴极保护。目前，我国埋地 PCCP 管实施阴极保护的工程相对较少，而且基本上都采用牺牲阳极保护。

表 16-1　水和土对混凝土结构中钢筋的腐蚀性评价[9]

腐蚀等级	水中的 Cl^- 含量/(mg·L^{-1})		土中的 Cl^- 含量/(mg·kg^{-1})	
	长期浸水	干湿交替	A	B
微	＜10 000	＜100	＜400	＜250
弱	10 000～20 000	100～500	400～750	250～500
中	—	500～5 000	750～7 500	500～5 000
强	—	＞5 000	＞7 500	＞5 000

注：A 是指地下水位以上的碎石土、砂土、稍湿的粉土，坚硬、硬塑的黏性土；B 是指湿、很湿的粉土，可塑、软塑、流塑的黏性土。

表 16-2　土对钢结构腐蚀性评价[9]

腐蚀等级	pH	氧化还原电位/mV	视电阻率/(Ω·m)	极化电流密度/(mA·cm^{-2})	质量损失/g
微	＞5.5	＞400	100	＜0.02	＜1
弱	4.4～5.5	200～400	50～100	0.02～0.05	1～2
中	3.5～4.5	100～200	20～50	0.05～0.20	2～3
强	＜3.5	＜100	＜20	＞0.20	＞3

注：土对钢结构的腐蚀性评价，取各指标中腐蚀等级最高者。

16.4 埋地 PCCP 管牺牲阳极保护实施方法[1, 3, 4, 6, 10~12]

埋地 PCCP 管牺牲阳极保护与埋地钢质管道牺牲阳极保护实施方法基本相同，但由于 PCCP 管中含有预应力钢筋，应注意避免保护电位过负引起的预应力钢筋的氢脆。埋地 PCCP 管牺牲阳极保护可参照中国国家标准 GB/T 28725—2012《埋地预应力钢筒混凝土管道的阴极保护》和 GB/T 21448—2008《埋地钢质管道阴极保护技术规范》执行。埋地 PCCP 管实施牺牲阳极保护主要内容包括电连接、电绝缘、牺牲阳极选用、牺牲阳极安装和保护效果测量。

16.4.1 电连接

埋地 PCCP 管实施牺牲阳极保护时，应对每节管道中的预应力钢筋和钢筒进行电连接，保证预应力钢筋和钢筒之间的电连续性；同时为保证管道之间的电连续性，应对每节管道进行电连续性跨接。管道沿线包含排气阀井、排空阀井和联通设施等钢质管件时，应在它们的两端进行电连接。属于同一阴极保护系统的两条或两条以上同沟敷设的管道，应考虑采用均压线。

图 16-6 和图 16-7 分别是中国国家标准 GB/T 28725—2012《埋地预应力钢筒混凝土管道的阴极保护》给出的内衬式 PCCP 管和埋置式 PCCP 管接头电连接方法的示意图。图 16-6 是利用跨接夹具、跨接带和跨接电缆三种接头电连接方法的示意图，图 16-7 是埋置式 PCCP 管内部跨接电缆、跨接夹具、钢板外部跨接电缆和改进锚块外部跨接电缆四种接头电连接方法示意图。

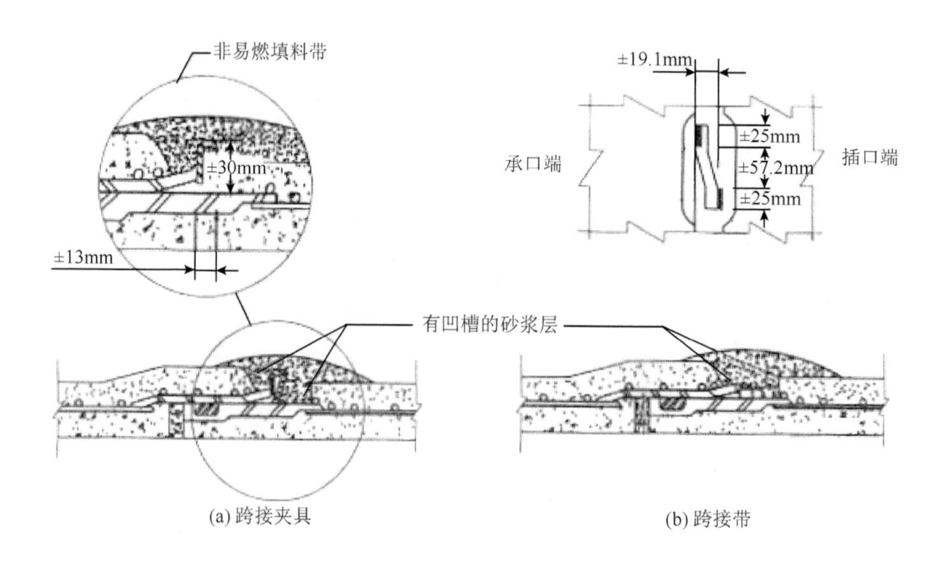

(a) 跨接夹具

(b) 跨接带

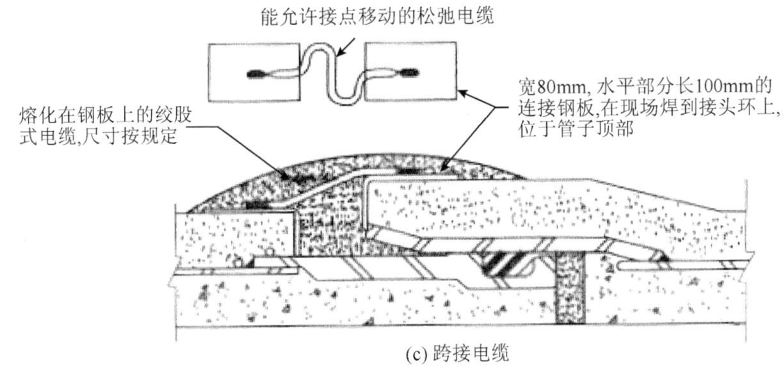

(c) 跨接电缆

图 16-6 内衬式 PCCP 管典型接头连接[6]

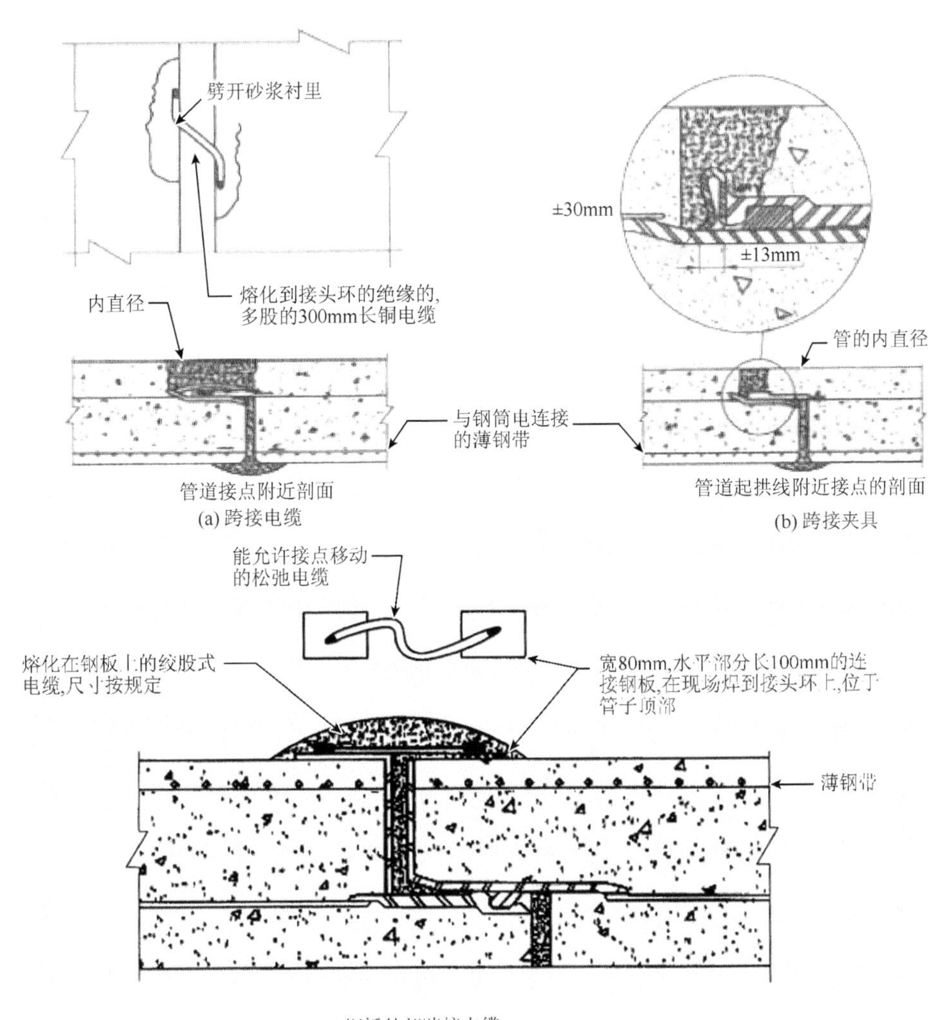

(a) 跨接电缆

(b) 跨接夹具

(c) 钢板外部跨接电缆

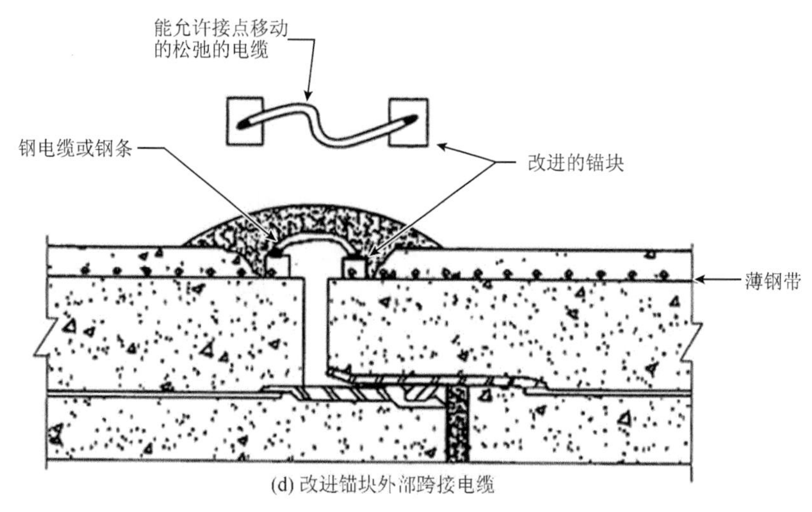

图 16-7　埋置式 PCCP 管典型接头连接[6]

16.4.2　电绝缘

PCCP 管实施牺牲阳极保护时，为防止杂散电流干扰和 PCCP 管阴极保护电流的流失，应在保护管道的首末端、分支处以及与外部管道的连接处安装绝缘设施。管道穿越部位采用钢管并加套管保护时，钢管与套管之间应设置可靠的绝缘支撑，套管两端应密封处理，避免地下水等进入套管内。

16.4.3　牺牲阳极选用

1. 牺牲阳极种类和规格

根据中国国家标准 GB/T 21448—2008《埋地钢质管道阴极保护技术规范》，棒状镁阳极适用于电阻率为 15～150Ω·m 的土壤环境，棒状锌阳极适用于电阻率小于 15Ω·m 的土壤环境，对于高电阻率土壤可选用带状镁阳极或锌阳极。埋地预应力混凝土钢筒管牺牲阳极保护时应选用棒状或带状锌阳极，原因是镁阳极与锌阳极相比，开路电位较负，有可能使预应力钢筋的保护电位负于标准要求，导致预应力钢筋的氢脆破坏。管道钢制管件连接段，如排气阀井、排空阀井、连通设施、分水口和弯头处，可根据土壤电阻率选用镁阳极或锌阳极。

图 16-8 和图 16-9 分别是棒状和带状锌阳极示意图。锌阳极规格可参照有关标准选用，也可自行设计。表 16-3 是国家标准 GB/T 4950—2002《锌-铝-镉合金牺牲阳极》中的棒状阳极规格。表 16-4 是中国国家标准 GB/T 21448—2008《埋地钢质管道阴极保护技术规范》中的带状锌阳极规格。

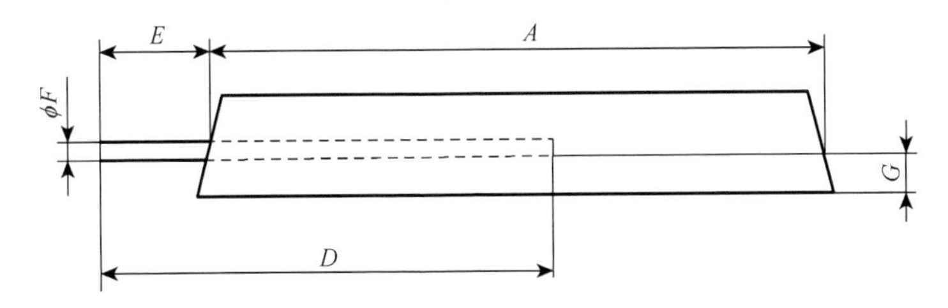

图 16-8　棒状牺牲阳极[12]

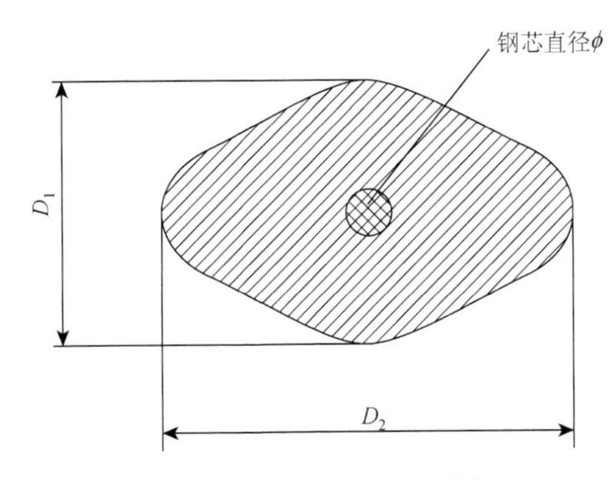

图 16-9　带状牺牲阳极[10]

表 16-3　棒状锌阳极规格

型号	规格	铁脚尺寸/mm				净重/kg	毛重/kg
	A×（B_1+B_2）×C	D	E	F	G		
ZP-1	1000mm×（78+88）mm×85mm	700	100	16	30	49.0	50.0
ZP-2	1000mm×（65+75）mm×65mm	700	100	16	25	32.0	33.0
ZP-3	800mm×（60+80）mm×65mm	600	100	12	25	24.5	25.0
ZP-4	800mm×（55+64）mm×60mm	500	100	12	20	21.5	22.0
ZP-5	650mm×（58+64）mm×60mm	400	100	12	20	17.6	18.0
ZP-6	550mm×（58+64）mm×60mm	400	100	12	20	14.6	15.0
ZP-7	600mm×（40+48）mm×54mm	460	100	12	15	12.0	12.5
ZP-8	600mm×（40+48）mm×45mm	360	100	12	15	8.7	9.0

表 16-4　带状锌阳极规格

阳极规格	ZR-1	ZR-2	ZR-3	ZR-4
截面尺寸（D_1×D_2）	25.40mm×31.75mm	15.88mm×22.22mm	12.70mm×14.28mm	8.73mm×10.32mm
阳极带线质量/(kg·m^{-1})	3.57	1.785	0.893	0.372
钢芯直径 ϕ/mm	4.70	3.43	3.30	2.92

续表

阳极规格	ZR-1	ZR-2	ZR-3	ZR-4
标准卷长/m	30.5	61	152	305
标准卷内径/mm	900	600	300	300
钢芯的中心度偏差/mm	−2～2			

注：阳极规格中Z代表锌，R代表带状，后面数字为系列号。

2. 锌阳极化学成分和电化学性能

锌阳极的成分和电化学性能应符合中国国家标准GB/T 21448—2008《埋地钢质管道阴极保护技术规范》对锌阳极化学成分的要求，见表16-5～表16-7。

表16-5 GB/T 21448—2008锌阳极化学成分（%）[10]

元素	锌合金	高纯锌
Al	0.1～0.5	≤0.005
Cd	0.025～0.07	≤0.003
Fe	≤0.005	≤0.0014
Pb	≤0.006	≤0.003
Cu	≤0.005	≤0.002
其他杂质	总含量≤0.1	—
Zn	余量	余量

表16-6 GB/T 21448—2008锌阳极电化学性能[10]

电化学性能	开路电位/V	理论电容量/(A·h·kg^{-1})	实际电容量/(A·h·kg^{-1})	消耗率/(kg·A^{-1}·a^{-1})	电流效率/%
海水中(3mA·cm^{-2})	−1.03	820	780	11.88	95
土壤中(0.03mA·cm^{-2})	−1.03	820	530	≤17.25	≥65

表16-7 GB/T 21448—2008带状锌阳极电化学性能[10]

电化学性能	开路电位/V	理论电容量/(A·h·kg^{-1})	实际电容量/(A·h·kg^{-1})	电流效率/%
锌合金	≤−0.98	820	≥780	≥95
高纯锌	≤−1.03	820	≥740	≥90

3. 阳极填包料

通常，为保证牺牲阳极在土壤中性能稳定，阳极四周要填充适当的化学填包料。其作用主要有：变阳极与土壤相邻为阳极与填料相邻，改善了阳极的工作环境；降低阳极接地电阻，增加阳极输出电流；填料的化学成分有利于阳极产物的溶解，不结痂，减少不必要的阳极极化，维持阳极地床长期湿润。对化学填包料的基本要求有：电阻率低、渗透性好、不易流失、保湿性好。表 16-8 是国家标准 GB/T 21448—2008 中锌阳极填包料的配方。

表 16-8　GB/T 21448—2008 锌阳极填包料配方[10]

土壤电阻率/(Ω・m)	石膏粉	膨润土	工业硫酸钠
≤20	50%	45%	5%
>20	75%	20%	5%

16.4.4　牺牲阳极安装

1）牺牲阳极埋设和布置方式

棒状锌阳极通常将阳极和填包料预先包装好制成阳极包，然后埋设在土壤 PCCP 管两侧。阳极分布可采用单支或集中成组两种方式，埋设方式按轴向和径向分为立式和水平式两种。一般情况下阳极距管道外壁 3～5m，最小不宜小于 0.5m，埋设深度以阳极顶部距地面不小于 1m 为宜。成组布置时，阳极间距以 2～3m 为宜。阳极应埋设在土壤冰冻线以下，在地下水位低于 3m 的干燥地带，阳极应适当加深埋设；埋设在河床中的阳极应避免洪水冲刷和河床挖泥清淤时的损坏。

带状锌阳极应与管道同沟埋设或缠绕埋设。同沟埋设时，在阳极沟槽中敷设阳极填包料，使阳极包裹在填包料中。

2）牺牲阳极电缆与管道的连接

牺牲阳极电缆与管道应采用焊接连接，但不允许将电缆直接焊在预应力钢丝上。

16.4.5　保护效果测量

埋地 PPCP 管牺牲阳极保护效果测量内容主要包括 PCCP 管瞬时断电电位和极化形成/衰减评判，测量结果应满足本书 10.6 节给出的 PCCP 管阴极保护准则要求，即①极化形成/衰减至少为 100mV；②瞬时断电电位不应负于$-1000mV_{CSE}$。

16.5　工 程 案 例

国外最早于 20 世纪 60 年代对埋地预应力混凝土结构实施阴极保护，目前，

PCCP 管牺牲阳极保护技术已在国外得到较为广泛的应用。与国外相比，我国 PCCP 管的应用起步较晚，对 PCCP 管阴极保护的研究和应用也较少，随着 PCCP 管在我国逐步推广应用，并鉴于 PCCP 管腐蚀危害的严重性和国外阴极保护的成功经验，我国新建的部分 PCCP 管线，陆续开始采用阴极保护技术来防止内部钢筒和预应力钢丝的腐蚀。

16.5.1 美国得克萨斯州 Richland Chambers 和 Cedar Creek PCCP 供水管道牺牲阳极保护[13]

美国得克萨斯州中北部 11 个乡村的原水有两套供给系统，一是从两座水库通过重力方式供给，二是从 Cedar Creek 水库和 Richland Chambers 水库通过两条输水管线供给，见图 16-10。Cedar Creek 输水管线于 1972 年建成，包括长 109km、直径 1829mm 的 PCCP 管道和长 10km、直径 2134mm 的 PCCP 管道。Richland Chambers 输水管线包括长 116km、直径 2286mm 的 PCCP 管道和长 10km、直径 2734mm 的 PCCP 管道。

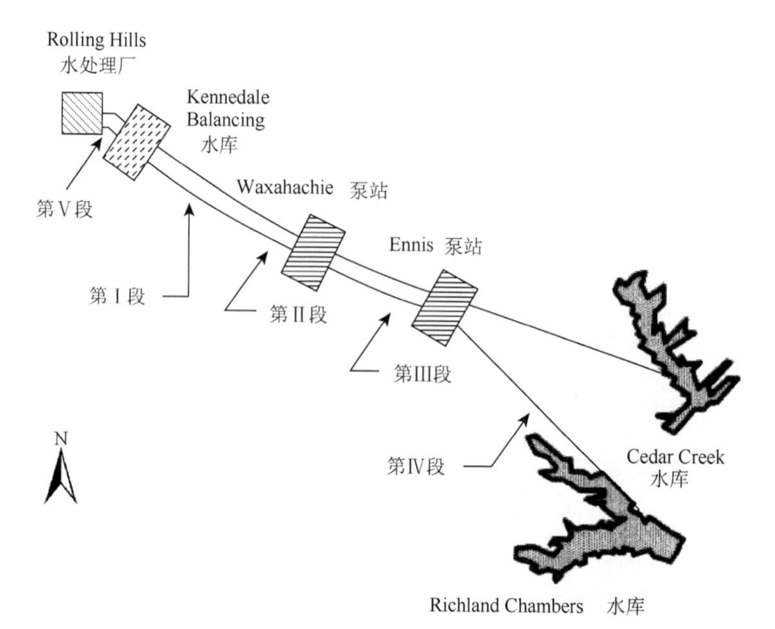

图 16-10 Richland Chambers/Cedar Creek 供水系统示意图

Cedar Creek 输水管线的 PPCP 管已出现 7 次腐蚀破坏失效，如图 16-11 所示。最早的一次发生于 1981 年 10 月。最后的两次都出现在 1991 年 10 月的一次水锤事件后。按上述频率预计，如不采取有效措施，到 2000 年每年将出现 5 次腐蚀破坏失效。

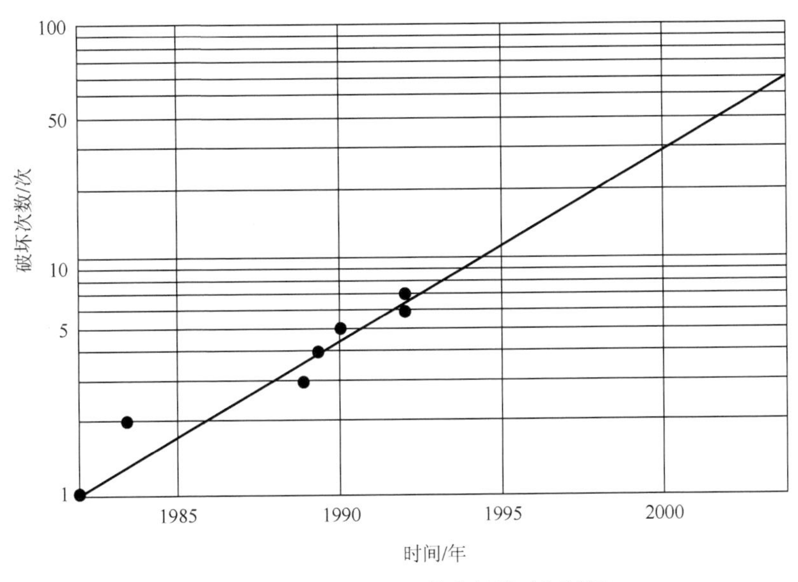

图 16-11　Cedar Creek 输水管线破坏情况

Cedar Creek 输水管线大部分处于电阻率约为 200Ω·cm 的高塑性黏土中，穿越小溪和河流时埋设在电阻率约为 12 000Ω·cm 的淤积砂石中。从 1989 年开始对 Cedar Creek 输水管线的腐蚀活性进行检测，由于管线各部分没有电连接，自腐蚀电位的测量非常困难。1992～1994 年，在水量需求较小时停用管线，对管线进行检查和电连接。管道内部的混凝土芯存在严重的纵向裂缝，与内部裂缝相对应的外部砂浆保护层出现纵向裂缝，破坏区域的预应力钢筋出现腐蚀。Richland Chambers 管线在开始运行期间（1989 年），出现了一次腐蚀破坏失效，承插扣处出现裂缝导致管道泄漏。管道内部检查发现在每一个大角度转弯处附近有大量的环向裂缝。

选择 Cedar Creek 管线中出现 5 次腐蚀破坏失效的管段（长约 4253m）进行阴极保护试验后，对其实施了牺牲阳极保护。设计采用棒状锌阳极，共 59 个阳极地床，阳极地床间距为 61～122m。每个阳极地床有 6～12 个阳极包（锌阳极重 27kg）。牺牲阳极保护系统设计使用寿命为 20 年。1993 年 7 月保护系统开始施工，8 月完成。

图 16-12 是管线阴极保护前后的电位测试结果。阴极保护前，自腐蚀电位约为$-480mV_{CSE}$，钢筋处于腐蚀状态。阴极保护后，通电电位为-980～$-800mV_{CSE}$，瞬时断电电位为-850～$-700mV_{CSE}$，保护电位满足有关标准要求。直到 1995 年 10 月，该段管线没有出现腐蚀破坏失效。

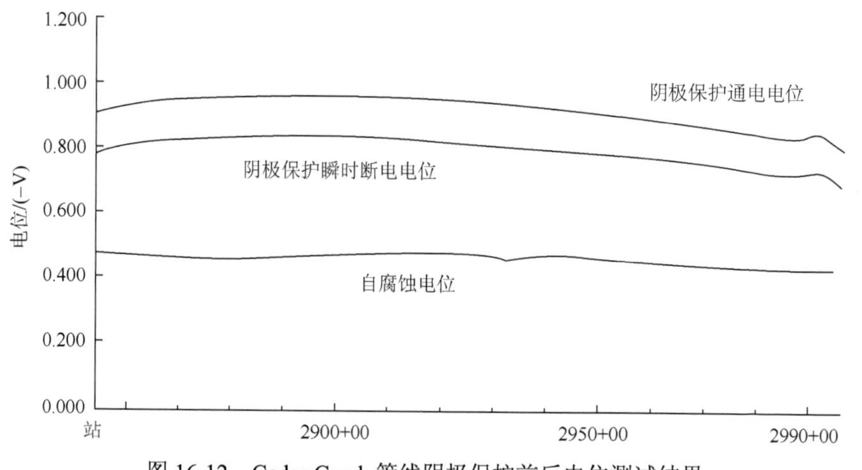

图 16-12　Cedar Creek 管线阴极保护前后电位测试结果

1995 年，对 Cedar Creek 管线第Ⅲ段和第Ⅳ段（51km）实施了牺牲阳极保护。设计采用棒状锌阳极，共 398 个阳极地床，阳极地床间距约为 122m。每个阳极地床有 4～20 个阳极包，共 5692 个阳极包。

Richland Chambers 管线的第Ⅲ段和第Ⅳ段（60km）是下一步优先考虑实施牺牲阳极保护的部分，因为管道外部砂浆保护层出现了严重的开裂。在经过阴极保护试验后，做出了设计方案。设计采用棒状锌阳极，共 385 个阳极地床，阳极地床间距约为 152m。每个阳极地床有 4～22 个阳极包，共 5692 个阳极包。牺牲阳极保护系统设计使用寿命为 20 年。1995 年 1 月保护系统开始施工。

图 16-13 和图 16-14 分别是 Richland Chambers 管线阳极布置示意图，图 16-12 中的每个阳极都与监控站连接，图 16-13 中的阳极不与监控站连接。

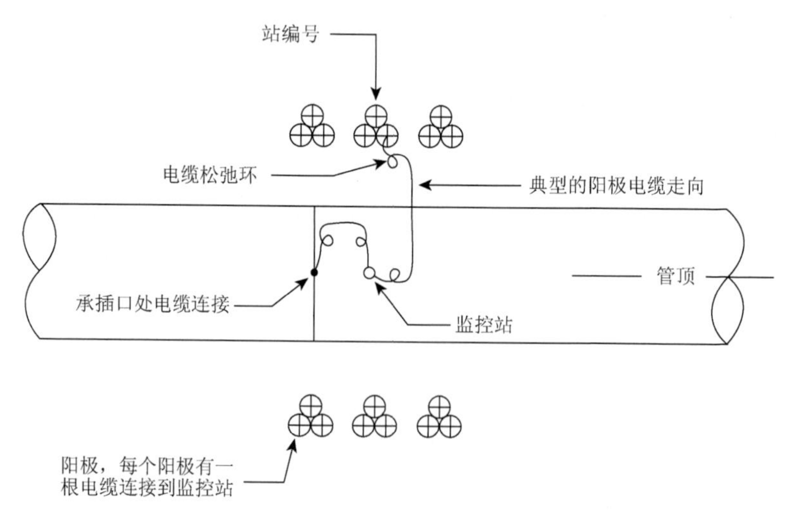

图 16-13　Richland Chambers 管线阳极布置示意图（每组 3 个阳极，阳极有监控）

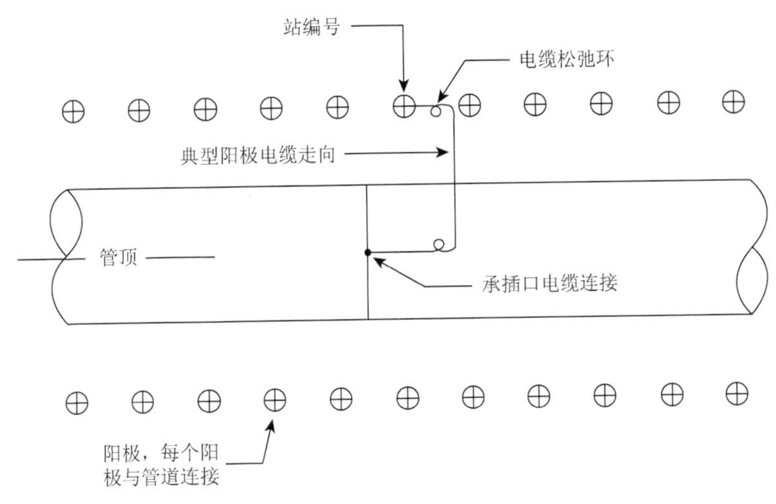

图 16-14　Richland Chambers 管线阳极布置示意图（22 个阳极，阳极没有监控）

16.5.2　我国南水北调中线工程 PCCP 管工程[14]

南水北调中线工程中北京段的PCCP管道工程是该工程北京段总干渠上线路最长的大型输水工程，全长 56.3km，采用双排、直径 4m 的 PCCP 管道输水（图 16-15），其中 54.0km 为明挖沟槽铺设 PCCP 管道，2.3km 采用隧洞内安装 PCCP 管道，沟槽铺设 PCCP 管道的最大开槽深度为 25m。该工程是继利比亚大人工河工程之后，国际上又一次大规模使用 4m 直径 PCCP 管道的工程项目，而且类似直径采用双排、埋深也如此大的工程在国际上尚无先例。该工程 PCCP 管道设计、制造、安装均参照美国标准，每节标准管道长 5m、内径 4m、外径约 4.8m、重约 70～80t。工程所采用的 4m 直径 PCCP 管道 20%为单层缠丝管道，80%为双层缠丝管道。PCCP 管

图 16-15　南水北调北京双排 4m 直径 PCCP 管道工程

道输水干线主要建筑物有 PCCP 管道、压力隧洞、管道附属建筑物，包括分水口建筑、连通建筑、排气阀建筑、排水建筑、末端阀井、穿铁路建筑及穿公路建筑等。

为防止 PCCP 管的腐蚀，采用环氧煤沥青涂层和牺牲阳极保护防腐蚀措施。牺牲阳极保护总体布置如下。

（1）平行 PCCP 管道埋设带状锌阳极对 PCCP 管道内的钢筒和预应力钢丝进行保护，阳极布置见图 16-16。

（2）PCCP 管道构筑物（钢制管件连接段），如排气阀井、排空阀井、连通设施、分水口和弯头处，采用棒状镁阳极进行保护，阳极布置如图 16-17 所示。

（3）特殊段（如隧洞、暗挖洞穿越建筑物，混凝土包封段，地下管线交叉段）视具体情况进行分类保护。

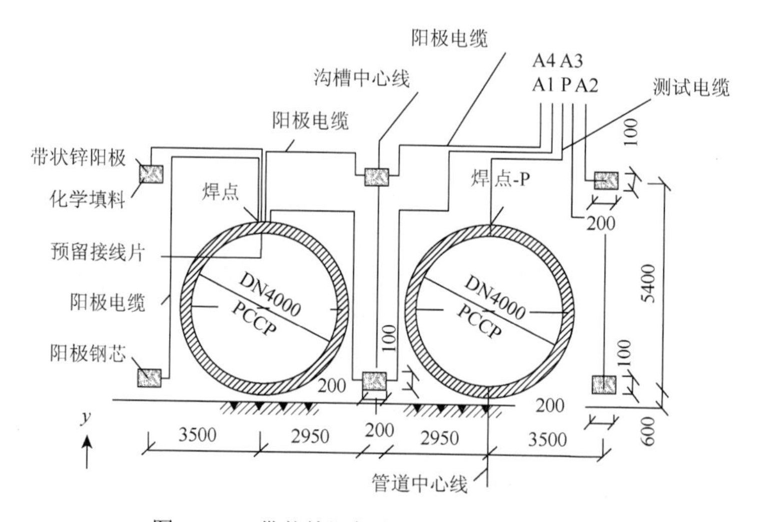

图 16-16　带状锌阳极布置图（单位：mm）

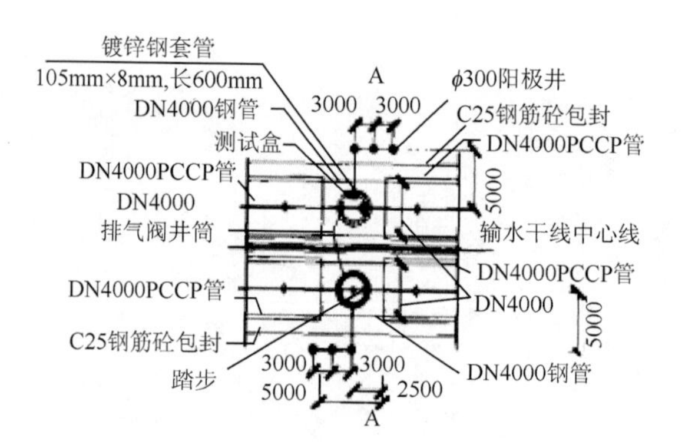

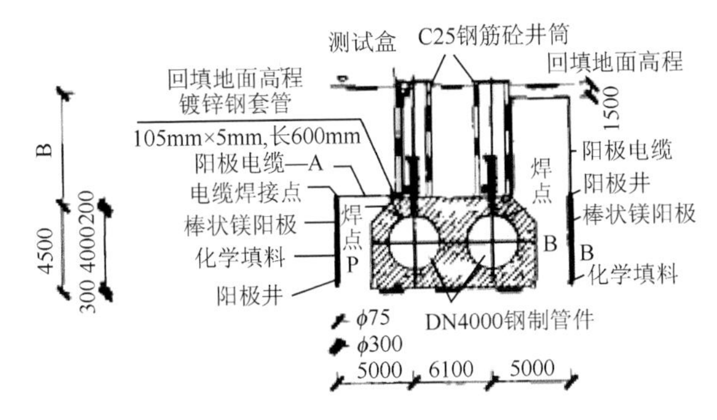

图 16-17 棒状镁阳极布置图（单位：mm）

参 考 文 献

[1] 韩汉清. 阴极保护中阳极材料发展最新动态及趋势. 全面腐蚀控制，2013，27（01）：3-5，18

[2] 胡士信. 阴极保护工程手册. 北京：化学工业出版社，1999

[3] GB/T 19685—2005. 预应力钢筒混凝土管

[4] 胡士信，王东黎，张本革，等. 预应力钢筒混凝土管阴极保护技术应用介绍. 南水北调与水利科技，2008，6（1）：303-307

[5] PCCP 管阴极保护的必要性及案例资料. http: //wenku.baidu.com/view/6a6fac755acfa1c7aa00cc29.html[2015-06-16]

[6] GB/T 28725—2012. 埋地预应力钢筒混凝土管道的阴极保护

[7] 预应力钢筒混凝土管. http: //baike.baidu.com/link?url=5lnNemHlJM4CCQXL9gs0Hcc1qIcvuzfLcimbCCKT-YasobXxjAVhtxUScu3GKY0ROFYAwJjpQeaMxAMnKIZjKVK[2015-06-16]

[8] PCCP 管道防蚀技术简介. http: //wenku.baidu.com/link?url=eO6URpMpwOkTdtr2X4ds55TMQUZ0_hxvpvYR-Ww_QW04UPlidwC4Ui9OfRrMxSEKbQjw7U0p3bsBvcSoBJexI6Di4RdOFuBm0XvsFYMBTEFG[2015-06-16]

[9] GB 50021—2001. 岩土工程勘察规范

[10] GB/T 21448—2008. 埋地钢质管道阴极保护技术规范

[11] 郭永峰，杜艳霞. 牺牲阳极法施工及检测技术在 PCCP 管道工程的应用. http: //wenku.baidu.com/link?url=MzS6LvsYbtoYMIwpTrzoUvv09g2a4gEwwRN2-R5MU7yzuEEBkZh90rahboPxKOpcrZSD08aMRBtApgy1v0JXFvX6KCY9oQ09WAtMDo8-E_O[2015-07-15]

[12] GB/T 4950—2002. 锌-铝-镉合金牺牲阳极

[13] Benedict R L，Ott Ⅱ J G，Marshall D H，et al. Cathodic protection of prestressed concrete cylinder pipe utilizing zinc anodes. Materials Performance，1997，36（5）：12-17

[14] 郭永峰，杨进新，王东黎. 南水北调中线工程 PCCP 管道阴极保护防腐技术探讨. 特种结构，2009，26（02）：109-113